U0738605

# 视频学工控

# 工业组态技术

SHIPIN XUEGONGKONG    阳胜峰  编著

中国电力出版社
CHINA ELECTRIC POWER PRESS

**内容提要**

本书以常用的西门子触摸屏、三菱触摸屏、组态王为例,介绍工业自动化常用监控技术。内容包括西门子 HMI 与 WinCC flexible 介绍,触摸屏快速入门,WinCC flexible 组态,三菱触摸屏,GT 软件组态,三菱 PLC、S7-200 PLC 与组态王的应用等,着重介绍各种组态技巧和监控技术。

本书具有较高的实用价值,可作为工业自动化领域技术人员的入门读物,还可作为高等学校和职业院校电气自动化、机电一体化、自动化等相关专业教材。

本书配套免费的视频教程对软件操作进行详细讲解,读者可通过观看视频教程,快速、轻松地学会工业自动化监控技术。

**图书在版编目(CIP)数据**

工业组态技术/阳胜峰编著. —北京:中国电力出版社,
2015.1

(视频学工控)

ISBN 978-7-5123-6379-3

Ⅰ.①工… Ⅱ.①阳… Ⅲ.①过程控制软件 Ⅳ.①TP317

中国版本图书馆 CIP 数据核字(2014)第 204893 号

中国电力出版社出版、发行

(北京市东城区北京站西街 19 号 100005 http://www.cepp.sgcc.com.cn)

航远印刷有限公司印刷

各地新华书店经售

\*

2015 年 1 月第一版 2015 年 1 月北京第一次印刷

787 毫米×1092 毫米 16 开本 13.125 印张 320 千字

印数 0001—3000 册 定价 **36.00** 元(含 1DVD)

**敬 告 读 者**

本书封底贴有防伪标签,刮开涂层可查询真伪

本书如有印装质量问题,我社发行部负责退换

**版 权 专 有 翻 印 必 究**

# 前 言

工业控制技术涉及的面比较广泛，要实现一个自动控制系统，需要综合传感器技术、PLC 技术、变频调速技术、伺服控制技术、触摸屏监控技术、组态软件监控技术等各方面。

随着计算机技术的发展，工业自动化产品更加丰富，产品更新速度也比较快。对于工控技术人员来说，需要时刻关注自动化产品的更新和学习，并且学习的任务比较艰巨。

基于以上原因，为了让工控技术工程师能轻松地学习工业控制技术，减轻学习任务。自 2009 年起，本人开始尝试制作工控方面的教学视频，经过多年的努力和积累，制作了许多优秀的教学视频。经网络推广，取得了良好的社会效益。

"视频学工控"系列书包括《西门子 S7-200 PLC》、《西门子 S7-300/400 PLC》、《三菱 FX 系列 PLC》和《工业组态技术》四本。

本书以西门子、三菱触摸屏、组态王监控为例，系统地介绍了它们与 PLC 的综合应用。重点介绍了它们的组态技术、技能技巧。

本书分为三部分：西门子触摸屏、三菱触摸屏、组态王技术。西门子触摸屏部分重点介绍了 WinCC flexible 组态软件、触摸屏快速入门项目的组态、WinCC flexible 组态技巧，另外从应用的角度详细介绍了循环灯控制和多种液体混合控制两种实用项目，把触摸屏常用的监控技术如报警、用户管理、趋势曲线、报表、配方的组态技术融入其中。三菱触摸屏部分重点介绍三菱触摸屏产品与 PLC 的连接、软件的安装与模拟仿真、GT 软件的组态技术等。组态王技术部分重点介绍了与 PLC 连接的快速入门项目、工程组态、动画组态、报警和事件、趋势曲线、报表系统、组态王与 Access 数据库连接、控件、系统安全性与附属工具、组态王网络连接、组态王监控举例等技术内容。

本书工程性与实践性较强，简明实用，可作为大专院校学生学习工业自动化监控技术方面的应用教材，也可作为工业自动化技术方面的培训教材，还可供从事自动化系统设计开发的工程技术人员参考。

本书由阳胜峰主编，参与程序调试的有李佐平、师红波、李加华、李正平、彭书锋等，全部视频教学由阳胜峰主讲，邱郑文、欧阳奇红、盖超会、谭凌峰参与了视频制作和编辑工作，在此表示感谢。

真切希望"视频学工控"系列书的出版，能满足广大工控技术工程师的学习需求，减轻学习负担，能为更多的工业用户提供有力的支持和有效的解决方案。也希望本套书的出版，能起到抛砖引玉的作用，吸引更多的作者来编写这方面的视频教程，让读者能享受到学习的轻松和乐趣。

由于时间仓促，书中难免存在遗漏和不足之处，恳请广大读者提出宝贵意见。

作 者
2014 年 10 月

# 目　录

# 第一部分

# 西门子触摸屏

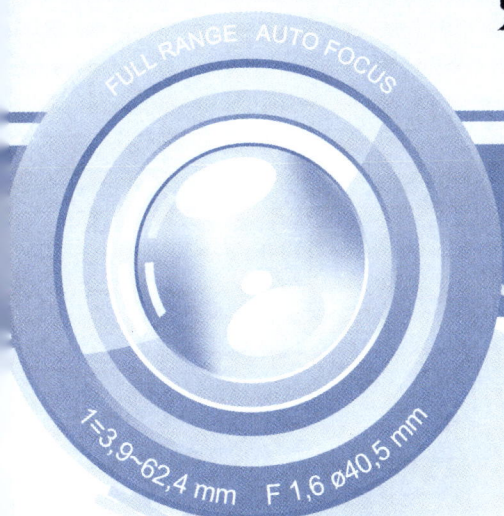

# 第一章
# 西门子 HMI 与 WinCC flexible 介绍

## 第一节　人机界面概述

### 一、人机界面的基本概念

人机界面装置是操作人员与 PLC 之间双向沟通的桥梁，很多工业被控对象要求控制系统具有很强的人机界面功能，用来实现操作人员与计算机控制系统之间的数据交换。人机界面装置用来显示 PLC 的 I/O 状态和各种系统信息，接收操作人员发出的各种命令和设置的参数，并将它们传送到 PLC。

人机界面（Human Machine Interface）又称为人机接口，简称为 HMI。从广义上说，HMI 泛指计算机与操作人员交换信息的设备。在控制领域，HMI 一般特指用于操作人员与控制系统之间进行对话和相互作用的专用设备。

人机界面是按工业现场环境应用来设计的，正面的防护等级为 IP65，背面的防护等级为 IP20，坚固耐用，其稳定性和可靠性与 PLC 相当，能在恶劣的工业环境中长时间连续运行，因此人机界面是 PLC 的最佳搭档。

人机界面可以承担下列任务：

（1）过程可视化。在人机界面上动态显示过程数据（即 PLC 采集的现场数据）。

（2）操作员对过程的控制。操作员通过图形界面来控制过程。如操作员可以用触摸屏画面上的输入域来修改系统的参数，或者用画面上的按钮来启动电动机等。

（3）显示报警。过程的临界状态会自动触发报警，如当变量超出设定值时。

（4）记录功能。顺序记录过程值和报警信息，用户可以检索以前的生产数据。

（5）输出过程值和报警记录。如可以在某一轮班结束时打印输出生产报表。

（6）过程和设备的参数管理。将过程和设备的参数存储在配方中，可以一次性将这些参数从人机界面下载到 PLC，以便改变产品的品种。

在使用人机界面时，需要解决画面设计和通信的问题。人机界面生产厂家用组态软件很好地解决了以上两个问题，组态软件使用方便、易学易用。使用组态软件可以很容易地生成人机界面的画面，还可以实现某些动画功能。人机界面用文字或图形动态地显示 PLC 中开关量的状态和数字量的数值，通过各种输入方式，将操作人员的开关量命令和数字量设定值传送到 PLC。

### 二、人机界面的分类

现在的人机界面几乎都使用液晶显示屏，小尺寸的人机界面只能显示数字和字符，称为文本显示器，大一些的可以显示点阵组成的图形。显示器颜色有单色、8色、16色、256色或更多的颜色。

### 1. 文本显示器

文本显示器（Text Display，TD）是一种廉价的单色操作员界面，一般只能显示几行数字、字母、符号和文字。

图 1-1　文本显示器 TD200

西门子的 TD200（见图 1-1）和 TD200C 与小型的 S7-200 PLC 配套使用，可以显示两行信息，每行 20 个数字或字符，或每行显示 10 个汉字。

### 2. 操作员面板

西门子的操作员面板（Operator Panel，OP），使用液晶显示器和薄膜按键，有的操作员面板的按键多达数十个。操作员面板的面积大，直观性较差。图 1-2 所示是西门子的操作员面板 OP270。

### 3. 触摸屏

西门子的触摸屏面板（Touch Panel，TP），一般俗称为触摸屏（见图 1-3），触摸屏是人机界面的发展方向。可以由用户在触摸屏的画面上设置具有明确意义和提示信息的触摸式按键，触摸屏的面积小，使用直观方便。

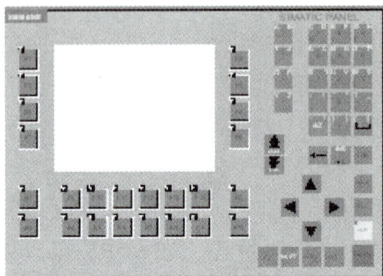

图 1-2　操作员面板 OP270

图 1-3　触摸屏 TP 270

### 三、触摸屏原理

触摸屏是一种最直观的操作设备，只要用手指触摸屏幕上的图形对象，计算机便会执行相应的操作。人的行为和机器的行为变得简单、直接、自然，达到完美的统一。用户可以用触摸屏上的文字、按钮、图形和数字信息等，来处理或监控不断变化的信息。

触摸屏是一种透明的绝对定位系统，首先它必须是透明的，透明问题是通过材料技术来解决的。其次是它能给出手指触摸处的绝对坐标，绝对坐标系统的特点是每一次定位的坐标与上一次定位的坐标没有关系，触摸屏在物理上是一套独立的坐标定位系统，每次触摸的位置转换为屏幕上的坐标。

触摸屏系统一般包括两个部分：检测装置和控制器。触摸屏检测装置安装在显示器的显示表面，用于检测用户的触摸位置，再将该处的信息传送给触摸屏控制器。控制器的主要作用是接收来自触摸点检测装置的触摸信息，并将它转换成触点坐标，判断出触摸的意义后送给 PLC。它同时能接收 PLC 发来的命令并加以执行，如动态地显示开关量和模拟量等。

## 第二节　人机界面的功能

人机界面最基本的功能是显示现场设备（通常是 PLC）中开关量的状态和寄存器中数字变量的值，用监控画面向 PLC 发出开关量命令，并修改 PLC 寄存器中的参数。

1. 对监控画面组态

"组态"一词有配置和参数设置的意思。人机界面用个人计算机上运行的组态软件来生成满足用户要求的监控画面，用画面中的图形对象来实现其功能，用项目来管理这些画面。

使用组态软件可以很容易地生成人机界面的画面，用文字或图形动态地显示 PLC 中的开关量的状态和数字量的数值。通过各种输入方式，将操作人员的开关命令和数字量设定值传送到 PLC。画面的生成是可视化的，一般不需要用户编程，组态软件的使用简单方便，且容易掌握。

在画面中生成图形对象后，只需要将图形对象与 PLC 中的存储器地址联系起来，就可以实现控制系统运行时 PLC 与人机界面之间的自动数据交换。

2. 人机界面的通信功能

人机界面具有很强的通信功能，配备有多个通信接口，可使用各种通信接口和通信协议，人机界面能与各主要生产厂家的 PLC 通信，还可以与运行组态软件的计算机通信。通信接口的个数和种类与人机界面的型号有关。用得最多的是 RS-232C 和 RS-422/485 串行通信接口，有的人机界面配备有 USB 或以太网接口，有的可以通过调制解调器进行远程通信。西门子人机界面的 RS-485 接口可以使用 MPI/PROFIBUS-DP 通信协议。有的人机界面还可以实现一台触摸屏与多台 PLC 通信，或多台触摸屏与一台 PLC 通信。

3. 编译和下载项目文件

编译项目文件是指将建立的画面及设置的信息转换成人机界面可以执行的文件。编译成功后，需要将组态计算机中的可执行文件下载到人机界面的 Flash EPROM（闪存）中，这种数据传送称为下载。为此首先应在组态软件中选择通信协议，设置计算机侧的通信参数，同时还应通过人机界面上的 DIP 开关或画面上的菜单设置人机界面的通信参数。

4. 运行阶段

在控制系统运行时，人机界面和 PLC 之间通过通信来交换信息，从而实现人机界面的各种功能。不需要为 PLC 或人机界面的通信编程，只需要在组态软件中和人机界面中设置通信参数，就可以实现人机界面与 PLC 之间的通信了。

## 第三节　西门子人机界面设备简介

西门子的手册将人机界面设备简称为 HMI 设备，有时也简称为面板（Panel），如触摸面板（Touch Panel，TP）、操作员面板（Operator Panel，OP）和多功能面板（Multi Panel，MP）。

西门子有品种丰富的人机界面产品，如 TD17、OP3、OP7、OP17、OP170B、OP70、TP270、TP170B、MP270B、MP370 等，WinCC flexible 几乎可以为该公司所有的 HMI 设

备组态。

## 一、文本显示器与微型面板

### 1. 文本显示器

(1) TD200。文本显示面板又叫文本显示器,只能显示数字、字符和汉字,不能显示图形。

文本显示器 TD200(见图 1-1)是为 S7-200 量身定做的小型监控设备,用 S7-200 的编程软件 STEP7-Micro/WIN 来组态。

TD200 通过 S7-200 供电,显示 2 行,每行 20 个字符或 10 个汉字,有 4 个可编程的功能键,5 个系统键,DC 24V 电源的额定电流为 120mA。

(2) TD200C。TD200C 如图 1-4 所示,它具有标准 TD200 的基本操作功能,另外还增加了一些新的功能。TD200C 为用户提供了非常灵活的键盘布置和面板设计功能。用 S7-200 的编程软件 STEP7-Micro/WIN 来组态。

(3) TD400C。TD400C(见图 1-5)是新一代文本显示器,完全支持西门子 S7-200 PLC,4 行中文文本显示,与 S7-200 PLC 通过 PPI 高速通信,速率可达到 187.5kb/s,用 STEP7-Micro/WIN4.0 SP4 中文版组态,HMI 程序存储于 PLC,无需单独下载,便于维护。

图 1-4 文本显示器 TD200C

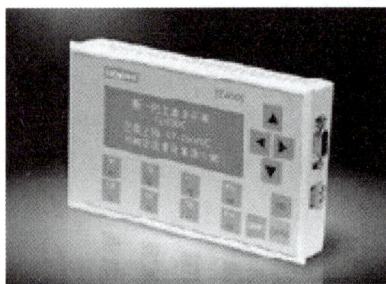

图 1-5 TD400C

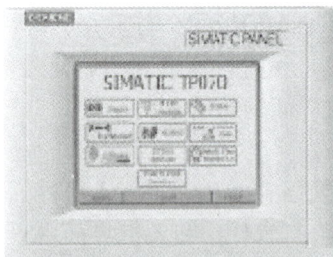

图 1-6 TP070

### 2. 微型面板

TP070、TP170 micro、TP177 micro 和 K-TP178 micro 都是专门用于 S7-200 的 5.7in 的 STL-LCD,4 种蓝色色调,有 CCFL 背光,320×240 像素,通信接口均为 RS-485。支持的图形对象有位图、图标或背景图片,有软件实时时钟,可以使用的动态对象为棒图,如图 1-6～图 1-9 所示。

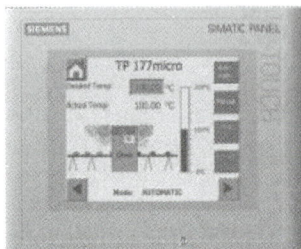

图 1-7 TP170 micro

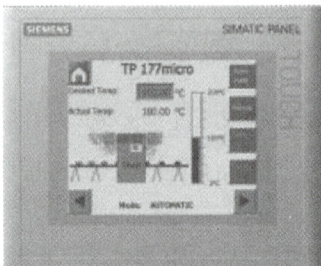

图 1-8 TP178 micro

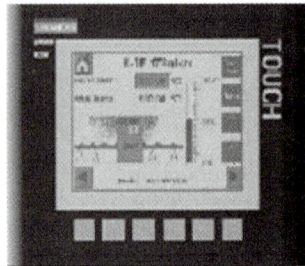

图 1-9 K-TP178 micro

### 二、触摸屏与移动面板

触摸面板（触摸屏）包括 TP170A、TP170B 和 TP270，它们都使用 Microsoft Windows CE 3.0 操作系统。可用于 S7 系列 PLC 和其他主要生产厂家的 PLC，用组态软件 WinCC flexible 来组态。它们有 5 种在线语言，可以使用 MPI/PROFIBUS-DP 通信协议。

#### 1. 触摸屏

TP170A 是用于 S7 系列 PLC 简单任务的经济型触摸屏，采用 5.7in、蓝色 STN-LCD，4 级灰度，支持位图、图标和背景图画，动态对象有棒图，有一个 RS-232 接口和一个 RS-422/485 接口。

TP170B 采用 5.7in、蓝色或 16 色 STN-LCD，有两个 RS-232 接口、一个 RS-422/485 接口和一个 CF 卡插槽，支持位图、图标、背景图画和矢量图形对象，动态对象有图表、柱形图和隐藏按钮，有配方功能。

TP270 采用 5.7in 或 10.4in 256 色 STN 触摸屏，通过改进的显示技术，提高了亮度。可以通过 CF 卡、MPI 和可选的以太网接口备份或恢复。可以远程下载/上载组态和硬件升级。有两个 RS-232 接口、一个 RS-422/485 接口和一个 CF 卡插槽，可以通过 USB、RS-232 串口和以太网接口驱动打印机。

TP270 和 OP270 可以使用标准的 Windows 数据存储格式（∗.csv），用标准工具软件（如 Excel）处理保存的数据。

#### 2. 移动面板

在大型生产工厂、复杂或隔离系统、长传送线和生产线，以及材料处理的应用中，使用移动面板进行对象的监控具有明显的优势，调试工程师或操作员使用它，可以在现场监视设备的工作过程，直接进行控制。其调试时间短、调试准确，有助于减少更新、维护和故障检测的停机时间。

移动面板 Mobile Panel 170 是基于 Windows CE 操作系统的移动 HMI 设备，它有一个串口和一个 MPI/PROFIBUS-DP 接口，两个接口都可以用于传送项目，具有棒图、趋势图、调度器、打印、带缓冲的报警和配方管理功能，用 CF 卡备份配方数据和项目。图 1-10 所示为 Mobile Panel 170 移动面板。

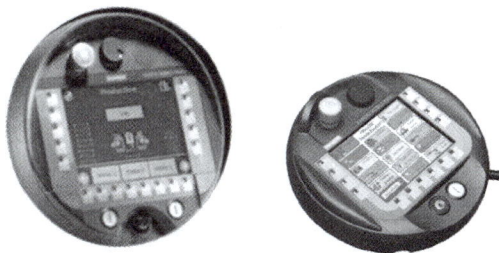

图 1-10　Mobile Panel 170

#### 3. 操作员面板

操作员面板 OP3、OP7、OP77B、OP17、OP170B 和 OP270 通过密封薄膜键进行操作、控制与监视。操作员面板有很多按键，与触摸屏显示器相比，操作员面板上的密封薄膜键比较耐油污。

OP3（见图 1-11）是为小型程序和 S7 系列 PLC 而设计的，也可以用作掌上设备，液晶显示器有背光 LED，可显示 2 行，每行 20 个字符，有 18 个系统键，其中 3 个是软键，用 ProTool/Lite

图 1-11　OP3

组态。

OP7（见图1-12）可以用多种方法与不同的PLC连接，液晶显示器有背光LED，可显示4行，每行20个字符，有22个系统键，8个用户自定义的软键，用ProTool/Lite组态。

OP 77B（见图1-13）是全新小型、高性价比的操作员面板，是OP7的升级产品，安装开口尺寸与OP7相同。在拥有OP7优点的同时，还集成有一个4.5in的图形显示屏，可以显示位图或棒图，字符可以缩放。OP77B有8个功能键，23个系统键。配置有多种通信接口，可以通过RS-232、USB或PROFIBUS-DP/MPI接口连接组态的计算机，可以与西门子等PLC通信，USB接口可以连接打印机。可以用多媒体卡扩展存储空间，储存和重新装载项目组态，以及存储配方，可以进行数据存储。

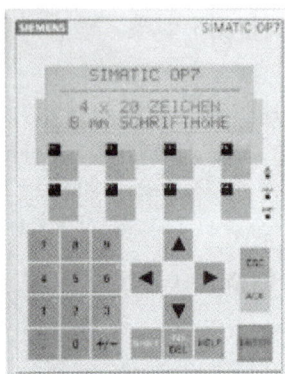
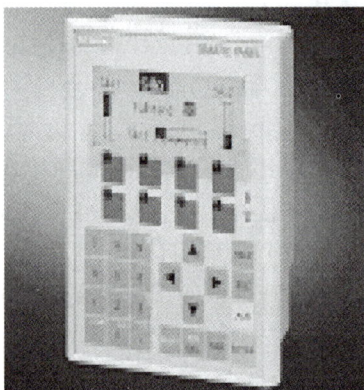

图1-12　OP7　　　　　　　　　　图1-13　OP77B

OP17（见图1-14）有背光LED，显示8行，每行40个字符，有22个系统键，24个用户自定义功能键，其中16个是软键，用ProTool/Lite组态。

OP170B（见图1-15）基于Windows CE操作系统，采用320×240像素，5.7in的蓝色STN-LCD，有24个功能键，其中18个带LED。有两个RS-232接口、一个RS-422/485接口和一个CF卡插槽，可以连接其他品牌的PLC。它支持位图、图标、背景图形和矢量图形对象，动态对象有图表、柱形图和隐藏按钮，具有配方功能。

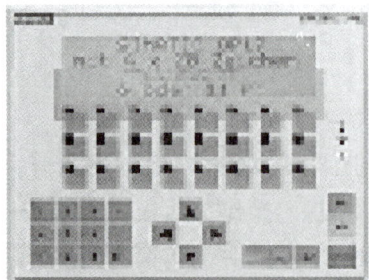
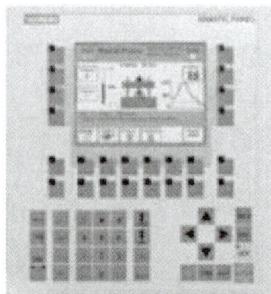

图1-14　OP17　　　　　　　　　　图1-15　OP170B

OP270（见图1-2）使用5.7in或10.4in 256色STN-LCD，用键盘操作，可以通过CF卡、MPI、USB和可选的以太网接口备份或恢复，可以远程下载/上载组态和硬件升级。集成的USB接口可以接键盘、鼠标、打印机和读码器等。有两个RS-232接口、一个RS-422/

485 接口和一个 CF 卡插槽。

### 4. 多功能面板

多功能面板（Multi Panel，MP）是性能最高的人机界面，高性能、具有开放性和可扩展性是其突出特点。它采用 Windows CE V3.0 操作系统，用 WinCC flexible 组态，用于高标准的复杂机器的可视化，可以使用 256 色矢量图形显示功能、图形库和动画功能。它有过程值和信息归档功能、曲线图功能和在线语言选择功能。图 1-16 所示为 MP370 多功能触摸面板。

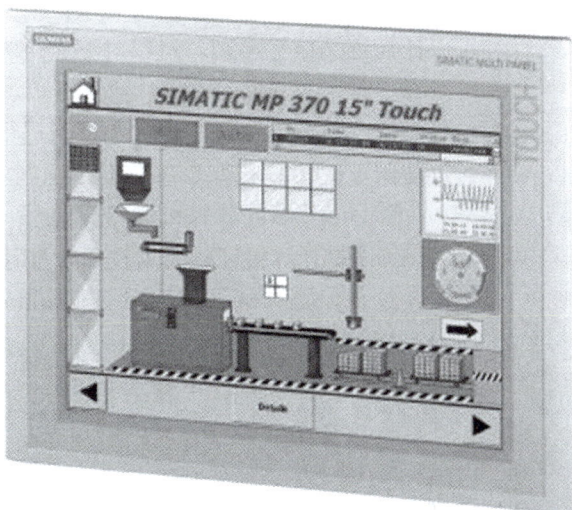

MP 系列多功能面板有两个 RS-232 接口、RS-422/485 接口、USB 接口和 RJ45 以太网接口，RS-485 接口可以使用 MPI、PROFIBUS-DP 协议，还可以通过各种通信接口传送组态。

图 1-16 MP370 多功能触摸面板

而距离较长时可以用调制解调器、SIMATIC TeleService 或 Internet，通过 WinCC flexible 的 SmartService 进行传输。此外它还有 PC 卡插槽和 CF 卡插槽。

## 第四节 WinCC flexible 简介

### 一、WinCC flexible 概述

#### 1. ProTool 与 WinCC flexible

西门子的人机界面以前使用 ProTool 组态，SIMATIC WinCC flexible 是在被广泛认可的 ProTool 组态软件上发展起来的，并且与 ProTool 保持了一致性。ProTool 适用于单用户系统，WinCC flexible 可以满足各种需求，从单用户、多用户到基于网络的工厂自动化控制与监视。大多数 SIMATIC HMI 产品可以用 ProTool 或 WinCC flexible 组态，某些新的 HMI 产品只能用 WinCC flexible 组态。我们可以非常方便地将 ProTool 组态的项目移植到 WinCC flexible 中。

WinCC flexible 具有开放简易的扩展功能，带有 VB 脚本功能，集成了 ActiveX 控件，可以将人机界面集成到 TCP/IP 网络。

WinCC flexible 带有丰富的图库，提供了大量的对象供用户使用，其缩放比例和动态性能都是可变的。使用图库中的元件，可以快速方便地生成各种美观的画面。

#### 2. WinCC flexible 的改进

WinCC flexible 改进后的特点如下：

（1）可以通过以太网与 S7 系列 PLC 和 WinCC 连接。

（2）对象库中的屏幕对象可以任意定义并重新使用，集中修改。

（3）画面模板用于创建画面的共同组成部分。

（4）智能工具。用于创建项目的项目向导、画面分层和运动轨迹和图形组态。

（5）具有数字信息和模拟信息的信息报警系统。

（6）可以任意定义信息类别，可以对响应行为和显示进行组态。

（7）可以在 5 种语言之间切换。

（8）扩展的密码系统。通过用户名和密码进行身份认证，最多有 32 个用户组特定权限。

（9）通过使用 VB 脚本来动态显示对象，以访问文本、图形或条形图等屏幕对象属性。

3. 安装 WinCC flexible 的计算机推荐配置

WinCC flexible 对计算机硬件要求较高，推荐配置如下：

（1）操作系统，Windows 2000 SP4 或 Windows XP Professional。

（2）Internet 浏览器，Microsoft Internet Explorer V6.0 SP1/SP2。

（3）图形/分辨率，1028×768 像素或更高，256 色或更多。

（4）处理器，1.6GHz 及以上的处理器。

（5）内存，1GB 以上。

（6）硬盘空闲空间，1.5G 以上。

（7）PDF 文件的显示，Adobe Acrobat Reader 5.0 或更高版本。

## 二、WinCC flexible 操作界面

1. 菜单和工具栏

菜单和工具栏是大部分软件应用的基础，通过操作了解菜单中的各种命令和工具栏中各个按钮很重要。与大部分软件一样，菜单中浅灰色的命令和工具栏中浅灰色的按钮在当前条件下不能使用。如只有在执行了"编辑"菜单中的"复制"命令后，"粘贴"命令才会由浅灰色变成黑色，表示可以执行该命令。

2. 项目视图

图 1-17 中左上角的窗口是项目视图，包含了可以组态的所有元件。生成项目时自动创建了一些元件，如名为"画面 1"的画面和画面模板等。

项目中的各组成部分在项目视图中以树形结构显示，分为 4 个层次：项目、HMI 设备、文件夹和对象。项目视图的使用方式与 Windows 的资源管理器相似。

作为每个编辑器的子元件，用文件夹以结构化的方式保存对象。在项目窗口中，还可以访问 HMI 设备的设置、语言设置和版本管理。

3. 工作区

用户在工作区编辑项目对象，除了工作区之外，可以对其他窗口（如项目视图和工具箱等）进行移动、改变大小和隐藏等操作。工作区上的编辑器标签处最可以同时打开 20 个编辑器。

4. 属性视图

属性视图用于设置在工作区中选取的对象的属性，输入参数后按回车键生效。属性窗口一般在工作区的下面。

在编辑画面时，如果未激活画面中的对象，在属性对话框中将显示该画面的属性，可以对画面的属性进行编辑。

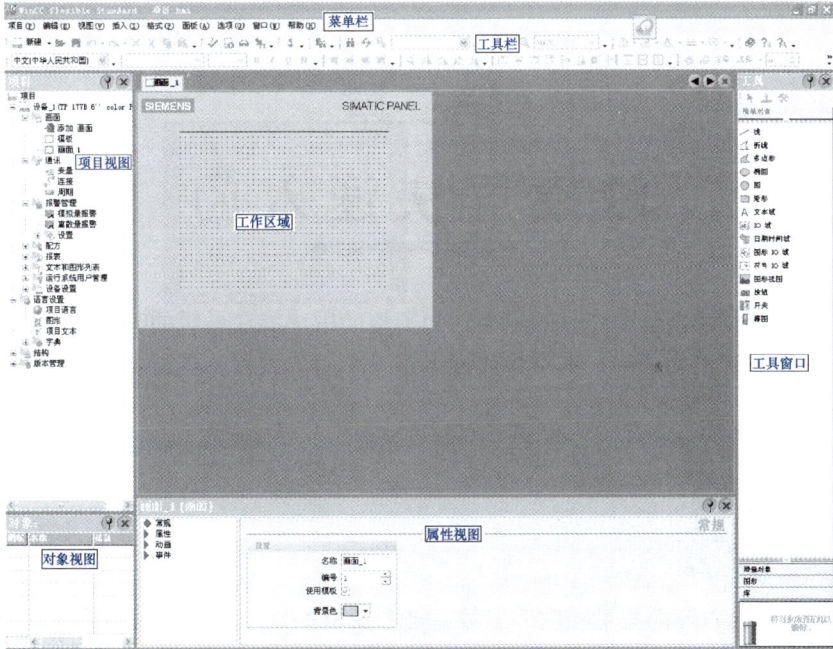

图 1-17  WinCC flexible 操作界面

5. 工具箱中的对象

工具箱中可以使用的对象与 HMI 设备的型号有关。

工具箱包含过程画面中需要经常使用的各种类型的对象。如图形对象或操作员控制元件，工具箱还提供许多库，这些库包含许多对象模板和各种不同的面板。

可以用"视图"中的"工具"命令显示或隐藏工具箱视图。

根据当前激活的编辑器，"工具箱"包含不同的对象组。打开"画面"编辑器时，工具箱提供的对象组有简单对象、增强对象、图形和库。不同的人机界面可以使用的对象也不同。简单对象中有线、折线、多边形、矩形、文本域、图形视图、按钮、开关、IO 域等对象。增强对象提供增强的功能，这些对象的用途之一是显示动态过程，如配方视图、报警视图和趋势图等。库是工具箱视图元件，是用于存储常用对象的中央数据库。只需对库中存储的对象组态一次，以后便可以多次重复使用。

WinCC flexible 的库分为全局库和项目库。全局库存放在 WinCC flexible 的安装上的一个文件夹中，全局库可用于所有的项目，它存储在项目的数据库中，可以将项目库中的元件复制到全局库中。

6. 输出视图

输出视图用来显示在项目投入运行之前自动生成的系统报警信息，如组态中存在的错误等会在输出视图中显示。

可以用"视图"菜单中的"输出"命令来显示或隐藏输出视图。

7. 对象视图

对象窗口用来显示在项目视图中指定的某些文件夹或编辑器中的内容，执行"视图"菜单中的"对象"命令，可以打开或关闭对象视图。

11

# 第二章
# 触摸屏快速入门

本章首先介绍了触摸屏中变量的定义。为了帮助用户能在最短的时间内对西门子触摸屏组态有一个全面的认识和了解，本章将通过组态一个简单项目，进行模拟运行与监视。

## 第一节 变 量

### 一、变量的分类

变量（Tag）分为外部变量和内部变量，每个变量都有一个符号名和数据类型。

外部变量是人机界面与 PLC 进行数据交换的桥梁，是 PLC 中定义的存储单元的映像，其值随 PLC 程序的执行而改变。可以在 HMI 设备和 PLC 中访问外部变量。

内部变量存储在 HMI 设备的存储器中，与 PLC 没有连接关系，只有 HMI 设备能访问内部变量。内部变量用于 HMI 设备内部的计算或执行其他任务。内部变量用名称来区分，没有地址。

### 二、变量的数据类型

WinCC flexible 软件中可定义的变量的基本数据类型有字符、字节、有符号整数、无符号整数、长整数、无符号长整数、实数（浮点数）、双精度浮点数、布尔（位）变量、字符串及日期时间，如表 2-1 所示。

表 2-1 变量的基本数据类型

| 变量类型 | 符 号 | 位数/bit | 取 值 范 围 |
|---|---|---|---|
| 字符 | Char | 8 | — |
| 字节 | Byte | 8 | 0～255 |
| 有符号整数 | Int | 16 | −32 768～32 767 |
| 无符号整数 | Unit | 16 | 0～65 535 |
| 长整数 | Long | 32 | −2 147 483 648～2 147 483 647 |
| 无符号长整数 | Ulong | 32 | 0～4 294 967 295 |
| 实数（浮点数） | Float | 32 | $\pm 1.175\,495e-38 \sim \pm 3.402\,823e+38$ |
| 双精度浮点数 | Double | 64 | — |
| 布尔（位）变量 | Bool | 1 | True (1)、False (0) |
| 字符串 | String | — | — |
| 日期时间 | Date Time | 64 | 日期/时间 |

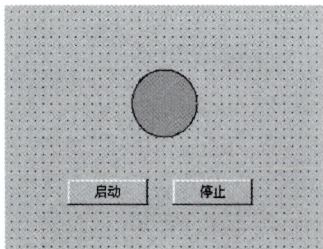

图 2-1　简单项目画面

### 第二节　组态一个简单项目

本节通过一个简单的例子来说明如何建立和编辑 WinCC flexible 项目。使用 WinCC flexible 建立一个项目一般包括以下几个步骤。

（1）启动 WinCC flexible。

（2）建立项目。

（3）建立通信连接。

（4）组态变量。

（5）画面组态。

（6）仿真或下载运行。

下面在 WinCC flexible 上组态一个如图 2-1 所示的画面，要求按下启动按钮时指示灯变成红色，按下停止按钮时指示灯变成灰色。

#### 一、启动 WinCC flexible 创建项目

启动 WinCC flexible，单击"开始"→"所有程序"→SIMATIC→WinCC flexible2007 →WinCC flexible 或双击桌面上的快捷图标，如图 2-2 所示，打开 WinCC flexible。

图 2-2　图标

打开 WinCC flexible 软件后，出现如图 2-3 所示界面，选择"创建一个空项目"，进入如图 2-4 所示画面，在该画面里可选择 HMI 型号。按图 2-5 所示选择型号为 TP177B color PN/DP 的 HMI，然后单击"确定"按钮，进入如图 2-6 所示画面。

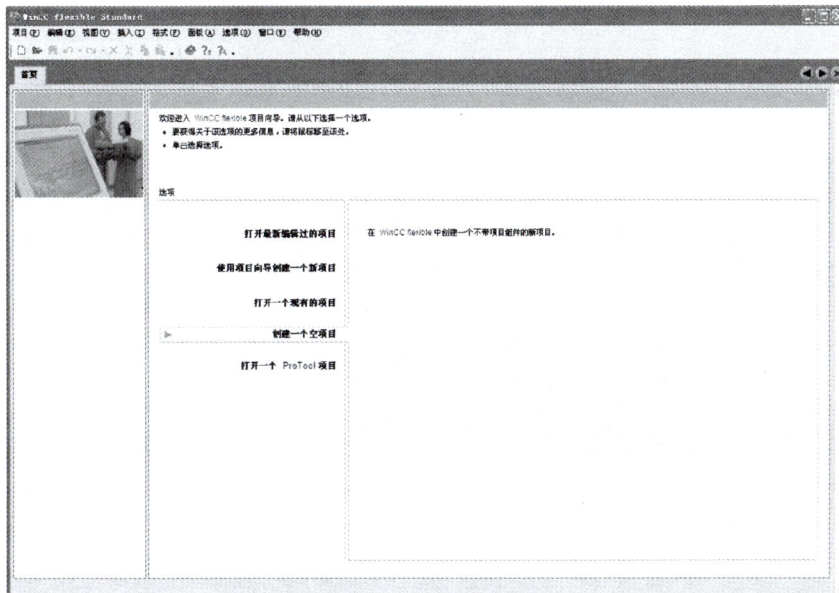

图 2-3　创建一个空项目

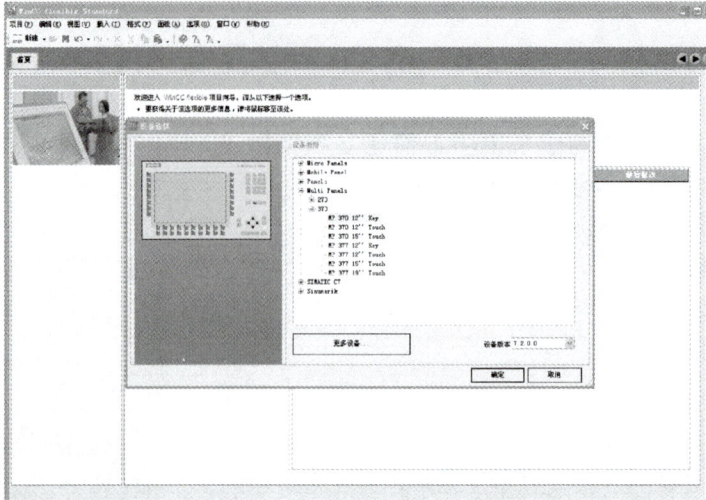

图 2-4　选择 HMI 型号界面

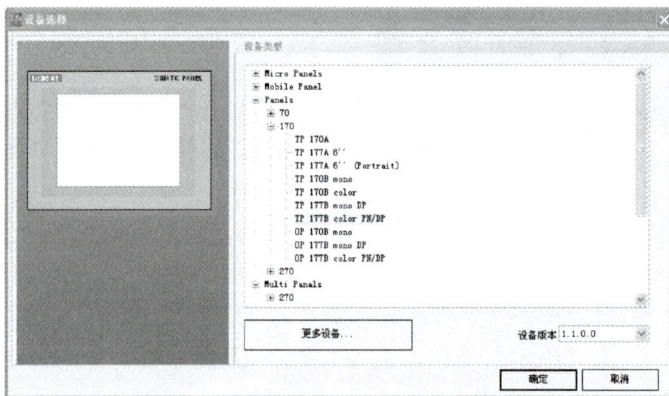

图 2-5　组态 TP177B color PN/DP

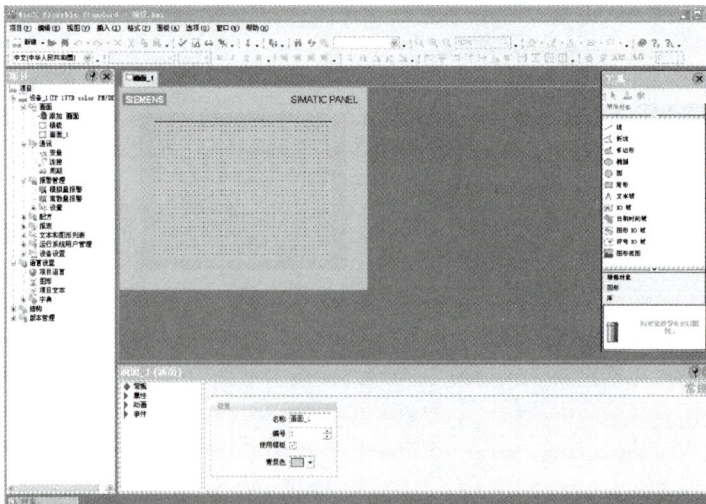

图 2-6　初始画面

## 二、变量组态

创建项目后，如果 HMI 要与 PLC 之间进行数据交换，则下一步是组态建立通信连接。本项目免去了与 PLC 交换的数据，所以下一步就进入变量的组态。下面组态一个 Bool 型的内部变量。

双击"项目视图"中的"通信→变量"调出变量表，如图 2-7 所示。

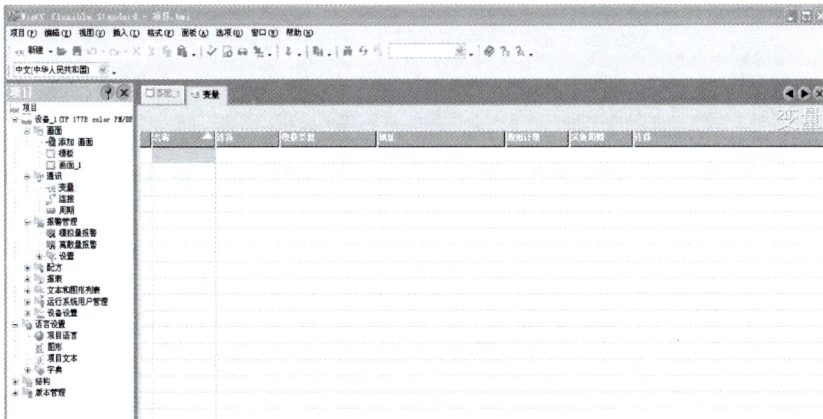

图 2-7　变量表

双击变量表的第一行，自动产生一个变量，把该变量的数据类型改为 Bool，如图 2-8 所示。

图 2-8　建立一个 Bool 变量

## 三、画面组态

双击"项目视图"中的"画面→画面_1"调出要组态的画面，如图 2-9 所示。

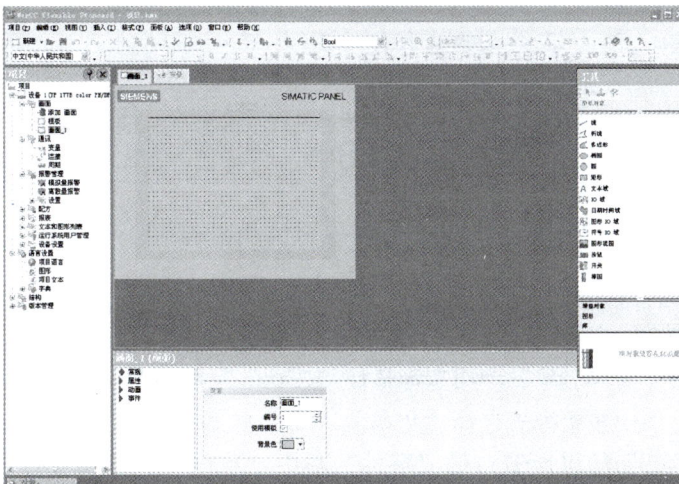

图 2-9　画面

下面组态一个指示灯和两个按钮。

1. 组态启动按钮

在"工具"的"简单对象"中用左键拖住"按钮"至画面中松开，然后在按钮对象的属性窗口的"常规"项中按钮模式选择"文本"，"OFF 状态文本"中输入"启动"，如图 2-10 所示。然后在启动按钮的属性窗口的"事件"项中"单击"时调用置位函数 SetBit，对"变量_1"进行置位操作，如图 2-11 所示。

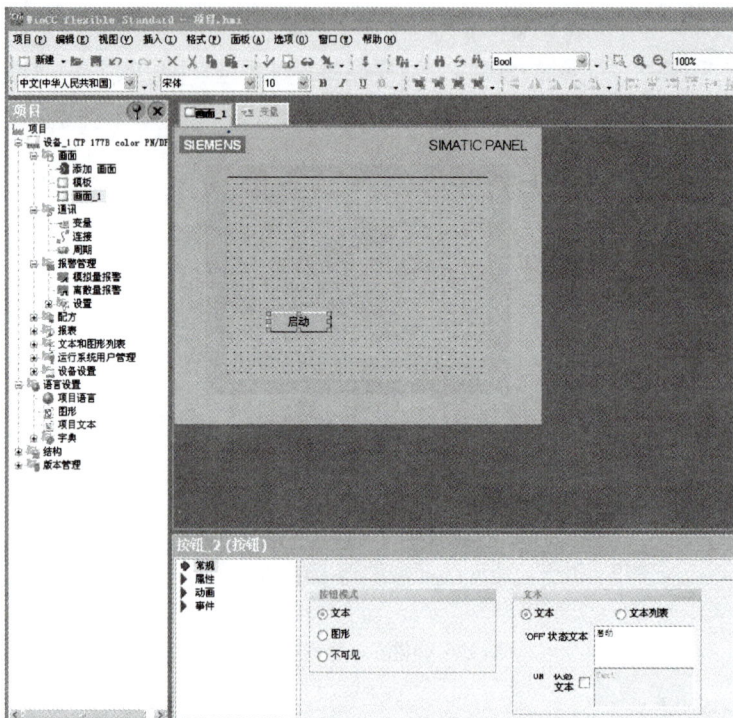

图 2-10　组态启动按钮

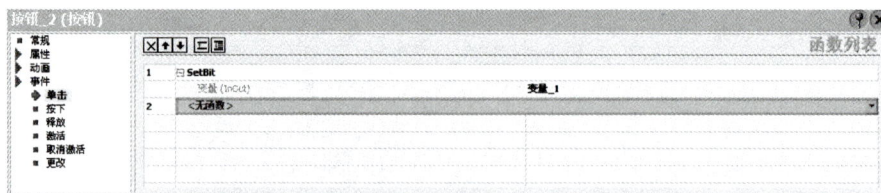

图 2-11　组态置位函数

2. 组态停止按钮

在"工具"的"简单对象"中用左键拖住"按钮"至画面中松开，然后在按钮对象的属性窗口的"常规"项中按钮模式选择"文本"，"OFF 状态文本"中输入"停止"，如图 2-12 所示。然后在启动按钮的属性窗口的"事件"项中"单击"时调用置位函数 ResetBit，对"变量_1"进行复位操作，如图 2-13 所示。

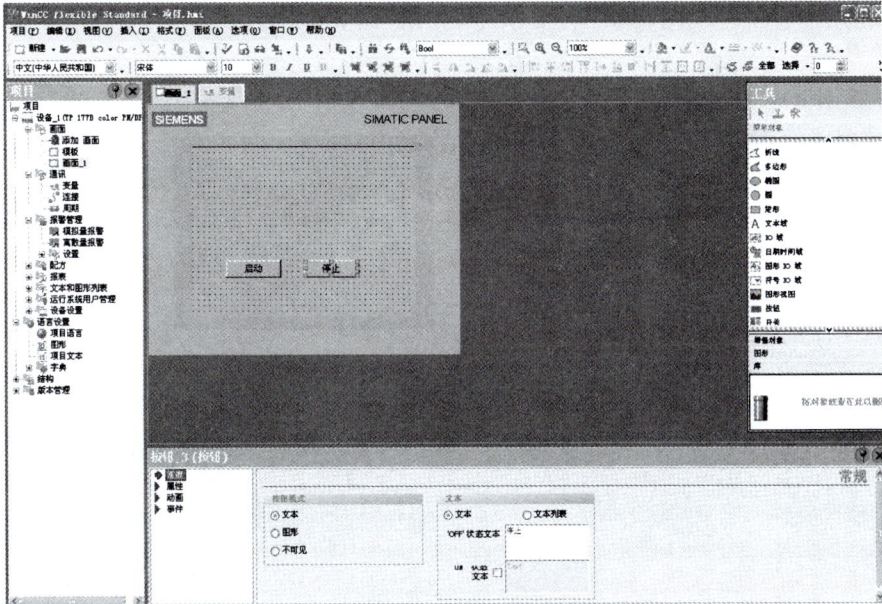

图 2-12　组态停止按钮

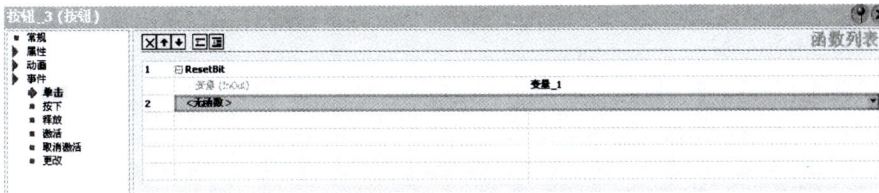

图 2-13　组态复位函数

## 3. 组态指示灯

在"工具"的"简单对象"中用左键拖住"圆"至画面中松开，并调整到合适大小。在它的属性窗口中，组态"动画"→"外观"属性，启用"变量＿1"，变量类型为"位"，组态"变量＿1"为 0 时和为 1 时的背景色为灰色和红色，如图 2-14 所示。

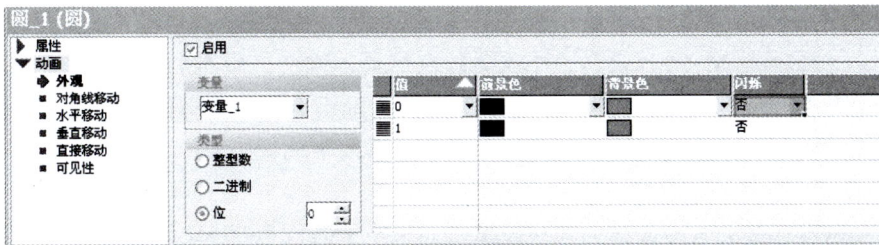

图 2-14　组态圆属性

## 四、模拟运行

如图 2-15 所示，单击"启动运行系统"图标，以上的组态项目即可运行。当单击启动按钮时，指示灯就变为红色，单击停止按钮时，指示灯就变为灰色，实现组态效果。

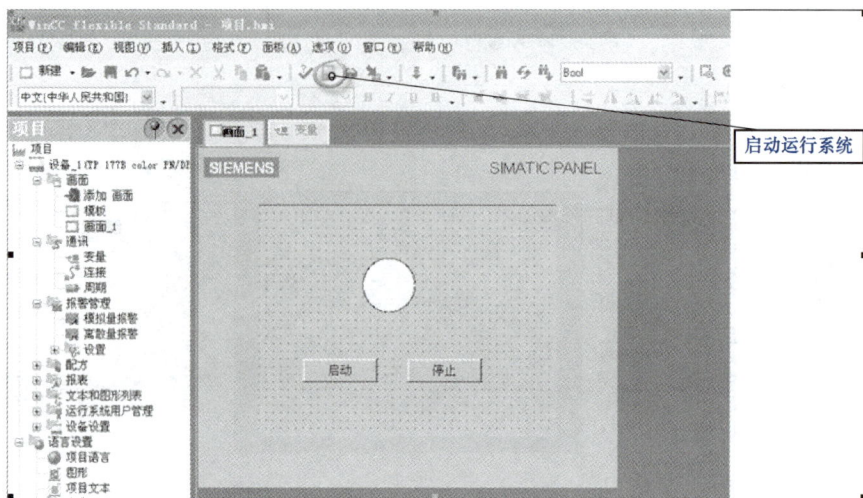

图 2-15　模拟运行

## 第三节　WinCC flexible 项目的运行与模拟

WinCC flexible 运行系统（Runtime）用来在计算机上运行 WinCC flexible 组态的项目，并查看进程，还可用于在组态用的计算机上测试和模拟编译后的项目文件。WinCC flexible 运行系统的功能与使用的 HMI 设备的型号有关，如内存容量和功能键的数量等。功能的范围和性能（如变量的个数）由授权许可证类型决定。

如果在标准 PC 或 Panel PC（面板式 PC）上安装 WinCC flexible 运行系统软件，需要授权才能无限制地使用。如果授权丢失，WinCC flexible 运行系统将以演示模式运行。在演示模式下，将会定期提示安装授权信息。如果在安装运行系统软件时没有许可证，也可以在以后安装。

### 一、WinCC flexible 模拟调试的方法

WinCC flexible 提供了一个模拟器软件，在没有 HMI 设备的情况下，可以用 WinCC flexible 的运行系统模拟 HMI 设备，用它来测试项目，调试已组态的 HMI 设备的功能。模拟调试是学习 HMI 设备组态方法和提高动手能力的重要途径。具体调试方法有三种：不带控制器连接的模拟、带控制器连接的模拟和在集成模式下的模拟。

1. 不带控制器连接的模拟（离线模拟）

不带控制器连接的模拟又称为离线模拟，如果手中既没有 HMI 设备，也没有 PLC，可以用离线模拟功能来检查人机界面的部分功能，还可以在模拟表中指定标志和变量的数值，它们由 WinCC flexible 运行系统的模拟程序读取。

离线模拟因为没有运行 PLC 的用户程序，离线模拟只能模拟实际系统的部分功能，如画面的切换和数据的输入过程等。

在模拟项目之前，首先应创建、保存和编译项目。单击 WinCC flexible 的编译器工具栏

中的按钮 ，或执行菜单命令"项目→编译器→启动带模拟器的运行系统"，启动模拟量。如果启动模拟器之前没有预先编译项目，则自动启动编译，编译成功后才能模拟运行。编译出现错误时，在输出视图中的红色文字显示。改正错误编译成功后，才能模拟运行。

2. 带控制器连接的模拟（在线模拟）

带控制器连接的模拟又称为在线模拟，设计好 HMI 设备的画面后，如果没有 HMI 设备，而是有 PLC，可以用通信适配器或通信处理器连接计算机和 PLC 的通信接口，进行在线模拟，用计算机模拟 HMI 设备的功能。这样方便了工程的调试，可以减少调试时刷新 HMI 设备的 Flash ROM（闪存）的次数，这样就大大节约了调试时间。在线模拟的效果与实际系统基本相同。

在线模拟是一种半"真实"的系统，与实际的控制系统的性能非常接近。为了实现在线模拟，PLC 与运行 WinCC flexible 的计算机之间应建立通信连接。

3. 在集成模式下的模拟（集成模拟）

可以将 WinCC flexible 的项目集成在 STEP7 中，用 WinCC flexible 的运行系统来模拟 HMI 设备，用 S7-300/400 的仿真软件 S7-PLCSIM 来模拟 HMI 设备连接的 S7-300/400 PLC。这种模拟不需要 HMI 设备和 PLC 硬件，比较接近真实系统的运行情况。

## 二、项目的在线模拟

PLC 与运行 WinCC flexible 的计算机之间应建立通信连接。例如，CP5512、CP5611、CP5613 或 PC/MPI 适配器。将 PLC 的 MPI 转换为计算机的 RS-232 接口，用于点对点连接。

下面以一台设备的启动与停止为例介绍项目的在线模拟。

1. 编写 PLC 的用户程序

在 S7-300/400 的编程软件 STEP7 中，建立一个名为"在线模拟"的项目。首先在符号表中定义与 WinCC flexible 变量表中的变量相同的符号地址，如图 2-16 所示，PLC 梯形图如图 2-17 所示。

图 2-16  PLC 的符号表

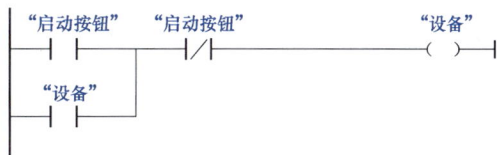

图 2-17  PLC 梯形图

2. 组态在线模拟用的画面

为了用 PLC 的用户程序来实现对设备的控制，在 WinCC flexible 中新建一个项目，单击项目视图中的"新建画面"，在工作区中出现了名为"画面_2"的新生成的画面。用鼠标右键单击该画面的图标，在弹出的快捷菜单中执行"重命名"命令，将它的名称改为"在线模拟"。

单击项目视图的"通信→连接"，建立一个"SIMATIC S7-300/400"的连接。然后单击项目视图的"通信→变量"，在变量表中建立三个变量：启动、停止和设备，分别与 PLC 的 M0.0、M0.1 和 Q0.0 对应。并修改按钮的"事件"属性，在按下启动按钮时执行系统命令"SetBit 启动"，在释放启动按钮时执行系统命令"ResetBit 启动"，使启动按钮具有点动按钮的功能。用同样的方法将停止按钮设置为点动按钮。然后组态一个指示灯，指示变量"设备"的状态，如图 2-18 所示。

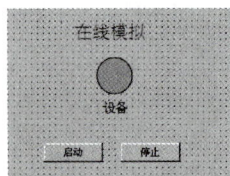

图 2-18 组态画面

### 3. 在线模拟操作

用于组态的 WinCC flexible 的工程系统和 WinCC flexible 的运行系统安装在同一台 PC 上，在生成 WinCC flexible 的项目时组态了 HMI 与 SIMATIC S7-300/400 的连接。

首先在 STEP7 中将 OB1 中的用户程序下载到 PLC。用 PC/MPI 适配器连接 S7-300 的 MPI 接口和计算机的 RS-232 接口，将它们通电后，将 PLC 切换到 RUN 运行模式。在 WinCC flexible 中，执行菜单命令"项目"→"编译器"→"启动运行系统"，或单击"编译"工具栏中的 按钮，启动 WinCC flexible 运行系统，系统进入在线模式状态，初始画面打开。

单击画面中的"启动"按钮，PLC 中的位存储器 M0.0 变为 ON 状态，由于图 2-17 中梯形图的运行，变量"设备"变为 ON 状态，画面中与该变量连接的指示灯亮。

单击画面中的"停止"按钮，PLC 中的位存储器 M0.1 变为 ON 状态，由于图 2-17 中梯形图的运行，变量"设备"变为 OFF 状态，画面中与该变量连接的指示灯熄灭。

## 三、WinCC flexible 与 STEP7 的集成

西门子的 HMI 设备可与 SIMATIC S7-300/400 配合使用，由于它们的价格较高，初学者编写出 PLC 的程序和组态好 HMI 的项目后，一般没有条件用硬件来实验。前面介绍的离线模拟方法虽然不需要 HMI 设备就可以模拟运行 HMI 的项目，但模拟的功能极为有限，模拟系统的性能与实际系统的性能相比有很大的差异。

为了解决这一问题，可以将 HMI 的项目集成在 SIMATIC S7-300/400 的编程软件 STEP7 中，用仿真软件 PLCSIM 来模拟 S7-300/400 的运行，用 WinCC flexible 的运行系统来模拟 HMI 设备的功能。因为 HMI 和 PLC 的项目集成在一起，同时还可以模拟 HMI 设备和 PLC 之间的通信和数据交换。虽然没有 PLC 和 HMI 的硬件设备，只用计算机也能很好地模拟真实的 PLC 和 HMI 设备组成的实际控制系统的功能。模拟系统与硬件系统的功能基本相同。

### 1. 集成的优势

在 STEP7 中集成 WinCC flexible 有以下优势：

（1）以 SIMATIC Manager（管理器）为中心来创建、处理和管理西门子 PLC 和 WinCC flexible 项目。

（2）集成后 WinCC flexible 可以访问 STEP7 中组态 PLC 时创建的组态数据。

（3）在创建 WinCC flexible 项目时，自动使用 STEP7 中设置的通信参数。在 STEP7 中更改通信参数时，WinCC flexible 中的通信参数将会随之更新。

（4）在 WinCC flexible 中组态变量和区域指针时，可以直接访问 STEP7 中的符号地址。在 WinCC flexible 中，只需选择想要连接的变量的 STEP7 符号，在 STEP7 中修改变量的符号，WinCC flexible 中的变量会同时自动更新。

（5）只需在 STEP7 的变量表中指定一次符号名，便可以在 STEP7 和 WinCC flexible 中使用它。

（6）WinCC flexible 支持 STEP7 中组态的 ALARM＿S 和 ALARM＿D 报警信息，信息文本保存在二者共享的数据库中，创建项目时，WinCC flexible 自动导入所需的数据，并且可以传送到 HMI 设备上。

（7）在集成的项目中，SIMATIC 管理器提供下列功能：

1）使用 WinCC flexible 运行系统创建一个 HMI 或 PC 站；

2）插入 WinCC flexible 对象；

3）创建 WinCC flexible 文件夹；

4）打开 WinCC flexible 项目；

5）编译和传送 WinCC flexible 项目；

6）启动 WinCC flexible 运行系统；

7）导出和导入要转换的文本；

8）指定语言设置；

9）复制或覆盖 WinCC flexible 项目；

10）在 STEP7 项目框架内归档和检索 WinCC flexible 项目。

2. 集成的方法

有以下两种方法可以在 STEP7 中集成 WinCC flexible：

（1）创建一个独立的 WinCC flexible 项目，以后再将它集成到 STEP7 中。

（2）通过在 STEP7 的 SIMATIC 管理器中创建一个 HMI 站，创建集成在 STEP7 中的 WinCC flexible 项目。

也可以将 WinCC flexible 项目从 STEP7 中分离开，将它作为单独的项目使用。方法如下：在 STEP7 中打开集成的 WinCC flexible 项目，在 WinCC flexible 中将它另存为其他项目，就可以将它从 STEP7 中分离。

3. 集成的条件

为了实现 WinCC flexible 与 STEP7 的集成，应先安装 STEP7（其版本不能低于 V5.3.1），然后再安装 WinCC flexible。安装 WinCC flexible 时，如果检测到已安装的 STEP7，将自动安装到 STEP7 中的支持选项。如果用户自定义安装，则应激活"与 STEP7 集成"选项。

4. 集成的注意事项

（1）在创建新的 STEP7 项目前，应关闭所有的 WinCC flexible 项目。如果在创建 STEP7 项目时，一个 WinCC flexible 项目处于打开状态，则 STEP7 的符号与 WinCC flexible 变量之间的互连性将会出现问题。

（2）在 STEP 项目中进行较大范围的更改可能会在符号服务器中引发问题。在 STEP7 项目中进行任何有实质性的更改前，应关闭所有的 WinCC flexible 项目。

（3）STEP7 项目的文件夹和名称中只能包含除单引号以外的 ASCII 字符，不能使用汉字。

（4）打开集成 STEP7 中的 HMI 项目后，如果所有 STEP7 变量符号都被标记为错误（符号单元格的背景为橙色标记），可以通过使用 SIMATIC 管理器中的"另存为"功能，用另一个名称保存 STEP7 项目来解决该问题。

5. 建立 STEP7 与 WinCC flexible 项目的连接步骤

（1）在 SIMATIC 管理器中创建 HMI 站。在 STEP7 的 SIMATIC 管理器中生成一个新项目，单击管理器左侧项目视图窗口中树形结构最上端的项目视图，在弹出的快捷菜单中执行"Insert New Object"→"SIMATIC HMI Station"命令，创建 HMI 站。

（2）在 NetPro 中建立连接或在 HW Config 中建立连接。PLC 与 HMI 的连接有两种方法可实现，可在 NetPro 中建立连接，也可在 HW Config 中建立连接。

（3）将 WinCC flexible 中生成的项目集成到 STEP 中。

为了实现 STEP7 与 WinCC flexible 的集成，可在 STEP7 中创建 HMI 站对象，也可以首先在 WinCC flexible 中生成和编辑项目，然后将它集成到 STEP 中去。

在 WinCC flexible 中执行菜单命令"项目"→"集成到 STEP7 项目中"，在打开的对话框中选择 STEP7 项目，就可以实现集成。

6. 实现集成后的作用

（1）实现集成后，在 WinCC flexible 中就可使用 STEP7 中的变量。

（2）在组态过程中可以增添变量。

（3）可用 WinCC flexible 和 PLC SIM 模拟控制系统的运行。

# 第三章
# WinCC flexible 组态

本章通过一些例子，介绍 IO 域组态、按钮与开关组态、图形输入输出对象组态、动画组态、文本列表与图形列表组态、报警组态、报表组态、历史数据组态、趋势曲线组态、配方组态、脚本组态、用户管理组态等组态技术。

## 第一节  IO  域  组  态

### 一、IO 域分类

I 是输入（Input）的简称，O 是（Output）的简称，输入域与输出域统称为 IO 域。IO 域分为 3 种模式，分别为输出域、输入域和输入/输出域。

输出域只显示变量的数值。输入域是操作员输入要传送到 PLC 的数字、字母或符号，将输入的数值保存到指定的变量中。输入/输出域同时具有输入和输出功能，操作员可以用它来修改变量的数值，并将修改后的数值显示出来。

### 二、IO 域组态

1. 组态要求

建立 2 个整型变量和 1 个字符变量，在画面中建立三个 IO 域，三个 IO 域的模式分别定义为"输入"、"输出"和"输入/输出"，过程变量分别与以上 3 个变量连接。

2. 组态过程

（1）组态变量。在变量表中创建整型（Int）变量"变量_1"、"变量_2"和 8 个字节的字符型（String）变量"变量_3"，它们都为内部变量，如图 3-1 所示。

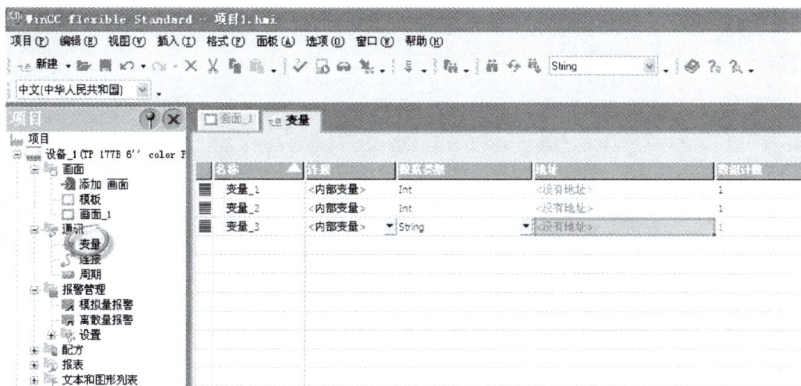

图 3-1　变量表

（2）画面组态。单击项目视图中的"项目→设备_1→画面→画面_1"，打开画面_1，如图 3-2 所示。

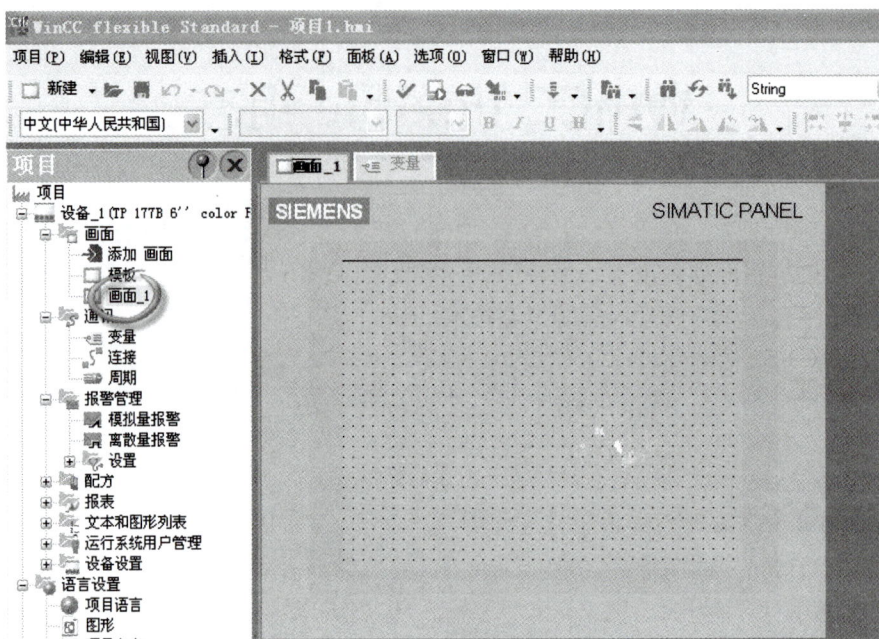

图 3-2　打开画面_1

在工具视图中左键单击"简单对象"中的"IO 域"，然后在画面的合适位置左键单击，即可在画面中建立一个 IO 域，如图 3-3 所示。

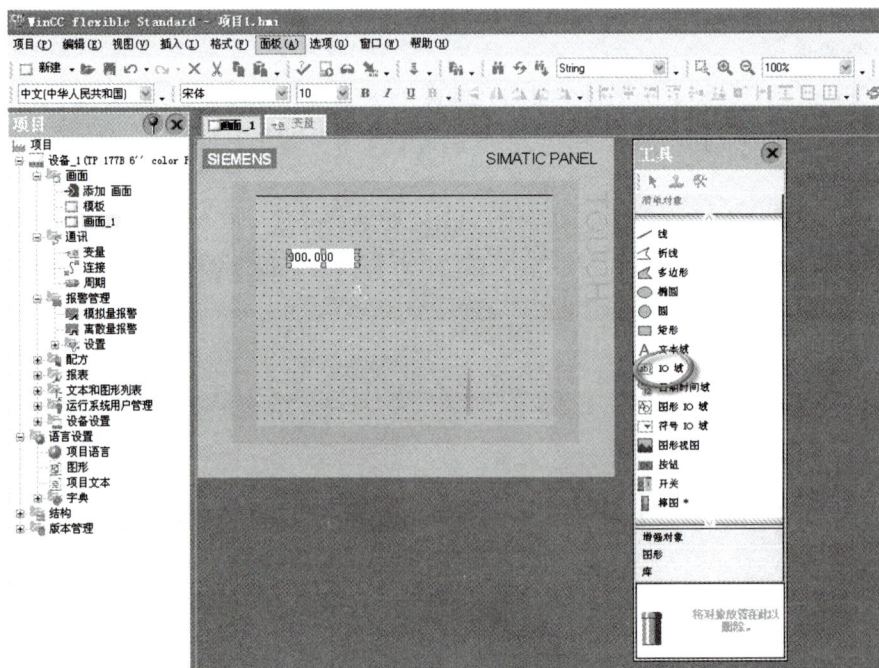

图 3-3　建立 IO 域

把该 IO 域的属性按图 3-4 设置，模式设为"输入"，过程变量调用"变量 _ 1"，格式为"999"（显示 3 位整数）。

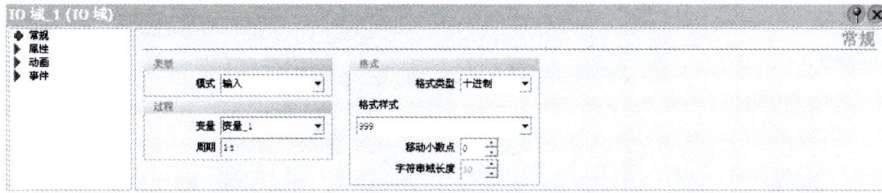

图 3-4    IO 域属性设置

用类似方法建立另外两个 IO 域，第二个 IO 域的属性设置如图 3-5 所示，模式为"输出"，过程变量调用"变量 _ 2"。第三个 IO 域的属性设置如图 3-6 所示，模式为"输入/输出"，格式类型为"字符串"，过程变量调用"变量 _ 3"。

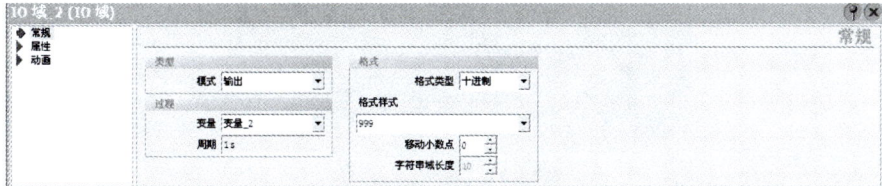

图 3-5    第二个 IO 域属性设置

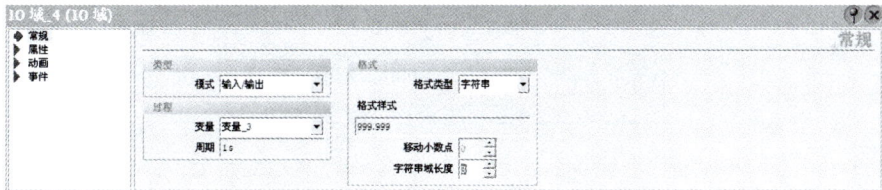

图 3-6    第三个 IO 域属性设置

组态后的画面如图 3-7 所示。

另外，根据组态的需要，还可以在 IO 域的属性窗口中设置其外观、布局、文本、闪烁、限制、其他、安全和动画，也可以由该 IO 域触发事件。

3. 项目运行

单击如图 3-8 中所示的启动运行系统按钮，系统即可运行，运行画面如图 3-9 所示，在运行画面中，可对第一个 IO 域输入数值；第二个 IO 域只能显示数值，不能输入；第三个 IO 域可以输入和输出显示字符。

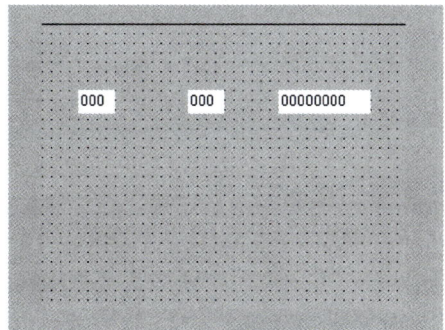

图 3-7    组态后的画面

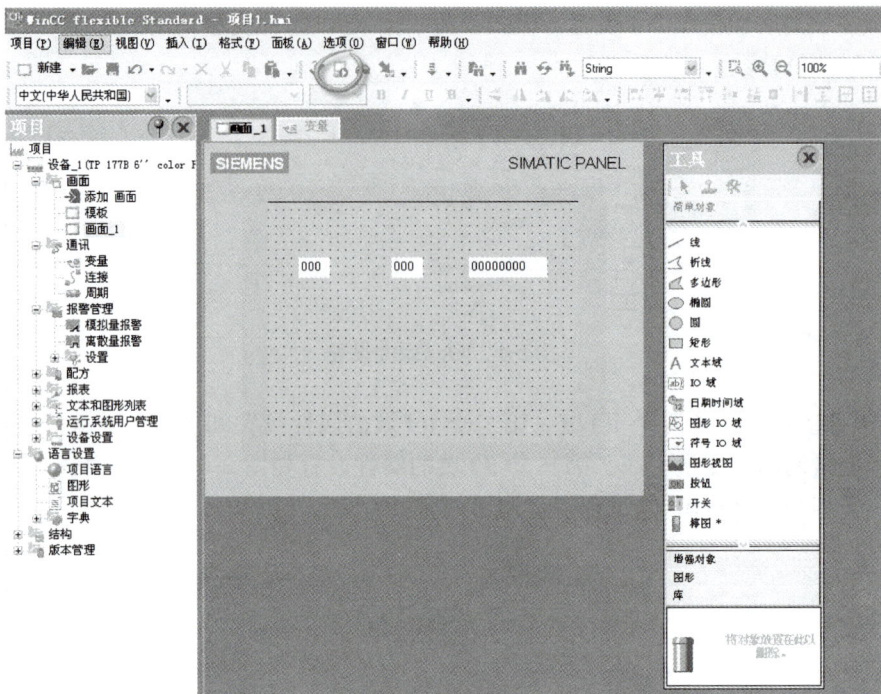

图 3-8 启动运行系统

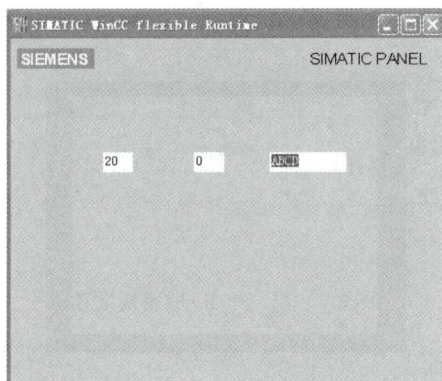

图 3-9 运行画面

## 第二节 按 钮 组 态

按钮最主要的功能是在单击它时执行事先组态好的系统函数,使用按钮可以完成很多任务。在按钮的属性视图的"常规"对话框中,可以设置按钮的模式为"文本"、"图形"或"不可见"。下面介绍按钮用于其他用途的组态方法。

### 一、组态要求

组态一个画面,如图 3-10 所示,画面中组态两个按钮和一个 IO 域,当按下"加 1"按钮时，IO 域中的数值就加 1，当按下"减 1"按钮时，IO 域的数值就减 1。

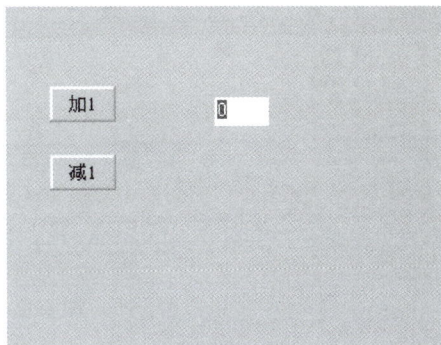

图 3-10　组态画面

## 二、组态过程

### 1. 组态变量

首先组态一个名为"变量 _ 1"的变量，数据类型为整数 Int，如图 3-11 所示。

### 2. 按钮组态

单击项目视图中的"项目→设备 _ 1→画面→画面 _ 1"，打开画面 _ 1。在工具视图中，单

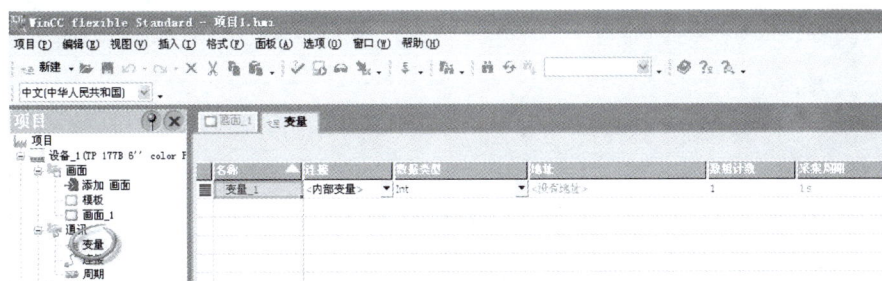

图 3-11　组态变量

击"简单对象"中的"按钮"，然后在画面中用左键合适位置单击，新建一个按钮，如图 3-12 所示。在该按钮的属性窗口的"常规项"中，按图 3-13 所示进行设置，按钮模式选择"文本"，输入 OFF 状态文本为"加 1"。再在"事件"项中，在单击时调用加值函数 Increase Value，如图 3-14 所示。

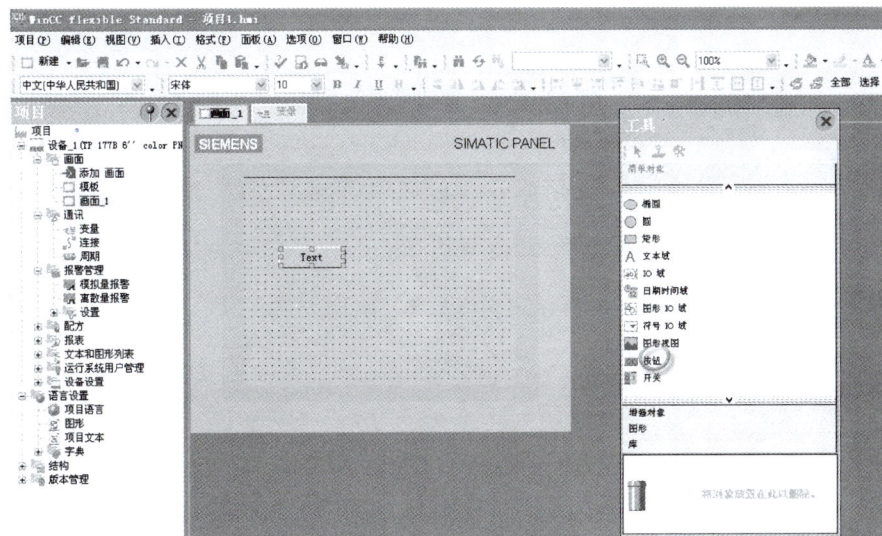

图 3-12　新建按钮

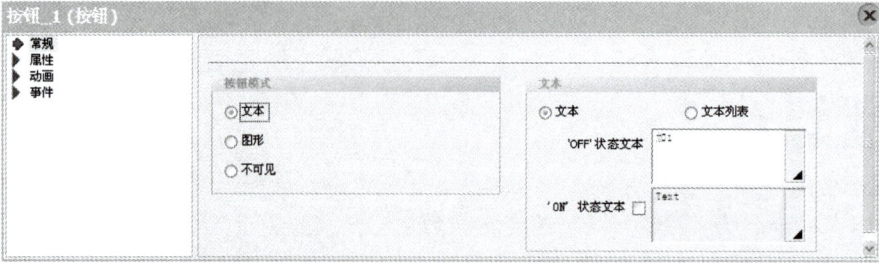

图 3-13　加 1 按钮常规项设置

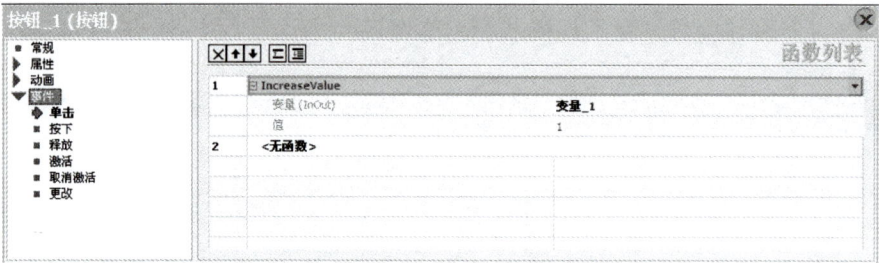

图 3-14　设置单击时变量 _ 1 加 1

用类似方法，建立一个减 1 的按钮，按钮属性设置分别如图 3-15 和图 3-16 所示。图 3-15 为按钮的常规项设置，图 3-16 为减值函数的设置。

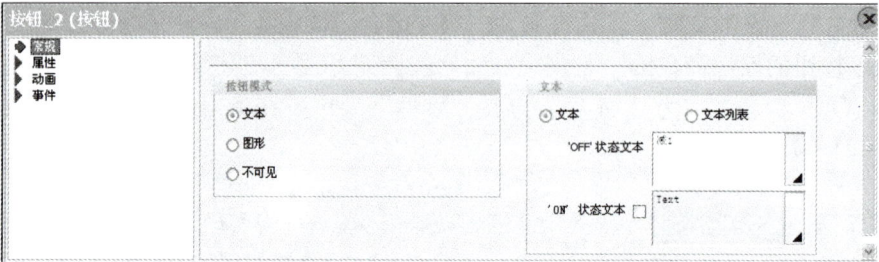

图 3-15　减 1 按钮常规项设置

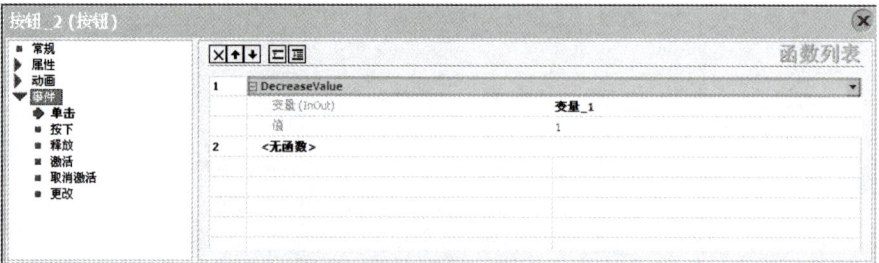

图 3-16　设置单击时变量 _ 1 减 1

3. IO 域组态

新建一个 IO 域组态，其常规项属性设置如图 3-17 所示，调用过程变量为"变量 _ 1"。

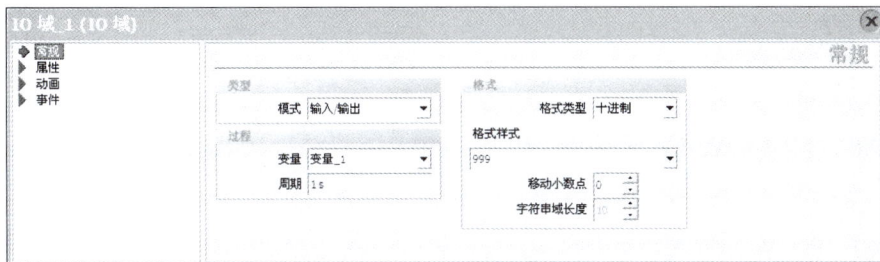

图 3-17　IO 域组态

**4. 项目运行**

单击启动运行系统按钮，系统即可运行，运行画面如图 3-18 所示，每单击一个加 1 按钮，IO 域中的数值就会加 1；每单击一次减 1 按钮，IO 域中的数值就会减 1。

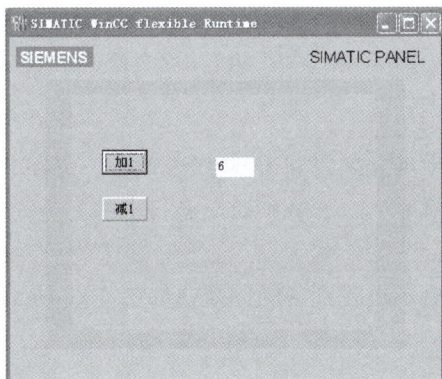

图 3-18　运行画面

## 第三节　文本列表和图形列表组态

本节介绍文本列表和图形列表的组态，另外还用到图形 IO 域和符号 IO 域等对象组态。

### 一、组态要求

组态如图 3-19 所示的画面，要求当在 IO 域中写入数字 0 时，在符号 IO 域中自动显示"中国"，在图形 IO 域中显示中国国旗。当在 IO 域中写入数字 1 时，在符号 IO 域中自动显示"美国"，在图形 IO 域中显示美国国旗。当在 IO 域中写入数字 2 时，在符号 IO 域中自动显示"法国"，在图形 IO 域中显示法国国旗。另外也可在符号 IO 域中也可选择中国、美国和法国，IO 域中的数值与图形 IO 域中的国旗能跟着相应变化。

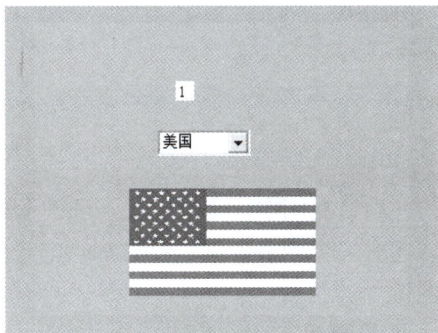

图 3-19　组态画面

**二、组态过程**

### 1. 组态变量

为了能通过文本列表和图形列表实现以上功能，需建立一个整型变量，建立变量如图 3-20 所示。

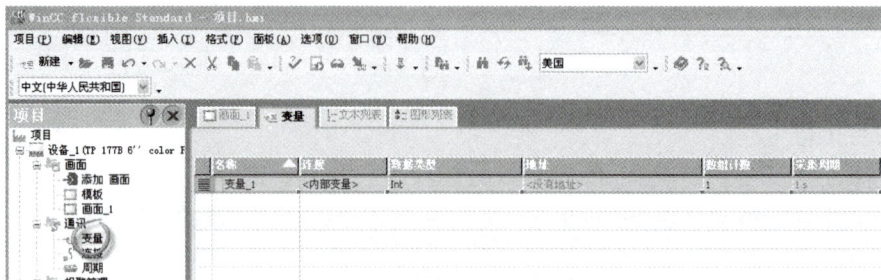

图 3-20 组态一个变量

### 2. 组态文本列表

在项目视图中，单击"文本和图形列表→文本列表"，如图 3-21 所示，新建一个文本列表，建立三个列表条目，数字 0、1、2 分别对应条目中国、美国和法国。

### 3. 组态图形列表

在工具视图的"图形"中，可找到各国国旗，如图 3-22 所示。

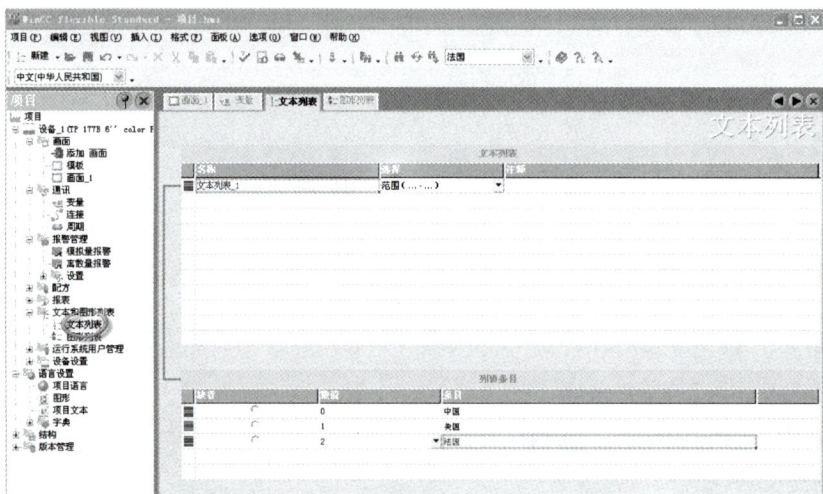

图 3-21 文本列表组态

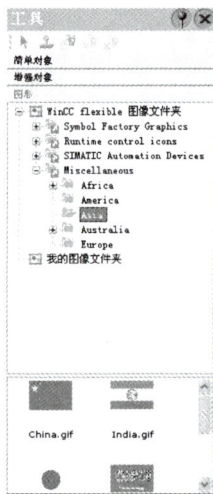

图 3-22 国旗图形位置

在项目视图中，单击"文本和图形列表→图形列表"，如图 3-23 所示，新建一个图形列表，建立三个列表条目，数字 0、1、2 分别对应条目中国国旗图形、美国国旗图形和法国国旗图形。

### 4. 画面组态

（1）IO 域组态。在画面中组态一个 IO 域，其属性窗口的常规项设置如图 3-24 所示。

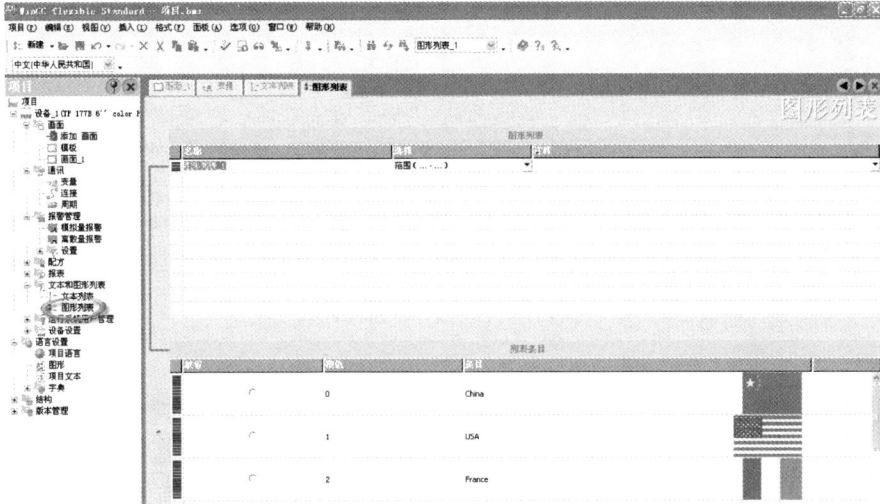

图 3-23　组态图形列表

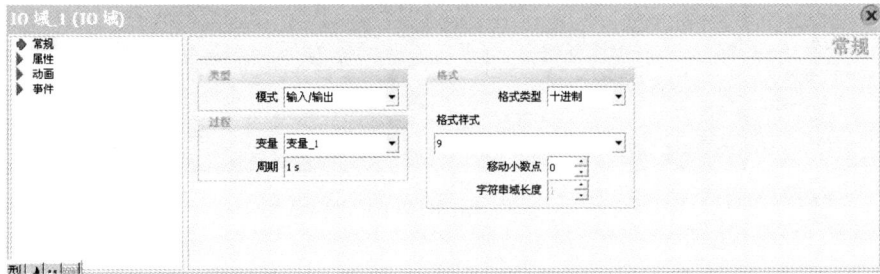

图 3-24　IO 域属性设置

（2）符号 IO 域组态。在工具视图的"简单视图"中单击"符号 IO 域"，在画面中组态一个符号 IO 域，如图 3-25 所示。按图 3-26 所示设置符号 IO 域的属性窗口中的常规项。设置模式为"输入/输出"，显示文本列表"文本列表＿1"，调用过程变量"变量＿1"。

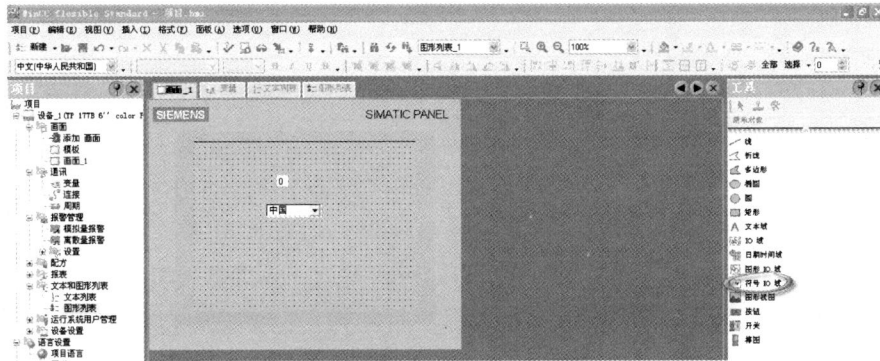

图 3-25　组态符号 IO 域

（3）图形 IO 域组态。在工具视图的"简单视图"中单击"图形 IO 域"，在画面中组态一个图形符号 IO 域，如图 3-27 所示。按图 3-28 所示设置图形 IO 域的属性窗口中的常规

31

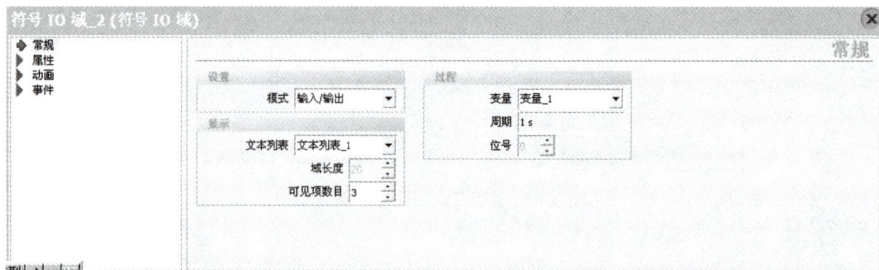

图 3-26 符号 IO 域属性设置

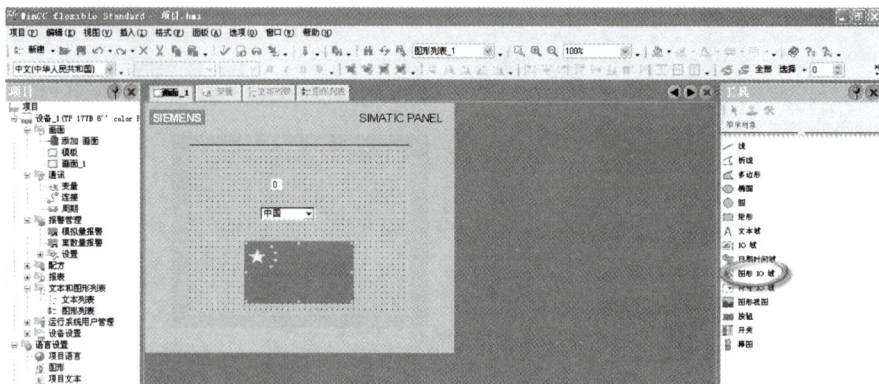

图 3-27 组态图形 IO 域

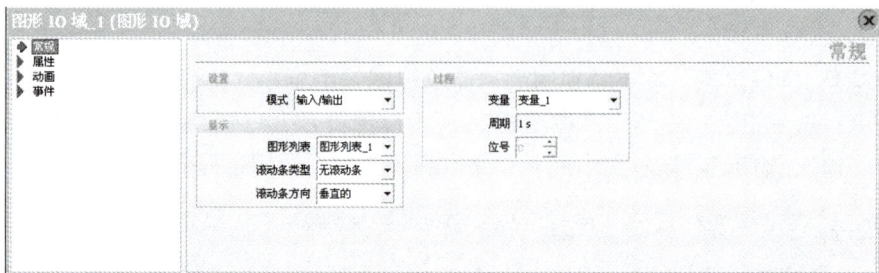

图 3-28 图形 IO 域属性设置

项。设置模式为"输入/输出",显示图形列表"图形列表_1",调用过程变量"变量_1"。

5. 项目运行

单击启动运行系统按钮🔲,系统即可运行,可检查运行效果是否满足项目组态要求。

## 第四节 动 画 组 态

对象的动画组态包括外观、对角线移动、水平移动、垂直移动、直接移动和可见性组态。下面以水平移动为例对对角进行水平移动组态。

## 一、组态要求

如图 3-29 所示，组态 4 个矩形块，让其实现从左到右和循环移动。

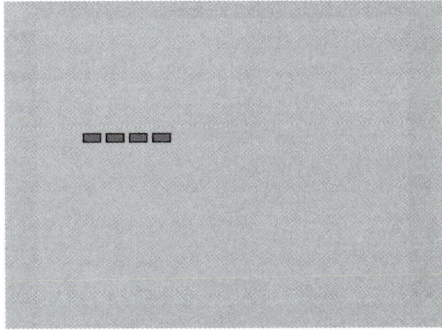

图 3-29　组态画面

## 二、组态过程

### 1. 组态变量

为了实现方块的水平移动，需建立一个整型变量。建立变量如图 3-30 所示。

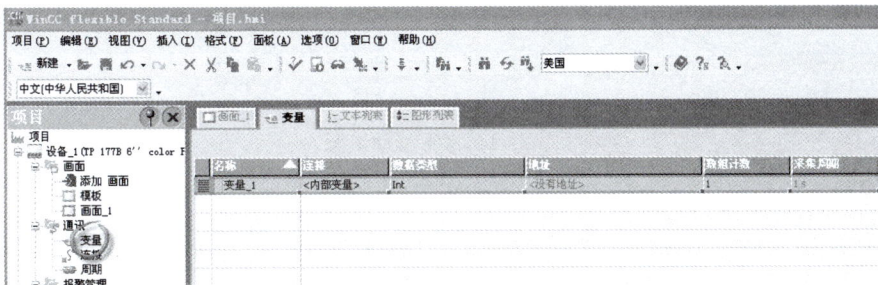

图 3-30　组态一个变量

### 2. 组态矩形

在工具视图的"简单视图"中单击"矩形"，如图 3-31 所示，在画面中新建一个矩形，并按图 3-32 所示在属性窗口中设定填充颜色。右键单击组态的矩形，选择"复制"→"粘贴"，得到 4 个相同的矩形，如图 3-33 所示。

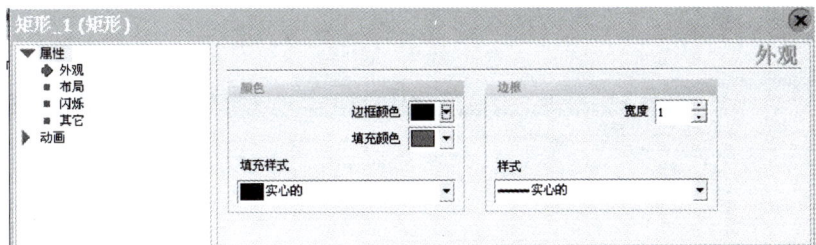

图 3-31　组态矩形　　　　　　　　　　　图 3-32　组态矩形颜色

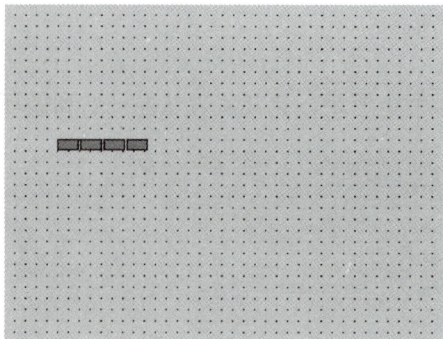

图 3-33 组态 4 个矩形

同时选中四个矩形，单击右键，选择"组合"，即可把原来的四个单独的对象合成一个对象。选中合成的对象，按图 3-34 所示设置属性窗口中的"动画→水平移动"。启用"变量_1"范围从 0~20，起始位置和结束位置如图 3-34 所示。

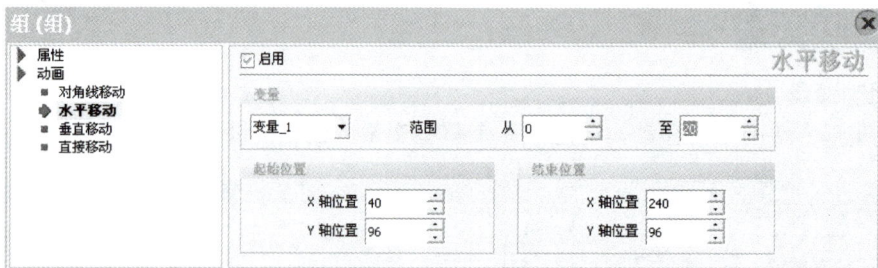

图 3-34 水平移动组态

3. 项目模拟运行

单击使用仿真器启动运行系统按钮，项目启动运行，并启动图 3-35 所示的运行模拟器。在运行模拟器中按如图 3-36 所示设置，则变量_1 就会由 0 每隔 1s 加 2，加 10 次（即周期值）即加到 20，加到 20 后回到 0 循环执行。如此在运行画面中即可看到矩形块的水平移动。

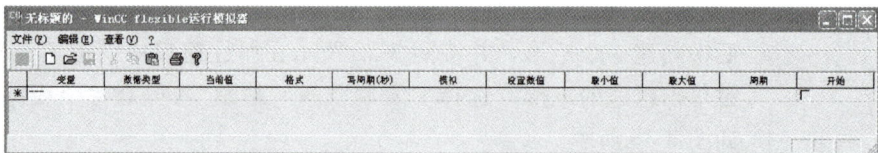

图 3-35 运行模拟器

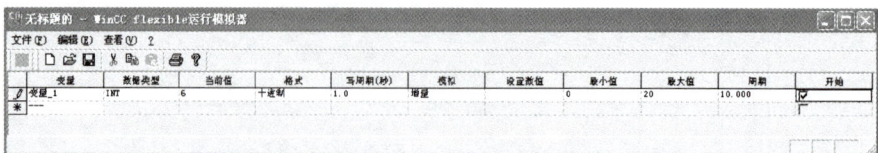

图 3-36 运行模拟器设置

# 第五节 变量指针组态

## 一、组态要求

组态如图 3-37 所示画面，在画面中可通过 IO 域分别设置 1 号、2 号、3 号水箱的液位。通过符号 IO 域来选择哪一个水箱液位，如符号 IO 域中选择 1 号水箱液位，则在下面显示 1 号水箱的液位值，并指出指针值。

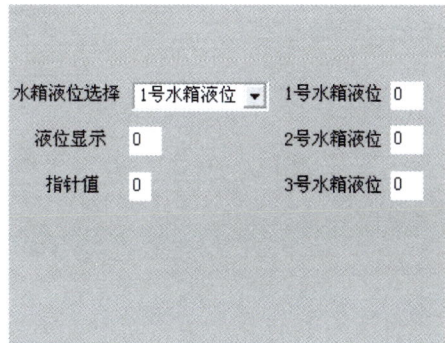

图 3-37 组态画面

## 二、组态过程

### 1. 建立变量

建立 5 个变量，如图 3-38 所示。其中变量"液位值"的属性窗口中设置指针化项如图 3-39 所示，启用索引变量"液位指针"。索引值 0、1、2 分别对应 1 号水箱液位、2 号水箱液位和 3 号水箱液位三个变量。

| 名称 | 连接 | 数据类型 | 地址 |
|---|---|---|---|
| 1号水箱液位 | <内部变量> | Int | <没有地址> |
| 2号水箱液位 | <内部变量> | Int | <没有地址> |
| 3号水箱液位 | <内部变量> | Int | <没有地址> |
| 液位指针 | <内部变量> | Int | <没有地址> |
| 液位值 | <内部变量> | Int | <没有地址> |

图 3-38 变量表

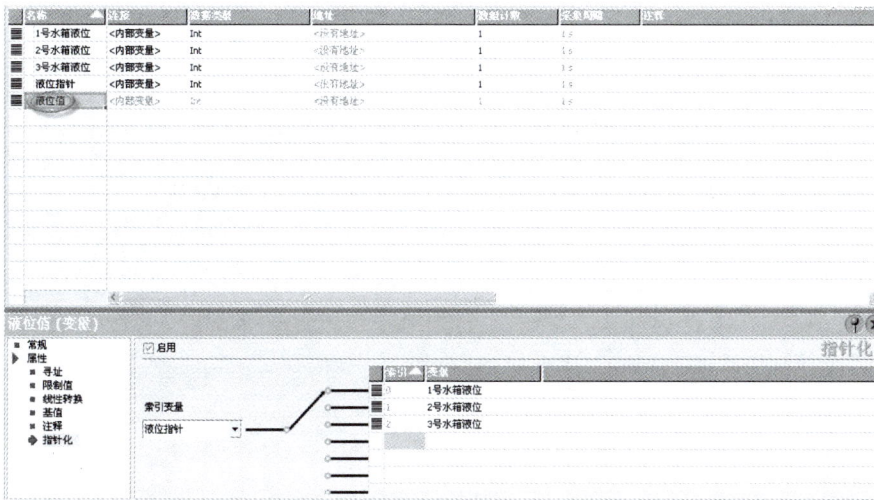

图 3-39 组态索引指针

## 2. 组态文本列表

单击项目视图的"文本和图形列表"中的"文本列表"，创建一个名为"液位值"的文本列表，如图 3-40 所示，它的 3 个条目分别为"1 号水箱液位"、"2 号水箱液位"和"3 号水箱液位"。

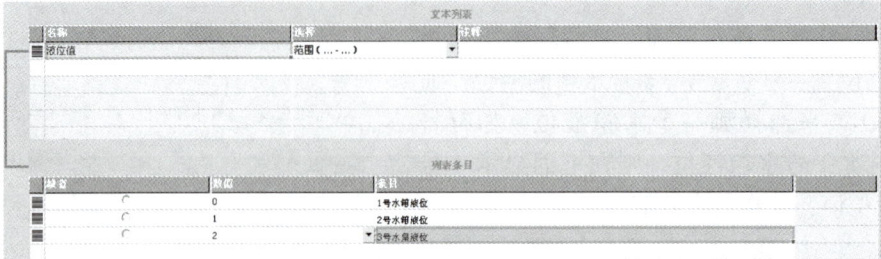

图 3-40　文本列表

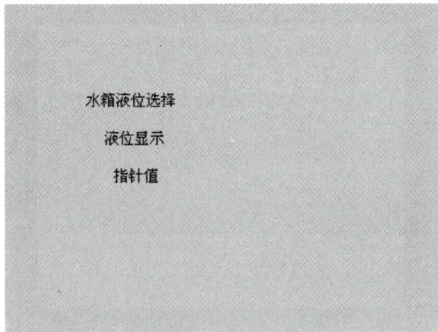

## 3. 组态三个文本域

组态三个文本域，分别为"水箱液位选择"、"液位显示"和"指针值"，如图 3-41 所示。

## 4. 组态符号 IO 域

点出画面，左键单击工具视图的简单视图中的"符号 IO 域"，然后在画面中组态一个符号 IO 域。符号 IO 域及其属性设置如图 3-42 所示。在属性常规项中设置显示文本列表为"液位值"，调用过程变量"液位指针"，模式为"输入/输出"。

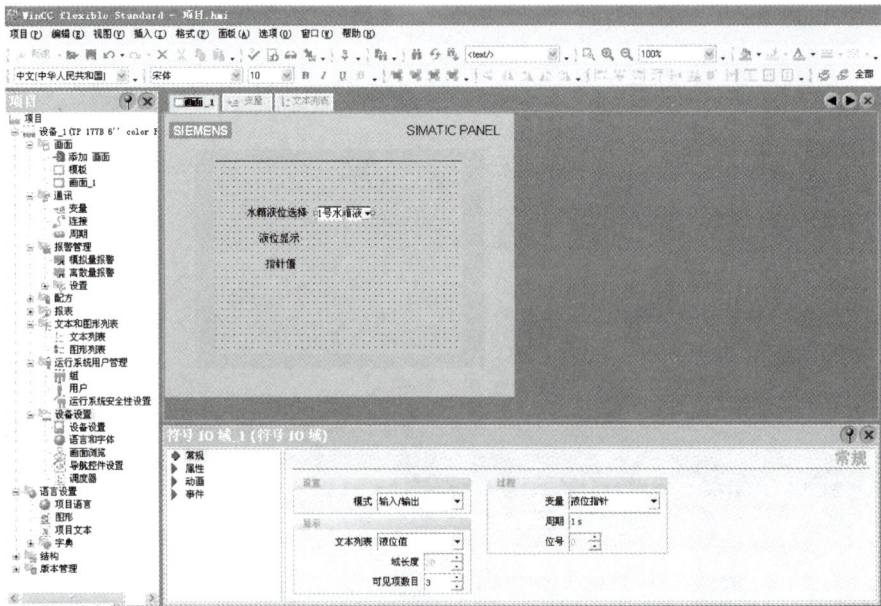

图 3-41　组态三个文本域

图 3-42　组态符号 IO 域

## 5. IO 域组态

组态一个液位显示的 IO 域，其属性设置如图 3-43 所示，调用过程变量"液位值"。

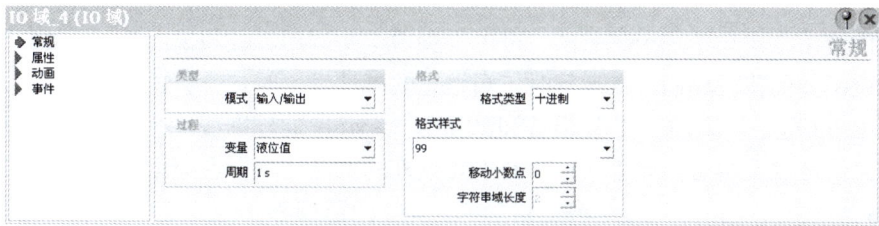

图 3-43　液位显示 IO 域

组态一个显示指针值的 IO 域，其属性设置如图 3-44 所示，调用过程变量"液位指针"。

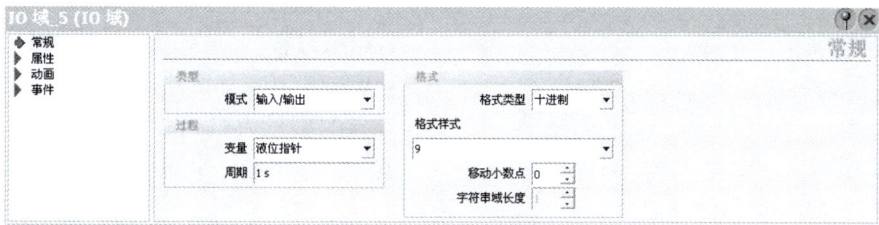

图 3-44　指针值 IO 域

## 6. 其他文本域和 IO 域组态

组态如图 3-45 所示的文本域和 IO 域，可用来设定 3 个水箱的液位值。

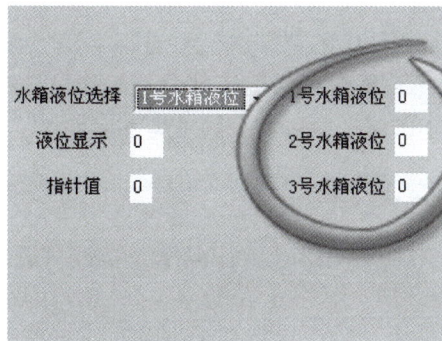

图 3-45　其他 IO 域组态

## 7. 项目运行

单击启动运行系统按钮，系统即可运行，可检查运行效果是否满足项目组态要求。

## 第六节　运行脚本组态

WinCC flexible 提供了预定义的系统函数，用于常规的组态任务。WinCC flexible 支持 VB（Visual Basic Script）脚本功能，VBS 又称为运行脚本，实际上就是用户自定义的函数，VBS 用来在 HMI 设备需要附加功能时创建脚本。运行脚本具有编程接口，可以在运行时访问部分项目数据。

可以在脚本中保存自己的 VB 脚本代码。像其他系统函数一样，可以在项目中直接调用脚本。在脚本中可以访问项目变量和 WinCC flexible 运行时的对象模块。

脚本的使用方法与系统函数相同，可以为脚本定义调用参数和返回值。

与系统函数的执行相同，在运行时，当组态的事件发生时，就会执行脚本。

OP270/TP270 及以上的 HMI 设备和 WinCC flexible 的标准版才有脚本功能。使用运行脚本允许灵活地实现组态，如果在运行时需要额外的功能，可以创建运行脚本。

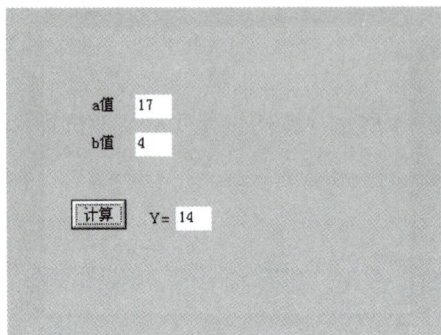

图 3-46　组态画面

**1. 组态要求**

组态一个脚本函数 $Y=\dfrac{(a+b)\times 2}{3}$，并组态监视画面，如图 3-46 所示，在画面中按"计算"按钮后 $Y$ 的值能由 $a$、$b$ 的值计算得到。

**2. 组态过程**

在 WinCC flexible 中创建一个项目，组态 HMI 设备的型号为 6in 的 TP270。

（1）组态变量。组态 3 个变量，如图 3-47 所示。

| 名称 | 连接 | 数据类型 | 地址 |
|------|------|---------|------|
| a | <内部变量> | Int | <没有地址> |
| b | <内部变量> | Int | <没有地址> |
| Y | <内部变量> | Int | <没有地址> |

图 3-47　变量表

（2）创建脚本。双击项目视图中的"脚本→新建脚本"，生成一个新的脚本，同时脚本编辑器被打开，如图 3-48 所示。编辑器的上半部分是工作区，在工作区编写脚本的程序代码。编辑器的下半部分是脚本的属性窗口，右侧是脚本向导。

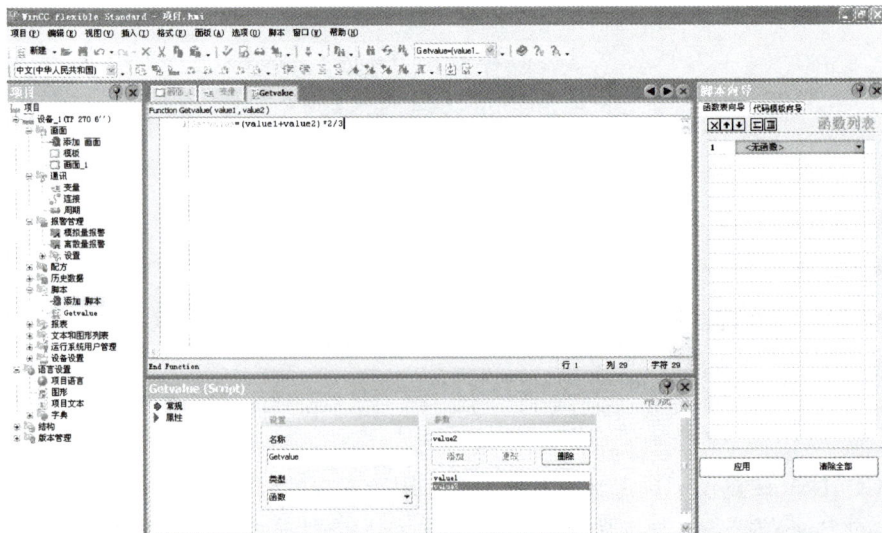

图 3-48　脚本编辑器

（3）组态脚本的名称。在脚本的属性视图中，设置生成的脚本的名称为"Getvalue"，脚本名称的第一个字符必须为大写字母，后面的字符必须是字母、数字或下划线，不能有空格和汉字。

（4）组态脚本类型。脚本类型有两种：函数和子程序（Sub）。二者的唯一区别在于函数有一个返回值，子程序类型脚本作为"过程"引用，没有返回值。本项目选择脚本类型为函数。

**注意** 本项目若脚本类型选择为函数，则只需建立 2 个接口参数，若选择为子程序，则要建立 3 个接口参数。

（5）组态脚本的接口参数。在属性视图的"参数"文本框中，输入脚本函数的参数"value1"，单击"添加"按钮，该参数被添加到按钮下面的参数列表中。用同样方法，加入参数"value2"。

（6）编写脚本的代码，如图 3-48 所示。根据计算要求，在工作区编写计算的语句如下：

$$\text{Getvalue} = \frac{(\text{value1} + \text{value2}) \times 2}{3}$$

（7）画面组态。组态如图 3-46 所示画面，$a$ 值的 IO 域属性窗口设置如图 3-49 所示，$b$ 值的 IO 域属性窗口设置如图 3-50 所示，$Y$ 值的 IO 域属性窗口设置如图 3-51 所示。

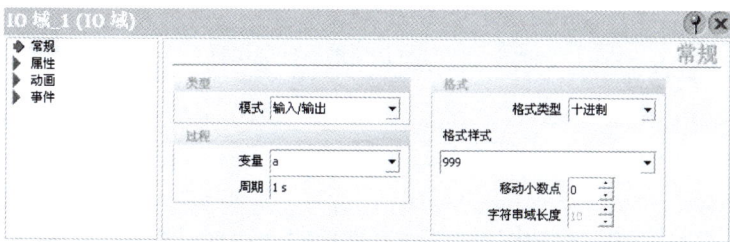

图 3-49 $a$ 值的 IO 域属性设置

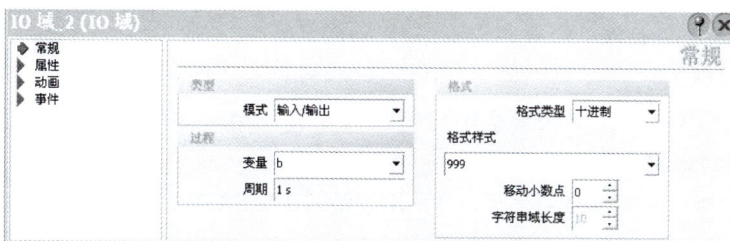

图 3-50 $b$ 值的 IO 域属性设置

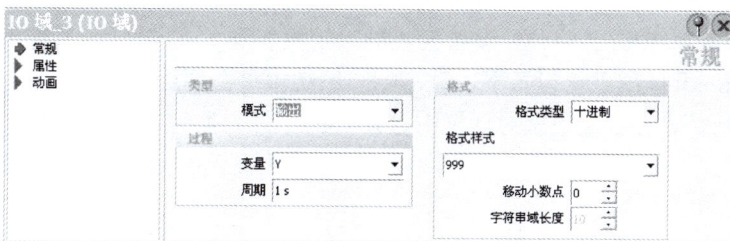

图 3-51 $Y$ 值的 IO 域属性设置

画面中"计算"按钮的属性窗口的常规项设置如图 3-52 所示，在事件项中调用脚本 Getvalue，如图 3-53 所示。

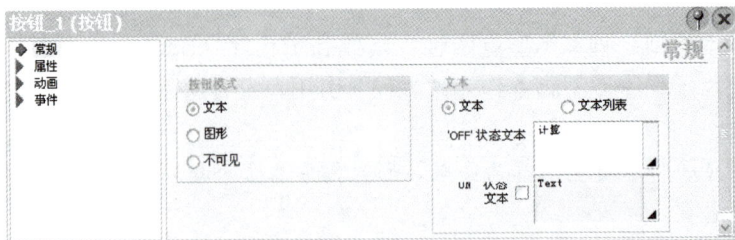

图 3-52　计算按钮的常规项设置

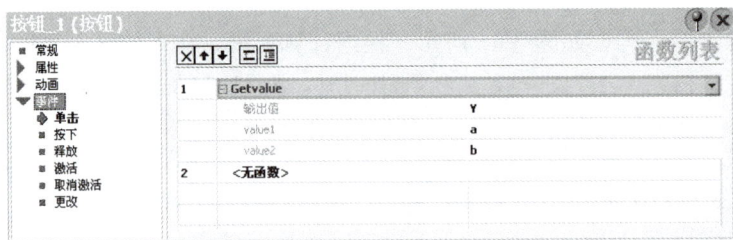

图 3-53　计算按钮的事件项设置

## 第七节　报　警　组　态

报警是用来指示控制系统中出现的事件或操作状态，可以用报警信息对系统进行诊断。报警事件可以在 HMI 设备上显示，或输出到打印机，也可将报警事件保存在报警记录中。

### 一、报警的基本概念

1. 报警的分类

（1）自定义报警。自定义报警是用户组态的报警，用来在 HMI 设备上显示过程状态，自定义报警分离散量报警和模拟量报警。

（2）系统报警。系统报警用来显示 HMI 设备或 PLC 中特定的系统状态，是在这些设备中预先定义的。系统报警向操作员提供 HMI 和 PLC 的操作状态，内容可能包括从注意事项到严重错误。如果在两台设备中的通信出现了某种问题，HMI 设备或 PLC 将触发系统报警。

有两种类型的系统报警：HMI 设备触发的系统报警和 PLC 触发的系统报警。

在 WinCC flexible 的默认设置下，看不到"系统报警"图标。为了显示，可以执行菜单命令"选项→设置"，在"设置"对话框中打开"工作台"类的"项目视图设置"，用"更改项目树显示的模式"选项框将"显示主要项"改为"显示所有项"。

2. 报警的状态与确认

（1）报警的状态。离散量报警和模拟量报警有下列报警状态：

1）满足了触发报警的条件时，该报警的状态为"已激活"，或称为"到达"。操作员确

40

认了报警后，该报警的状态为"已激活/已确认"，或称为"（到达）确认"。

2）当触发报警的条件消失时，该报警的状态为"已激活/已取消激活"，或称为"（到达）离开"。如果操作人员确认了已取消激活的报警，该报警的状态为"已激活/已取消激活/已确认"，或为"（到达确认）离开"。

（2）报警的确认。有的报警用来提示系统处于关键性或危险性的运行状态，要求操作人员对报警进行确认。操作人员可以在 HMI 设备上确认报警，也可以由 PLC 的控制程序来置位指定的变量中的一个特定位，以确认离散量报警。在操作员确认时，指定的 PLC 变量中的特定位将被置位。操作员可以用下列元件进行确认：

1）某些操作员面板上的确认键（ACK）。

2）触摸屏画面上的按钮，或操作员面板上的功能键。

3）通过函数列表或脚本中的系统函数进行确认。

报警类型决定了是否需要确认该报警。在组态报警时，既可指定报警由操作员逐个进行确认，也可对同一报警组内的报警集中进行确认。

## 二、组态离散量报警

一个字有 16 位，可以组态 16 个离散量报警。离散量报警用指定的字变量内的某一位来触发。

在项目视图中单击"离散量报警"，在报警表中组态一个离散量报警，如图 3-54 所示。由变量"变量 _ 1"的第 0 位触发该报警。

图 3-54  组态离散量报警

报警类型有以下 4 种：

（1）错误。用于离散量报警和模拟量报警，指示紧急的或危险的操作和过程状态，这类报警必须确认。

（2）诊断事件。用于离散量和模拟量报警，指示常规操作状态，过程状态和过程顺序，这类报警不需要确认。

（3）警告。用于离散量和模拟量报警，指示不是太紧急的或危险的操作和过程状态，这类报警必须确认。

（4）系统。用于系统报警，提示操作员有关 HMI 和 PLC 操作状态的信息。这类报警不能用于自定义的报警。

## 三、模拟量报警

模拟量报警用变量的限制值来触发。

在项目视图中单击"模拟量报警",在报警表中组态一个模拟量报警,如图 3-55 所示。当变量"变量_1"大于 100 时,产生报警。

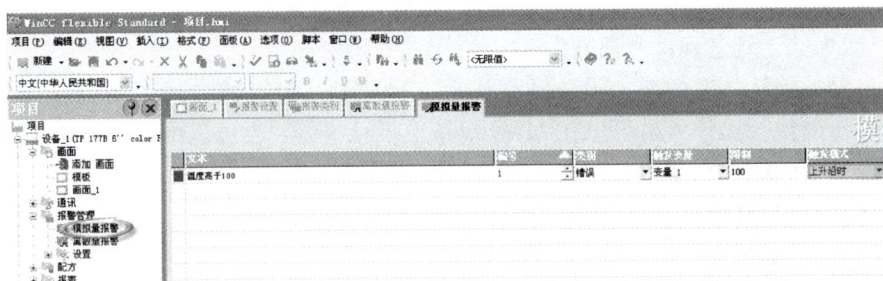

图 3-55　组态模拟量报警

## 四、报警视图的组态

报警视图用于显示当前出现的报警。在工具视图的简单对象中,单击"报警视图",然后在画面中组态报警视图,如图 3-56 所示。

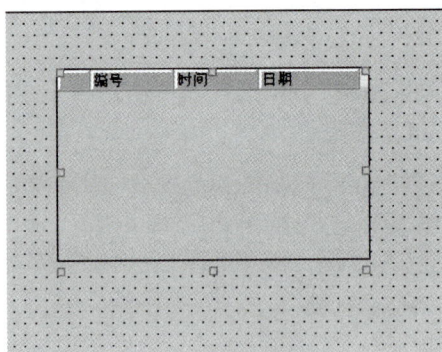

图 3-56　报警视图

可以使用仿真器启动运行系统模拟变化"变量_1"的值使其超过 100,就会在报警视图中输出报警。

# 第四章
# WinCC flexible 循环灯控制

## 第一节 项 目 描 述

本章通过一个循环灯控制项目，学习 WinCC flexible 基本组态技术的应用，项目要求如下：

（1）编写循环灯的 PLC 控制程序。要求按下启动触摸键后，第一只灯亮 1s 后熄灭，然后接着第二只灯亮 1s 后熄灭，再接着第三只灯亮 1s 后熄灭，如此循环。当按下停止触摸键后，三只灯都熄灭。

（2）运用 WinCC flexible 创建新项目，与 S7-200 PLC 建立连接，建立 5 个变量，分别对应启动按钮、停止按钮和 3 个指示灯。

（3）在项目中生成新画面，组态启动按钮、停止按钮各 1 个，指示灯 3 个。要求按下启动按钮时，实现 3 只灯的循环点亮，当按下停止按钮时实现 3 只灯的熄灭。

（4）能把 WinCC flexible 项目下载至触摸屏中，并实现与 PLC 的在线运行。

（5）项目参考画面，如图 4-1 所示。

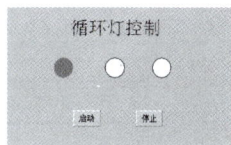

图 4-1　循环灯控制
工程参考画面

## 第二节　S7-200 PLC 程序设计

HMI 与 PLC 要进行数据交换，首先编写 PLC 控制程序。

打开 S7-200 PLC 编程软件 STEP7-Micro/WIN，界面如图 4-2 所示。

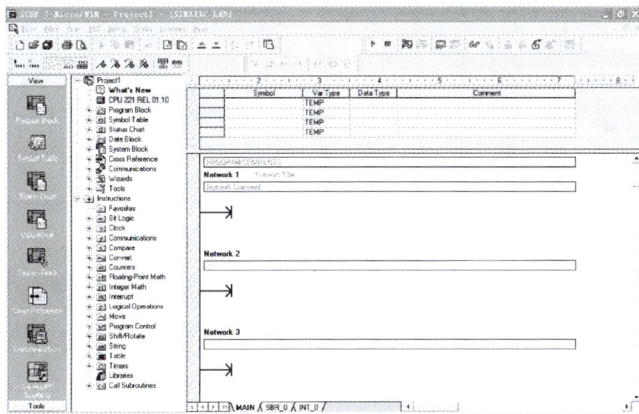

图 4-2　编程软件 STEP7-Micro/WIN 界面

## 一、设置通信

连接好 PLC 的 USB 下载线，设置编程软件通过 USB 接口的下载线与 PLC 进行通信。

双击图 4-2 中左侧 View 下的 System Block，出现图 4-3 所示画面。在该画面中把 Baud Rate 设为 187.5kbp，其他参数优质缺省设置即可，然后单击 OK 按钮。

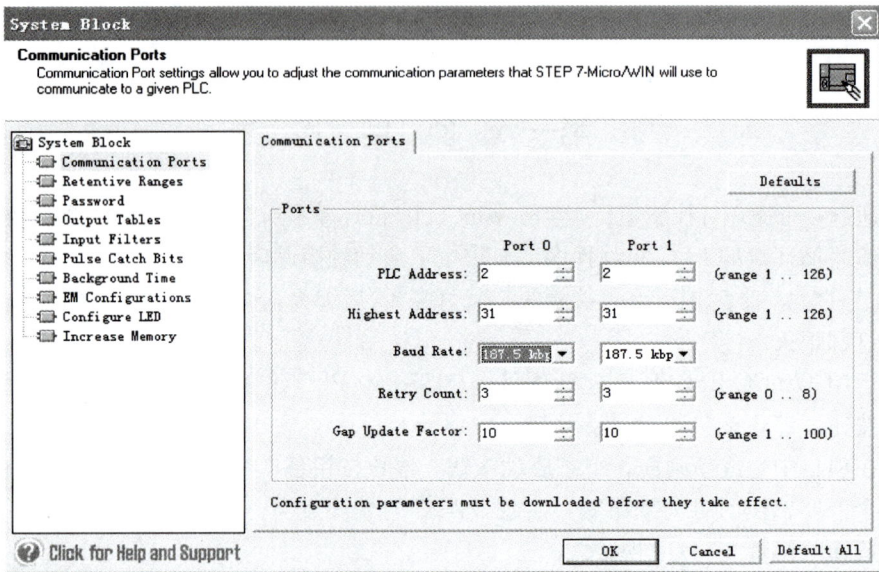

图 4-3　通道通信设置画面

**注意**　系统块中的通信速率必须与其通信的触摸屏的通信速率一致，否则会造成 PLC 与触摸屏通信失败。

双击图 4-2 中左侧 View 下的 Set PG/PC interface，出现如图 4-4 所示画面。在 Interface Paramenter Assignment 中选择 PC/PPI cable（PPI），然后单击 Properties 按钮，进入如图 4-5 所示画面。在 Transmission rate 中设置为 187.5kb/s 或其他速率，如图 4-6 所示。

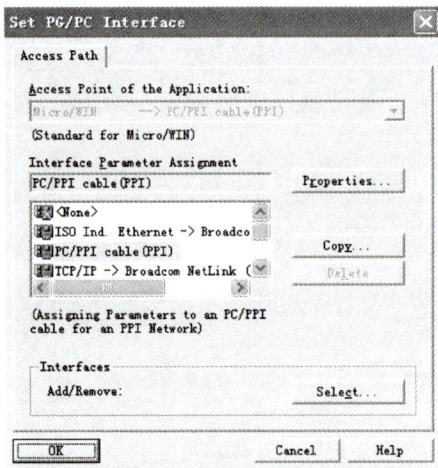

图 4-4　Set PG/PC interface 设置画面

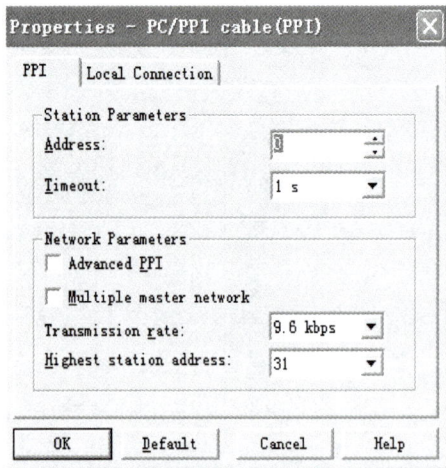

图 4-5　Properties-PC/PPI cable（PPI）画面

然后在图 4-6 中单击选项 Local Connection，出现如图 4-7 所示画面，把 Connection to 设为 USB，如图 4-8 所示，然后单击 OK 按钮，回到图 4-2 初始界面。

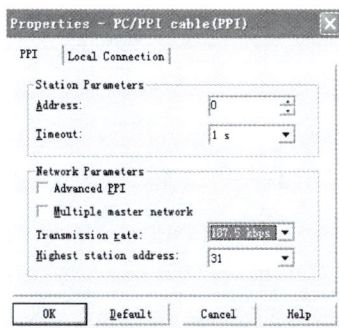

图 4-6　Properties-PC/ PPI cable（PPI）画面

图 4-7　通信口设置

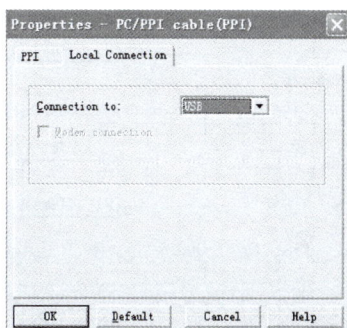

图 4-8　通信口设置

在图 4-2 界面中，双击左侧 View 下的 Communications，出现如图 4-9 所示画面。双击右侧的"双击以刷新"刷新后如图 4-10 所示，刷新 PLC，然后单击"确认"按钮。

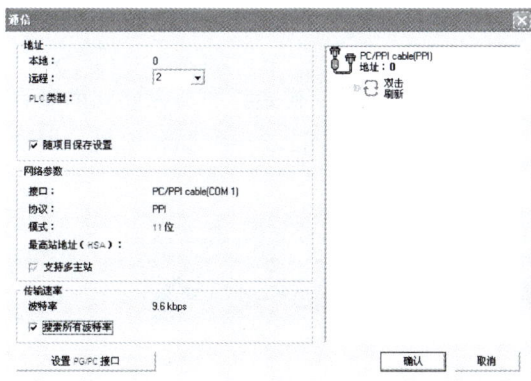

图 4-9　通信画面

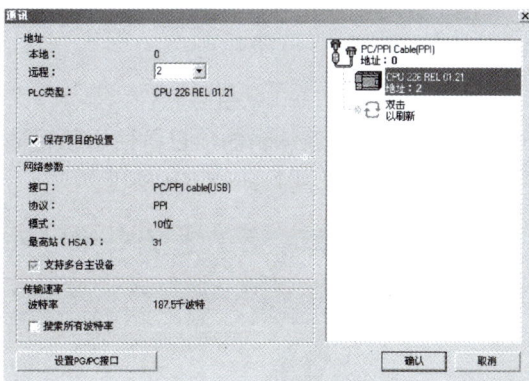

图 4-10　刷新 PLC

## 二、编写 PLC 程序

编写 PLC 程序，如图 4-11 所示。其中 M0.0 为触摸屏上的启动信号，M0.1 为触摸屏上的停止信号，Q0.0、Q0.1、Q0.2 分别控制三只灯。此程序可以实现当 M0.0 接通一个脉冲时，Q0.0 接通 1s 后断开，然后接着 Q0.1 接通 1s 后断开，再接着 Q0.2 接通 1s 后断开，如此循环。当 M0.1 接通一个脉冲时，Q0.0、Q0.1、Q0.2 都断开。

## 三、程序编译与下载

程序写完后，如图 4-12 所示，单击菜单"PLC"下的"Compile All"，对程序进行编译，编译结果会在图 4-12 中的下方显示，如"Total errors：0"表示程序编译无错误。

如图 4-12 所示，单击工具栏中的 按钮，然后在出现的画面中单击下载。就可把程序下载至 PLC 中，若无法下载，则需要重新设置通信。

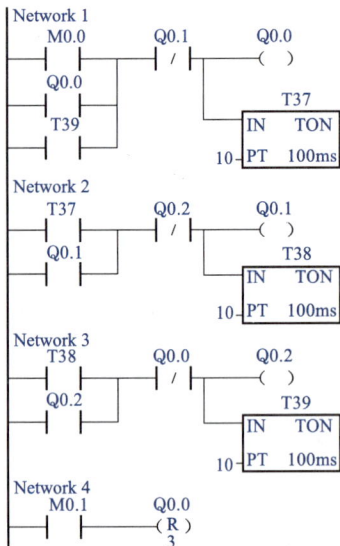

图 4-11　PLC 程序

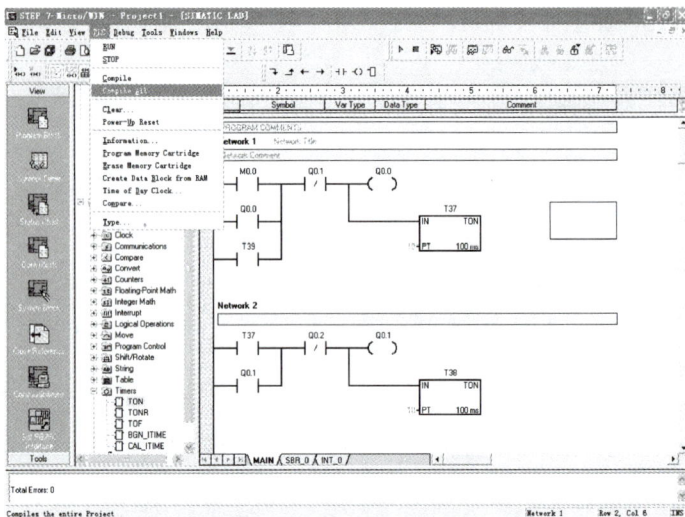

图 4-12　程序编译

## 第三节　WinCC flexible 创建新项目

打开 WinCC flexible 组态软件，显示如图 4-13 WinCC flexible 初始界面。在此画面中有5 个选项：打开最新编辑的项目、使用项目向导创建一个新项目、打开一个现有项目、创建一个新项目和打开一个 ProTool 项目。

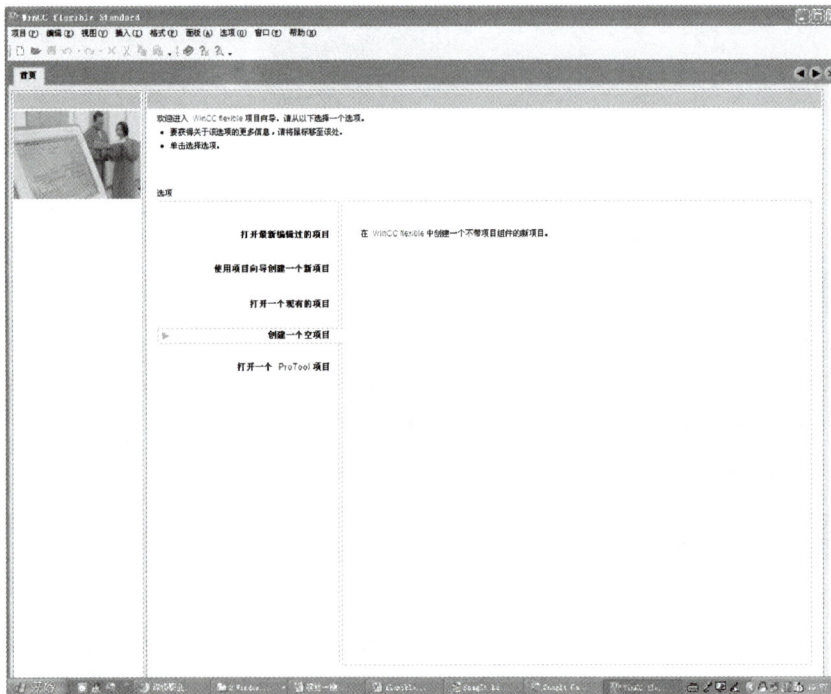

图 4-13　WinCC flexible 初始界面

在图 4-13 中，选择"创建一个空项目"，出现如图 4-14 所示画面。选择 Panels→170→ TP170B color PN/DP，然后单击"确定"按钮，出现如图 4-15 所示画面。

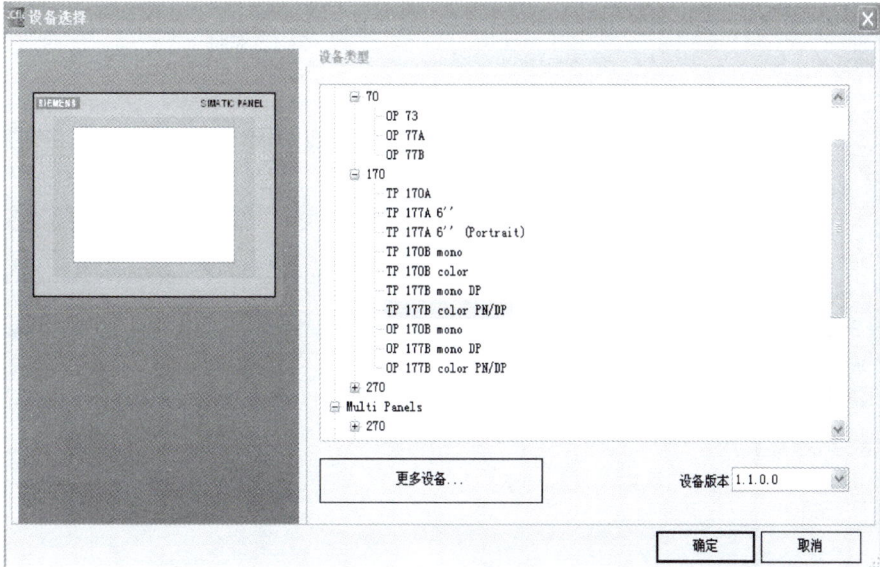

图 4-14　选择设备

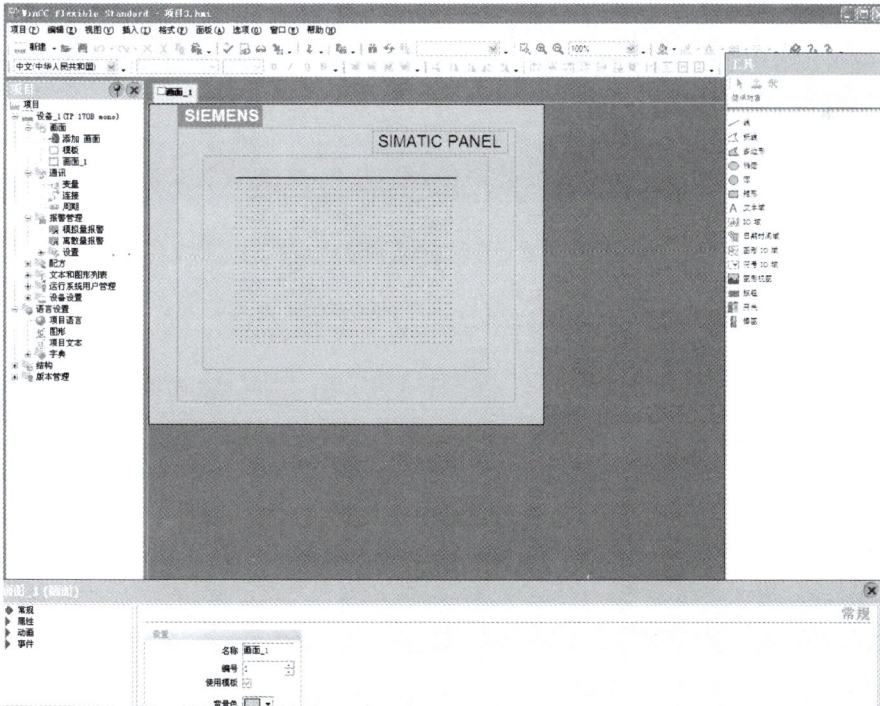

图 4-15　项目画面

**注意**　可根据现有触摸屏的型号进行选择。

## 第四节　建立与 PLC 的连接

在图 4-15 的项目视图中，双击"项目→设备-1→通信"下的"连接"，出现如图 4-16 所示画面。

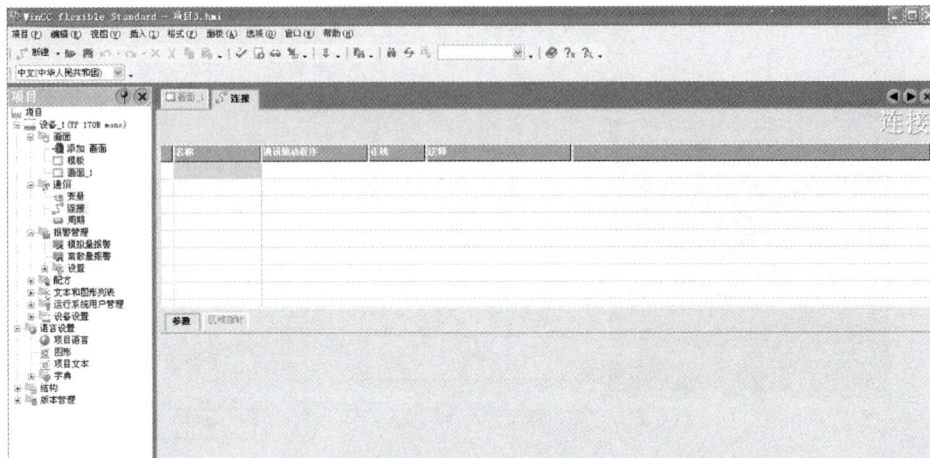

图 4-16　连接画面

在连接表"名称"列的第一行用鼠标双击，出现如图 4-17 所示画面。可以对连接进行命名，连接名改为"PLC"。在这里选择 S7-200 的 PLC，并在下方设置触摸屏与 PLC 的通信设置。具体设置如图 4-18 所示。

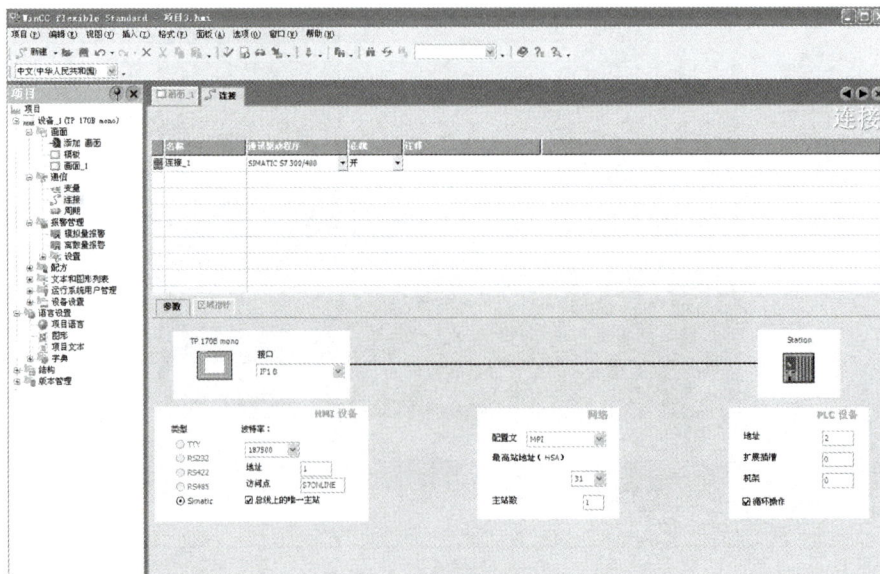

图 4-17　连接画面

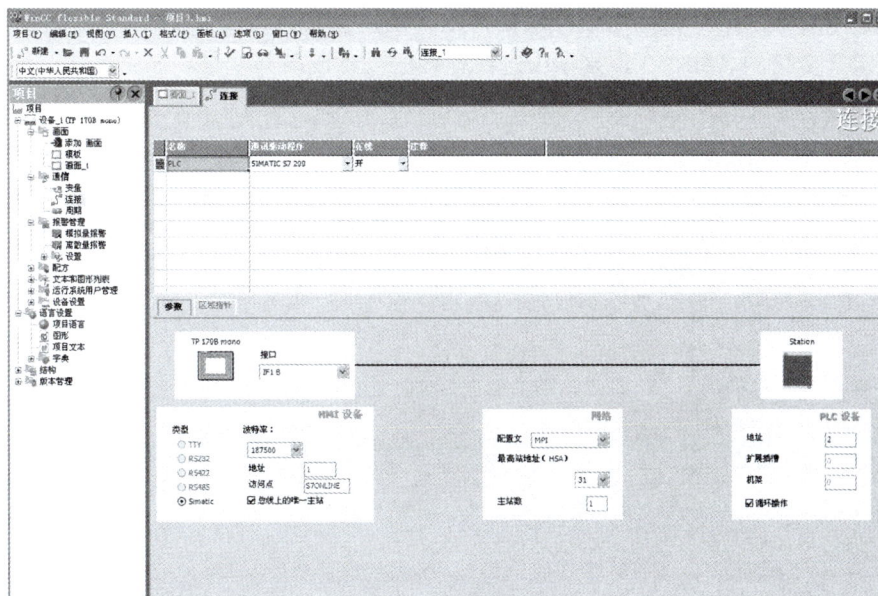

图 4-18　连接的设置

　　**注意**　PLC 的通信波特率与地址应与 PLC 的系统块中的波特率与地址值一致，否则会造成通信失败。

## 第五节　变量的生成与组态

双击项目视图中的"通信→变量"，出现如图 4-19 所示的变量窗口。

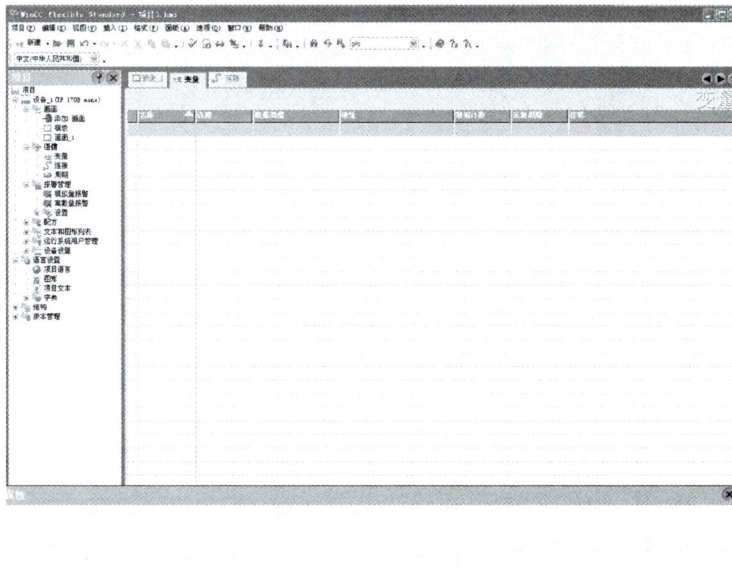

图 4-19　变量窗口

在变量窗口表的第一行处用鼠标双击，则自动建立一个新变量，如图 4-20 所示。名称项中可以定义变量的名称，在连接项中选择连接的设备或内部变量，如果是选择外部连接设备，则在地址中要选择对应的变量地址。如图 4-21 所示，用同样方法建立 5 个 IO 变量。

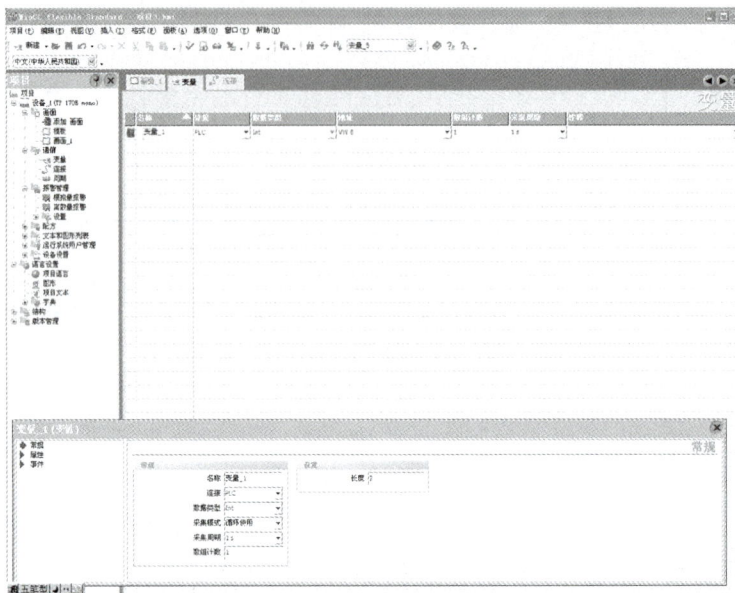

图 4-20　新建变量

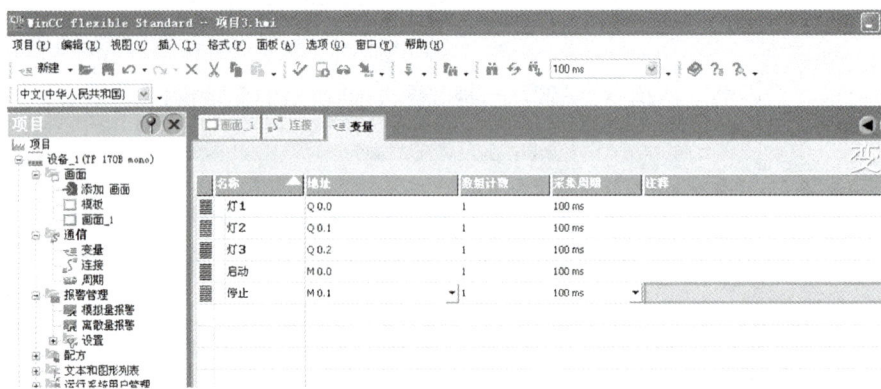

图 4-21　建立 5 个变量

## 第六节　画面的生成与组态

单击项目视图中的"画面→画面 1"或单击编辑器标签处的"画面-1"，出现如图 4-22 所示画面窗口。

在工具窗口中的"简单对象"中单击"A 文本域"，然后在画面编辑区内用鼠标单击，或把其拖入到画面编辑区中，出现如图 4-23 所示画面。此时画面中出现文本"Text"，然后在下面的属性窗口的"常规项"中输入汉字"循环灯控制"。

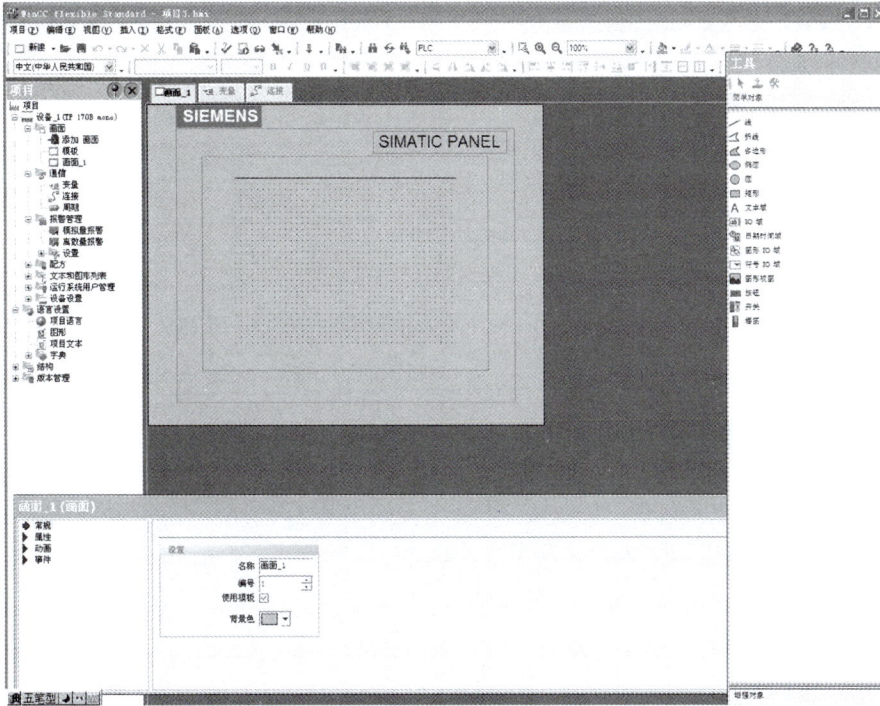

图 4-22　画面窗口

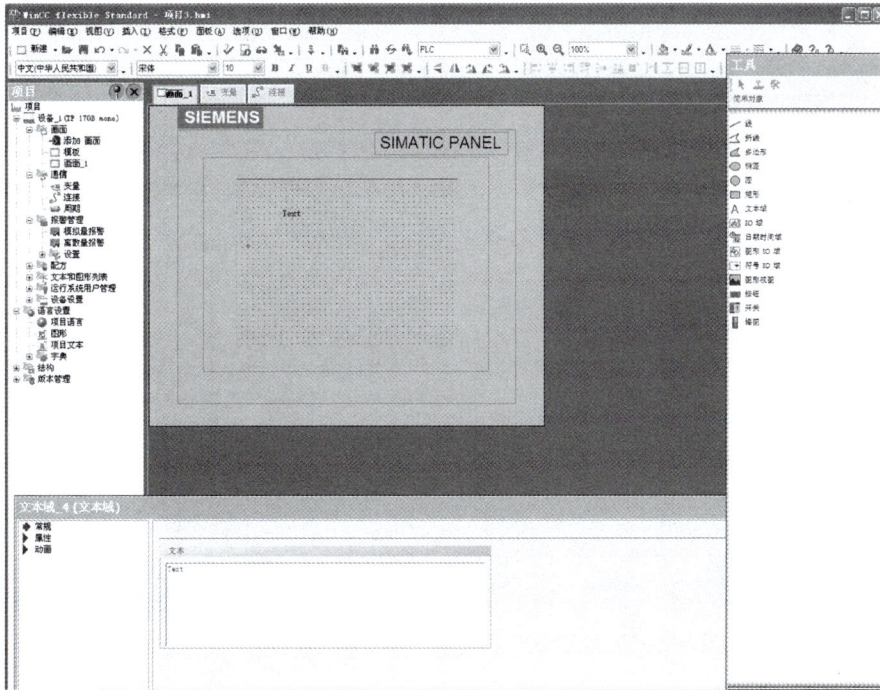

图 4-23　文本域的组态（一）

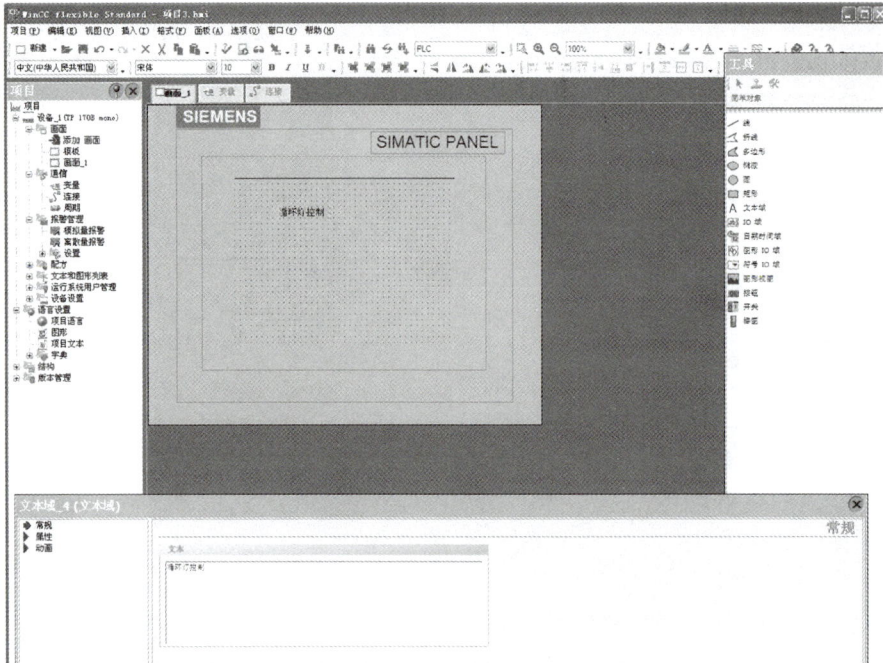

图 4-24 文本域的组态（二）

单击"循环灯控制"文本域，在下面的属性窗口中选择"属性→文本"，出现如图 4-25 所示画面，在该属性项中可设置文本的字体等。把其设为宋体，24pt，顶部居中，得到的效果如图 4-26 所示。

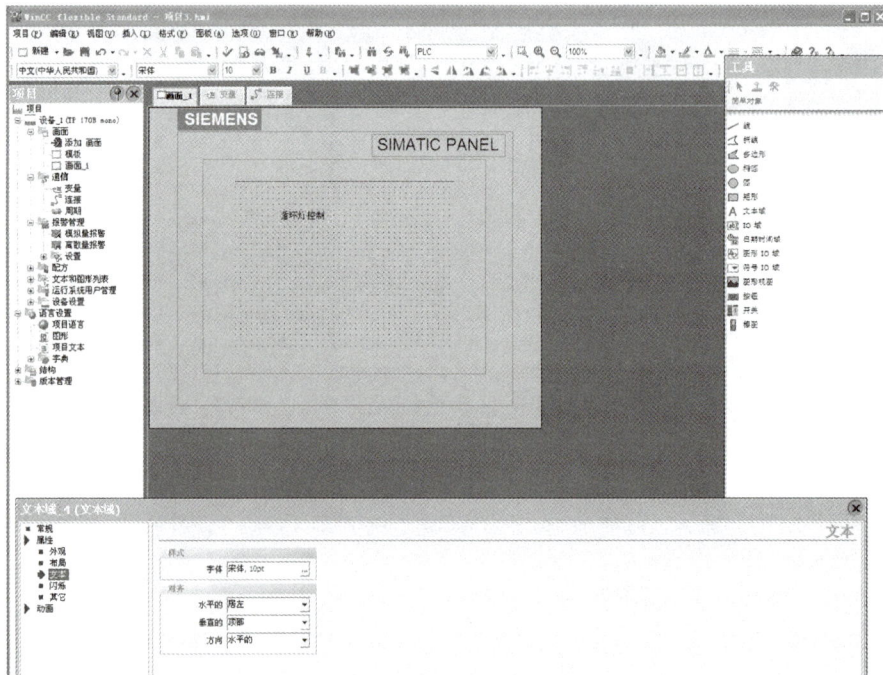

图 4-25 文本域的文本组态

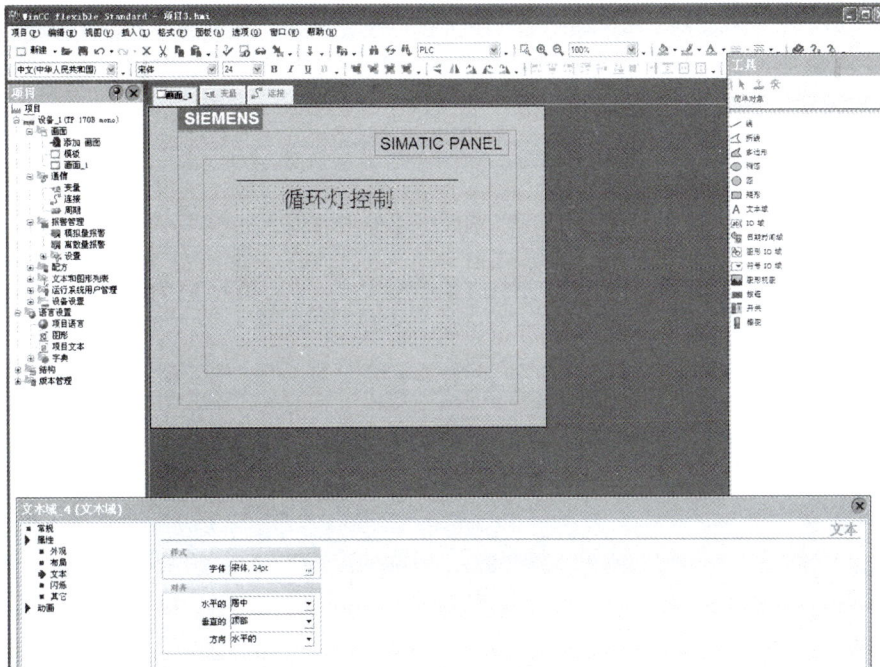

图 4-26　文本组态效果

选择在工具窗口的"简单对象"中的圆，然后在画面编辑区内用鼠标单击，则在画面中出现一个圆，如图 4-27 所示。在其下面的属性窗口中选择"动画"，属性窗口变为如图 4-28 所示。

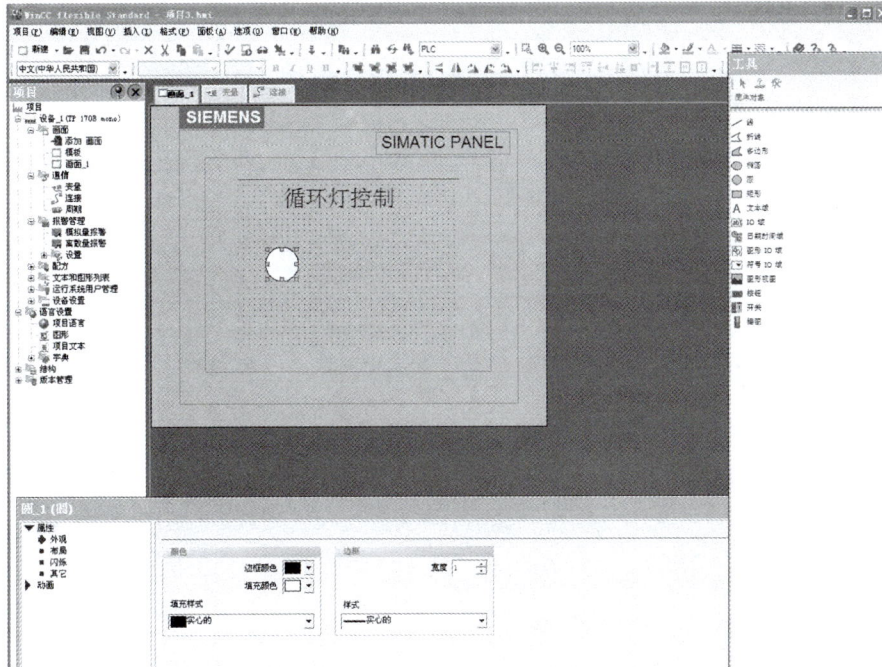

图 4-27　指示灯的组态

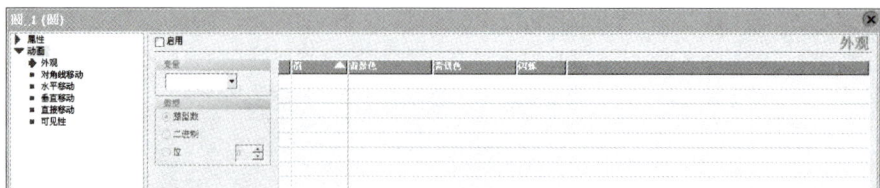

图 4-28　圆的动画属性窗口

在圆的动画属性窗口的"外观"项中启用变量"灯 1"，类型选为"位"单击列表中的第一行与第二行，根据如图 4-29 所示进行设置。

同理，对第 2、3 个圆进行组态，分别对应变量"灯 2"、"灯 3"，组态画面如图 4-30 所示。

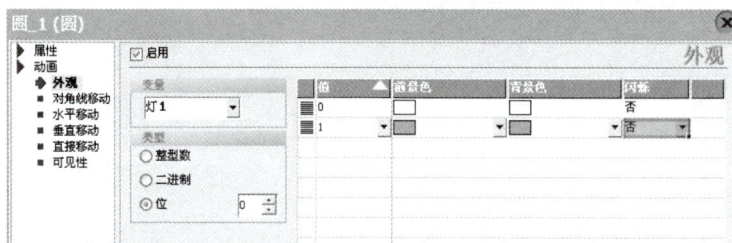

图 4-29　圆的动画设置　　　　　　　　　　图 4-30　组态画面

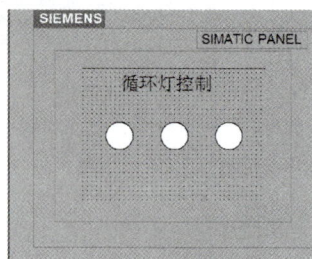

在工具窗口的"简单对象"中单击"按钮"，然后在画面编辑区内用鼠标单击，出现如图 4-31 所示画面。

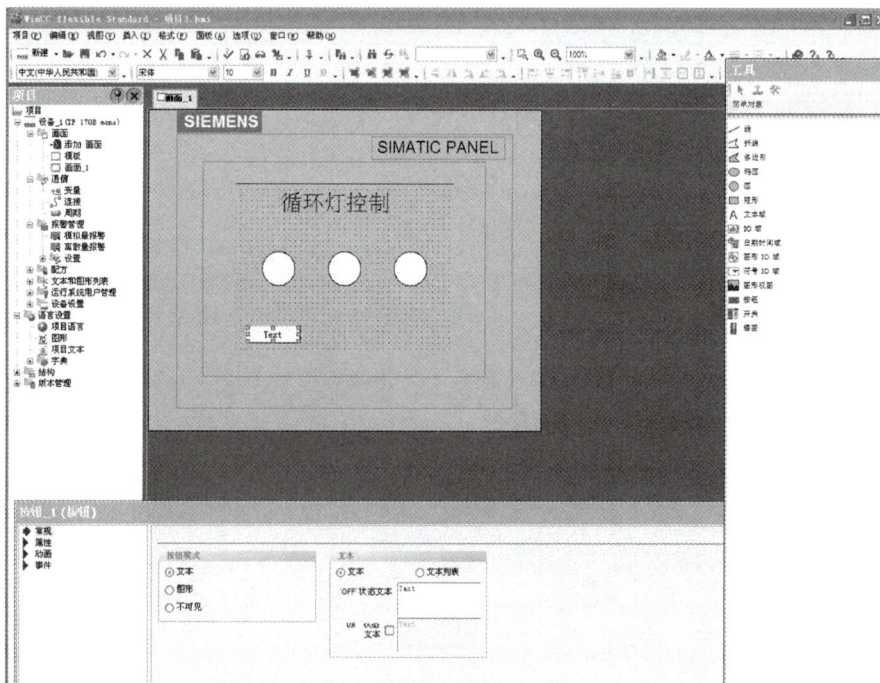

图 4-31　按钮组态画面

在按钮的属性窗口中选择"常规"项，在"OFF 状态文本"中输入"启动"，如图 4-32 所示。

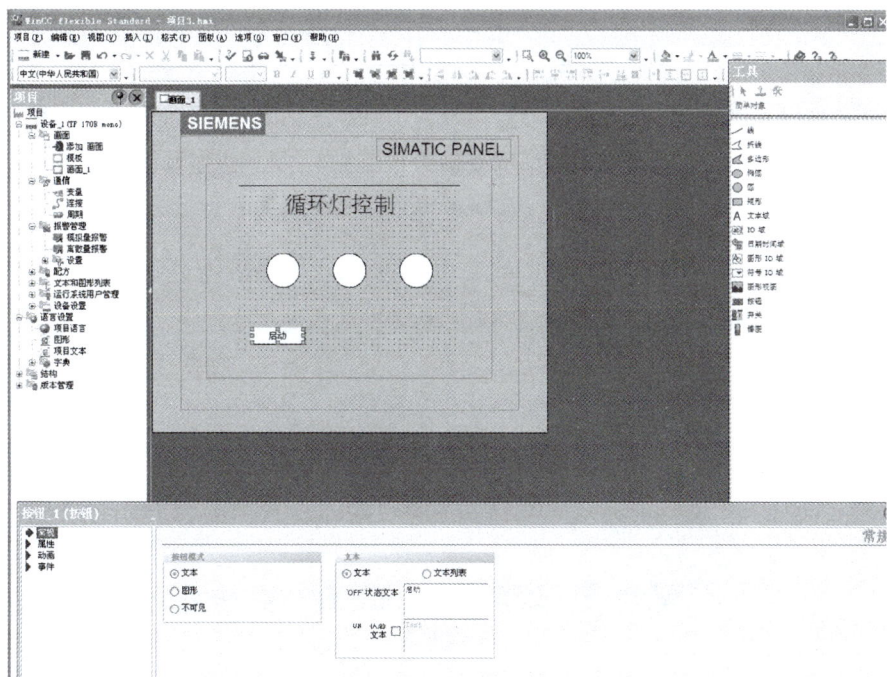

图 4-32　常规项设置

在按钮的属性窗口中选择"事件"项，选择"按下"属性窗口，如图 4-33 所示。调用"编辑位"下的 Setbit 函数，出现如图 4-34 画面。在橘红色区域设置变量为"启动"，如图 4-35 所示。

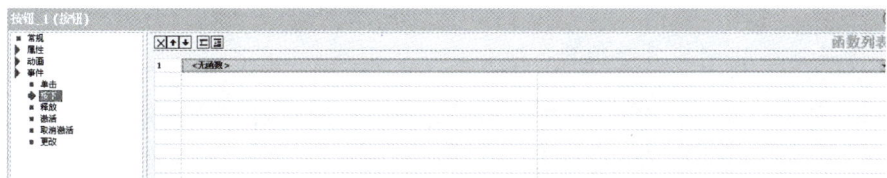

图 4-33　按下属性窗口

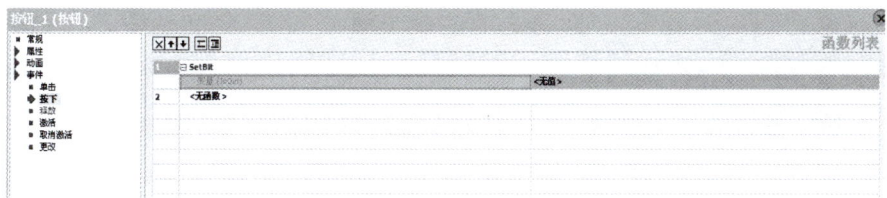

图 4-34　设置函数（一）

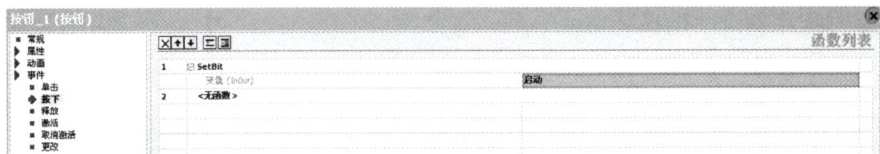

图 4-35　设置函数（二）

同理，设置"事件"中的"释放"项，对应的函数为 Resetbit，变量为"启动"。此按钮组态完毕。同理，组态一停止按钮，对应的变量为"停止"。得到组态画面如图 4-36 所示。

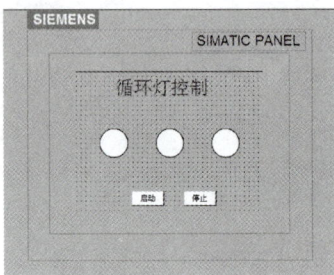

图 4-36　组态画面

## 第七节　项目文件的下载与在线运行

本节主要介绍将 WinCC flexible 组态的项目文件下载到 HMI 设备，以及实现 HMI 与 PLC 的通信和联机运行。

用一条标准的交叉网络线把电脑 PC 与触摸屏连接，用一条标准 Simatic PPI 通信线把触摸屏与 S7-200 PLC 连接起来。网线的作用是用来把电脑 PC 中的 WinCC flexibe 组态项目下载至触摸屏。PPI 的通信线的作用是项目运行时，触摸屏与 PLC 通过它进行数据通信。

设置 PC 与触摸屏通过以太网进行项目下载，并通过触摸屏的 IF 1B 接口和 PLC 的通信口连接运行。

### 一、触摸屏传输模式的设置

在触摸屏上电时迅速出现的 HMI 设备装载程序画面如图 4-37 所示，迅速按下"Control Panel"，出现如图 4-38 所示画面。

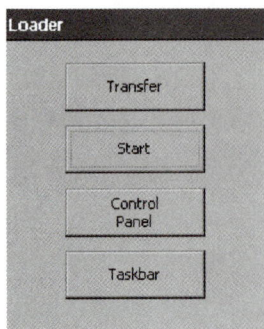

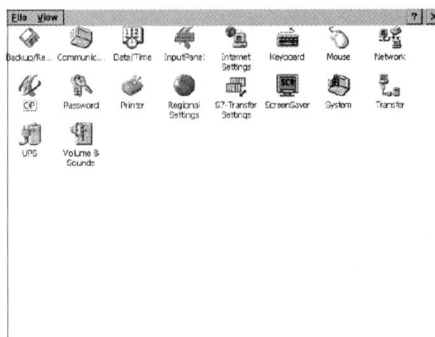

图 4-37　HMI 设备装载程序画面　　　　图 4-38　操作面板画面

**注意** 图 4-37 画面停留的时间较短，若要操作，动作要快。

装载程序画面中的按钮具有以下功能：

（1）按下"传送（Transfer）"按钮，将 HMI 按图示切换到传送模式。

（2）按下"开始（Start）"按钮，启动运行系统打开 HMI 设备上装载的项目。

（3）按下"控制面板（Control Panel）"按钮，访问 Windows CE 控制面板，可以定义其中各种不同的设置，如可以设置传送模式的各种选项。

（4）按下"任务栏（Taskbar）"按钮，以便在 Windows CE 开始菜单打开时显示 Windows 工具栏。

在图 4-38 操作面板画面中，双击"Transfer"，出现如图 4-39 所示画面。在 Channel 2 中设置成"ETHERNET"。然后单击右上角的 OK 按钮，回到图 4-38 操作面板画面。

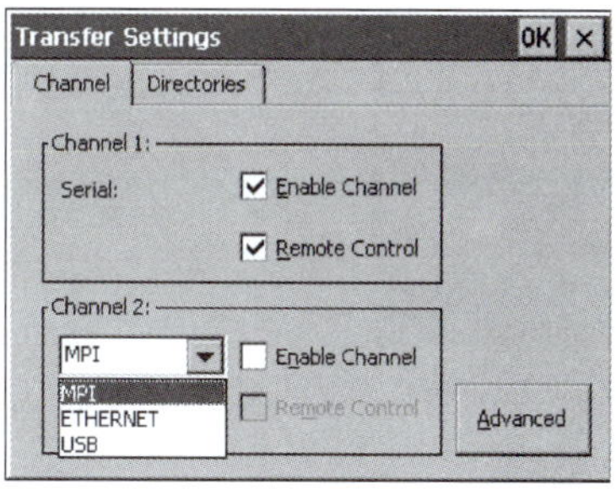

图 4-39　Transfer Settings 画面

在图 4-38 操作面板画面中，双击"Network"，修改"Properties"，设置 IP 地址（如 192.168.0.2）。关掉"控制面板"画面，在图 4-37 画面中按下 Transfer 按钮，等待 PC 传送。

## 二、设置 PC 的 IP 地址

在如图 4-40 所示的电脑桌面上，右键单击"网络邻居"选择"属性"，出现如图 4-41 所示画面。

图 4-40　电脑桌面

在图 4-41 中，右键单击"本地连接"，选择"属性"，出现如图 4-42 所示画面。

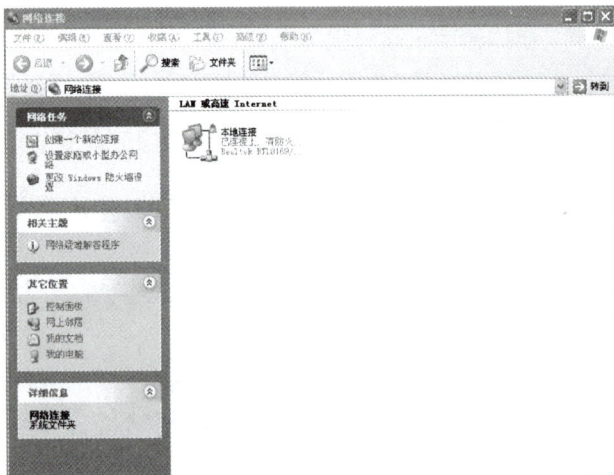

图 4-41　本地连接

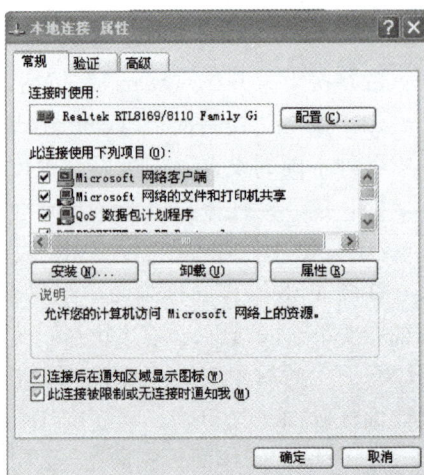

图 4-42　本地连接属性

在图 4-42 中，在项目列中选择 Internet 协议（TCP/IP），如图 4-43 所示，单击"属性"按钮，出现如图 4-44 所示画面，按图中所示设置 IP 地址（如 192.168.0.1）。

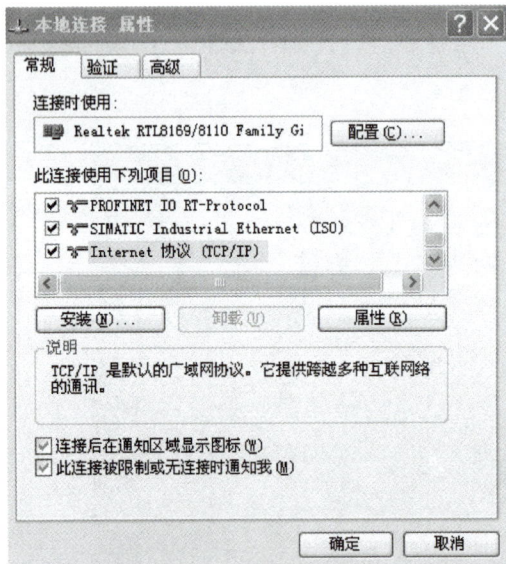

图 4-43　TCP/IP 协议

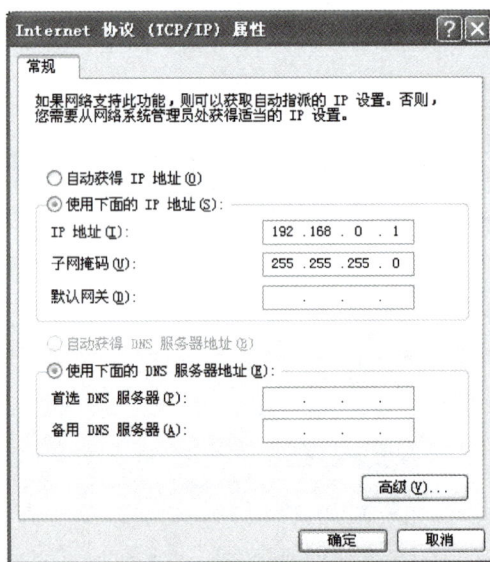

图 4-44　设置 IP 地址

### 三、WinCC flexible 项目传输设置

单击图 4-45 中工具栏中的传输设置键，出现如图 4-46 所示画面。

在模式中选择以太网，则视窗如图 4-47 所示。在计算机名或 IP 地址中填入触摸屏的 IP 地址（如 192.168.0.2）。设置完后，单击"传送"按钮，则把本项目传送至触摸屏中，即可进行项目的运行。

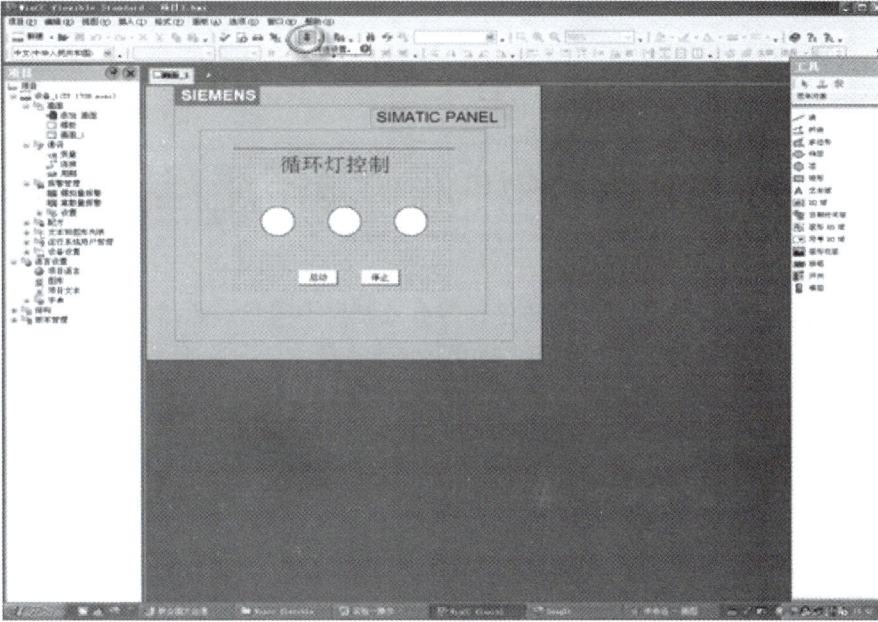

图 4-45　项目画面

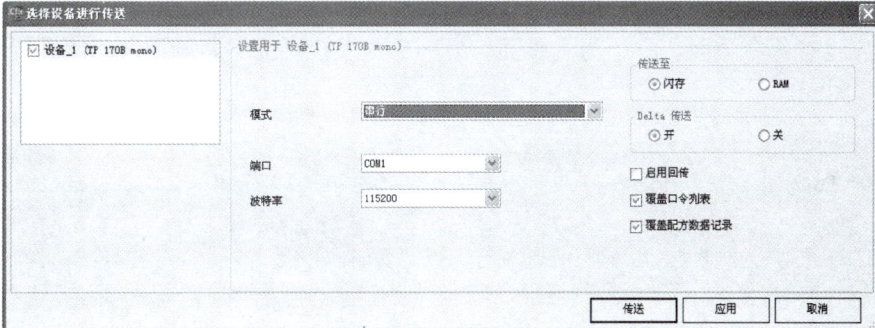

图 4-46　传送设置视窗（一）

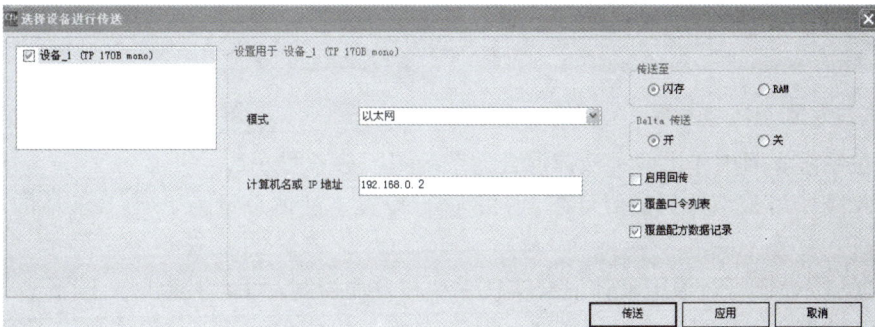

图 4-47　传送设置视窗（二）

# 第五章

# WinCC flexible 多种液体混合控制模拟项目

本章通过 HMI 与 PLC 来实现两种液体混合控制模拟项目，通过 PLC 实现对系统的控制，HMI 与 PLC 进行数据交换，实现人机交互。本系统为一个模拟系统，是为了能较好地学习与应用 WinCC flexible 组态而设计。

## 第一节 项 目 描 述

WinCC flexible 多种液体混合控制模拟项目是为方便学习 WinCC flexible 组态技术而设计的一个模拟项目，与实际运行项目有区别，主要在于实际运行项目的液位检测值是用传感器检测而来的，而本例中是用模拟运算而得来的，特此说明。

项目的要求如下：

（1）制作画面模板，在模板画面中显示"多种液体混合控制系统"和日期时钟。

（2）先组态两个画面，一个为主画面，另一个为系统画面。两画面之间能进行切换，参考图 5-1 和图 5-2。

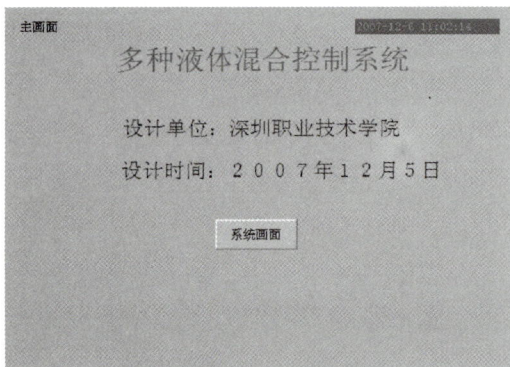

图 5-1　主画面

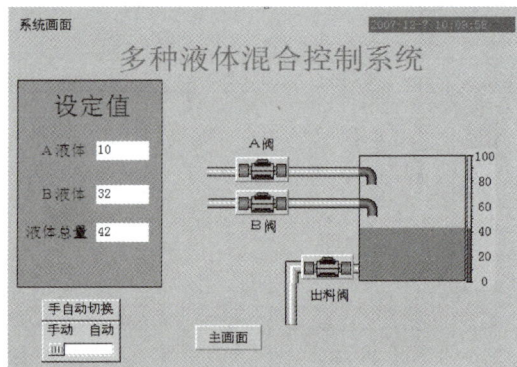

图 5-2　系统画面

（3）在系统画面中作出两种液体混合的系统图，参考图 5-2。

（4）A 液体与 B 液体的数值可在 0～99 进行设置。液体总量为 A 与 B 液体的总和，为计算结果。

（5）通过 HMI 可对模拟液体混合实现手动和自动控制。手动控制时，按下 A 阀就进 A 液体，松开就停止；B 阀与出料阀类似。设定 A 液体设定值、B 液体设定值，若容器为空，可进行自动控制。如 A 液体设定值为 15，B 液体设定值为 27，切换到自动控制时则先打开 A 阀进 A 液体到 15 停止，再接着进 27 的 B 液体；当容器中总液体数量达到 42 时，B 液体停止流入，打开出料阀开始流出到空后再循环。

（6）容器中的液体可动画显示，并通过棒图刻度标记当前数值。

（7）为了显示流畅的液位动画，可通过 PLC 编写每秒加 1 或减 1 的程序，然后把 PLC 与 flexible 做好连接（模拟显示）。

（8）组态若容器中的液位超过 100 时产生一个液位偏高的报警。

（9）组态报警画面，并能实现系统画面之间的切换，参考图 5-3。

（10）组态一个用户组"班组长"和一个用户名"user1"，"user1"属于"班组长"用户组，"user1"的密码为"000"。"班组长"用户组的权限为操作和"输入 A 设定值"。然后在系统画面中的 A 液体设定值设定安全权限。即一般用户不能进行 A 液体设定值的设定，用户"user1"可以进行设定。

（11）组态一个用户视图画面，要求该用户名作登录按钮与注销按钮，能显示当前用户名。参考图 5-4，能与系统画面进行切换。

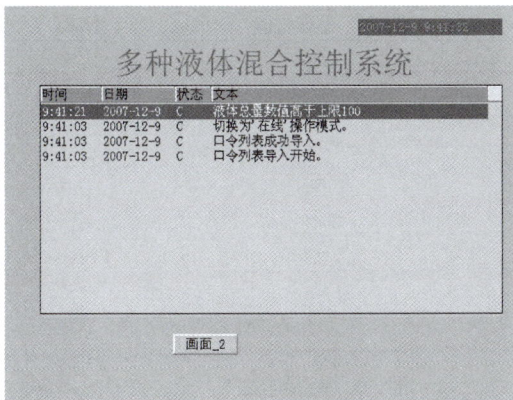

图 5-3　报警画面

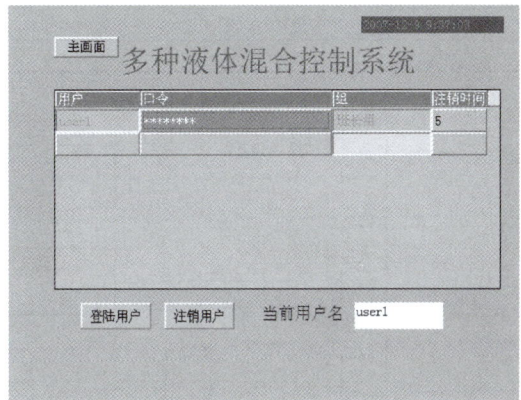

图 5-4　用户管理画面

（12）组态趋势视图画面，能显示容器中液体总量的数据趋势曲线。参考图 5-5，能与系统画面进行切换。

（13）建立配方，能实现液体 A 设定值、液体 B 设定值的各个配方。并建立配方画面运行。参考图 5-6，能与系统画面进行切换。

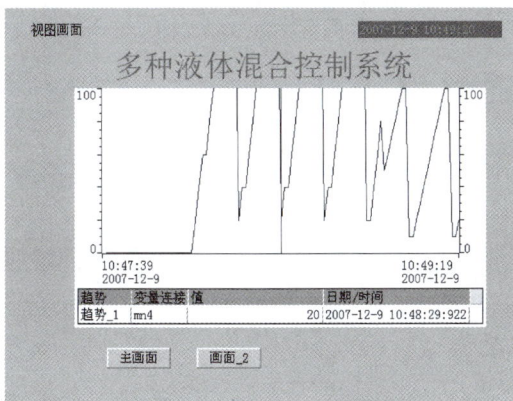

图 5-5　趋势视图画面

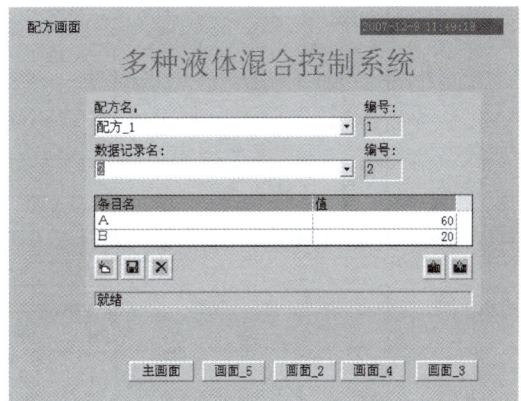

图 5-6　配方画面

## 第二节 PLC 控制程序

首先编制 PLC 控制程序。控制程序各软元件的分配如表 5-1 所示，当 M0.0 OFF 时为手动控制，M0.0 ON 时为自动控制。手动控制时可操作手动阀控制液体的进出，自动控制时先流入 A 液体至其设定值，再流入 B 液体至其设定值，接着流出混合液至容器为空，然后再循环。PLC 程序分为主程序、手动子程序和自动子程序，分别如图 5-7～图 5-9 所示。

表 5-1　　　　　　　　　　　软 元 件 分 配 表

| 序 号 | 符 号 | 地 址 | 序 号 | 符 号 | 地 址 |
|---|---|---|---|---|---|
| 1 | 手自动切换 | M0.0 | 7 | 驱动出料阀 | Q0.2 |
| 2 | 手动 A 进 | M0.1 | 8 | A 设定值 | VW0 |
| 3 | 手动 B 进 | M0.2 | 9 | B 设定值 | VW2 |
| 4 | 手动出 | M0.3 | 10 | 实际液位值 | VW4 |
| 5 | 驱动 A 阀 | Q0.0 | 11 | 总设定值 | VW6 |
| 6 | 驱动 B 阀 | Q0.1 | | | |

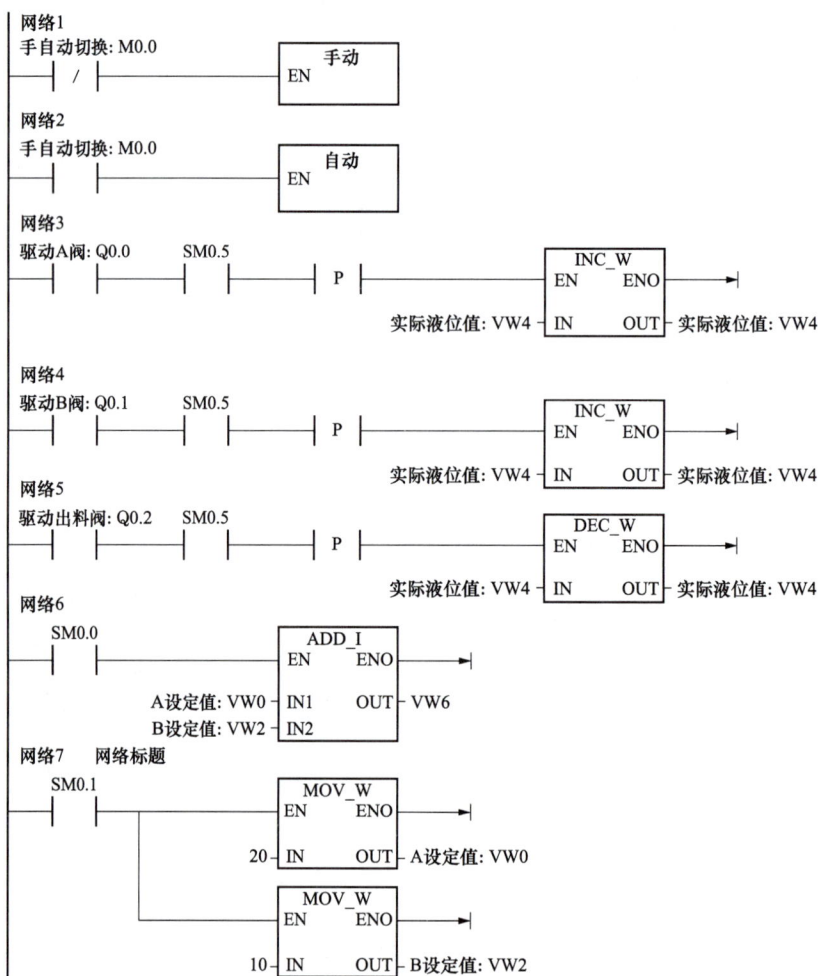

图 5-7　主程序

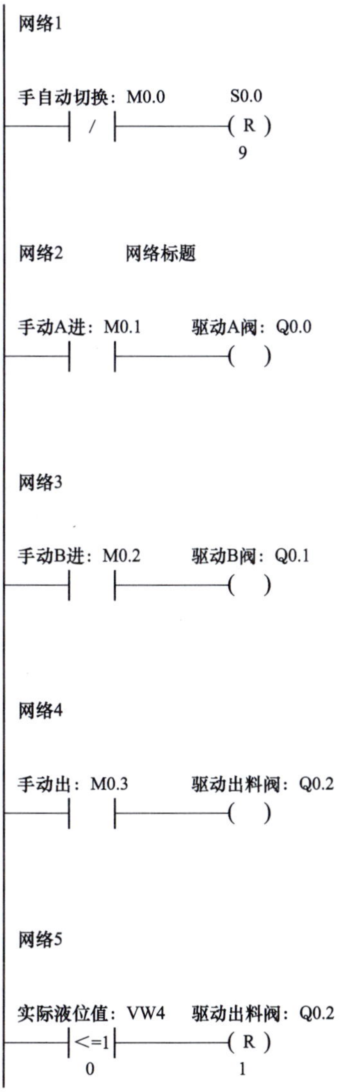

网络1

手自动切换：M0.0　实际液位值：VW4　　　　S0.0
　　　┤├　　　　　┤==1├　　　　　－( S )
　　　　　　　　　　　0　　　　　　　　1

网络2

　　　　S0.0
　　┤ SCR ┤

网络3

　　SM0.0　　　　驱动A阀：Q0.0
　　┤├　　　　　　　－( )

网络4

实际液位值：VW4　　　S0.1
　　┤==1├　　　　　－( SCRT )
A设定值：VW0

网络5

　　　　　　　　　－( SCRE )

网络6

　　　　S0.1
　　┤ SCR ┤

网络7

　　SM0.0　　　　驱动B阀：Q0.1
　　┤├　　　　　　　－( )

网络8

实际液位值：VW4　　　S0.2
　　┤==1├　　　　　－( SCRT )
　VW6

网络9

　　　　　　　　　－( SCRE )

网络10

　　　　S0.2
　　┤ SCR ┤

网络11

　　SM0.0　　　　驱动出料阀：Q0.2
　　┤├　　　　　　　－( )

网络12

实际液位值：VW4　　　S0.0
　　┤==1├　　　　　－( SCRT )
　　0

网络13

　　　　　　　　　－( SCRE )

网络1

手自动切换：M0.0　　　S0.0
　　┤ / ├　　　　　－( R )
　　　　　　　　　　　9

网络2　　　网络标题

手动A进：M0.1　　驱动A阀：Q0.0
　　┤├　　　　　　－( )

网络3

手动B进：M0.2　　驱动B阀：Q0.1
　　┤├　　　　　　－( )

网络4

手动出：M0.3　　驱动出料阀：Q0.2
　　┤├　　　　　　－( )

网络5

实际液位值：VW4　驱动出料阀：Q0.2
　　┤<=1├　　　　　－( R )
　　0　　　　　　　　1

图 5-8　手动子程序 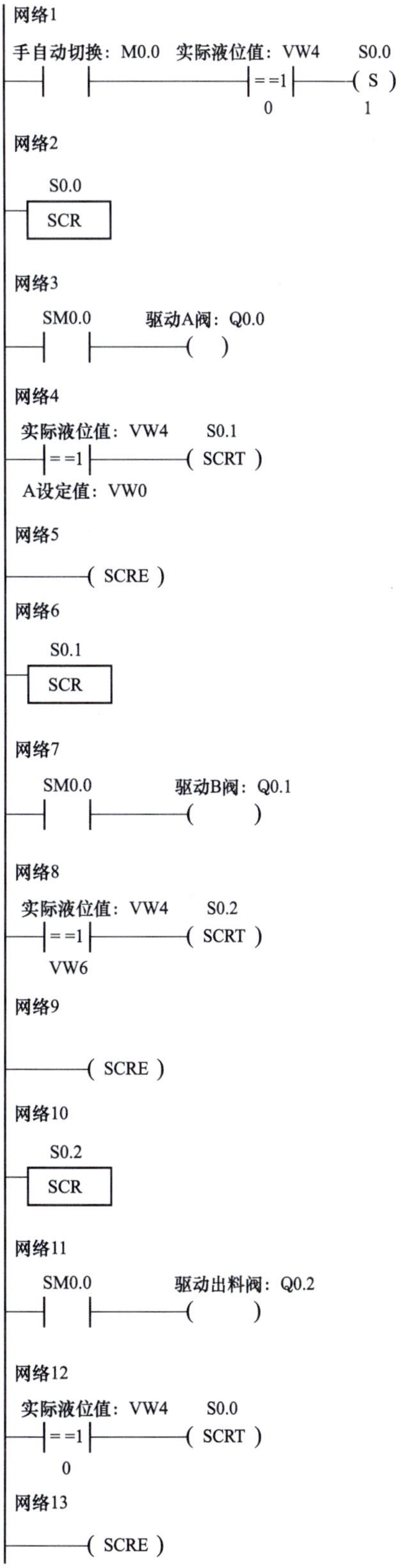　　　　　　　　图 5-9　自动子程序

63

## 第三节　WinCC flexible 组态

### 一、基本对象组态

1. 创建一个新项目并建立 S7-200 的连接
2. 建立变量

双击项目视图中的"通信→变量",建立变量,如图 5-10 所示。

| 名称 | 连接 | 数据类型 | 地址 | 数组计数 | 采集周期 |
|---|---|---|---|---|---|
| 手自动切换 | PLC | Bool | M 0.0 | 1 | 1 s |
| A阀 | PLC | Bool | M 0.1 | 1 | 1 s |
| B阀 | PLC | Bool | M 0.2 | 1 | 1 s |
| 出料阀 | PLC | Bool | M 0.3 | 1 | 1 s |
| A设定值 | PLC | Int | VW 0 | 1 | 1 s |
| B设定值 | PLC | Int | VW 2 | 1 | 1 s |
| 实际总量 | PLC | Int | VW 4 | 1 | 1 s |
| 液体总量设定值 | PLC | Int | VW 6 | 1 | 1 s |
| string | <内部变量> | String | <没有地址> | 1 | 1 s |

图 5-10　建立变量

3. 画面组态

在项目视图中双击"画面→添加画面",得到画面 2。在项目视图中,右键单击"画面→画面 1",单击"重命名",改名为"主画面",同理,把画面 2 改名为"系统画面",如图 5-11 所示。

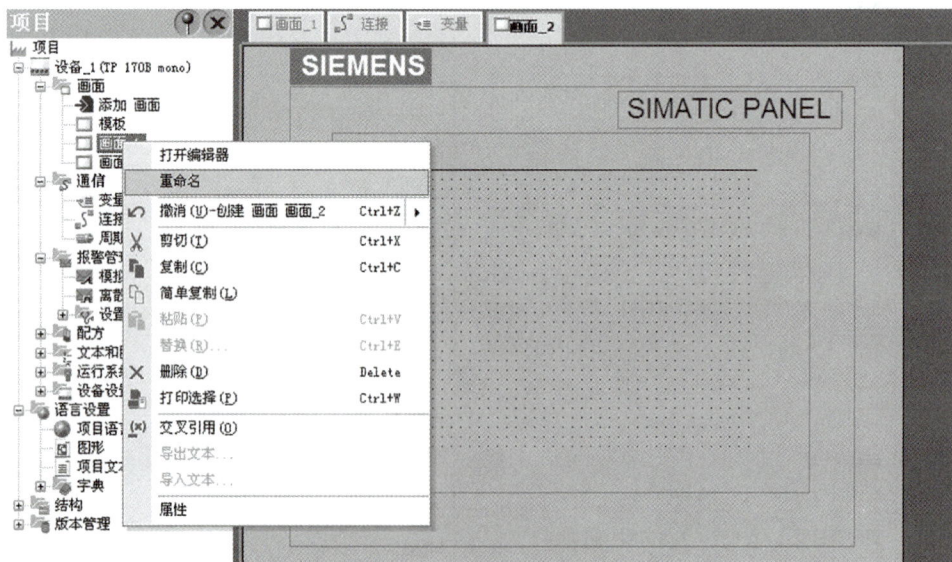

图 5-11　画面重命名操作

在项目视图中双击"画面→模板"，在模板画面中输入文本域"多种液体混合控制系统"，如图 5-12 所示。

单击"工具→简单对象"中的"日期时间域"，然后在模板画面的右上面单击，出现如图 5-13 所示模板画面。

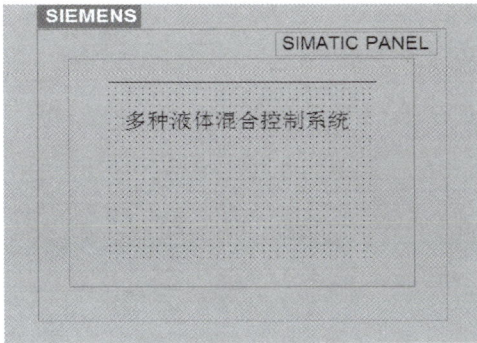

图 5-12　模板画面（一）　　　　　　　　　图 5-13　模板画面（二）

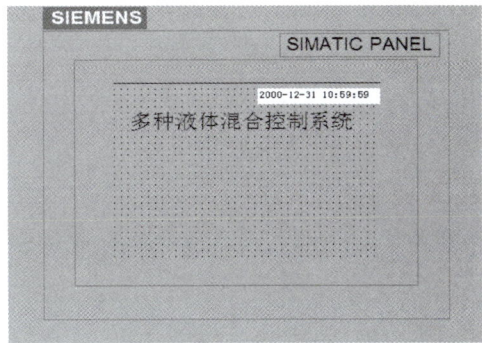

选择主画面，在主画面中输入文本域"设计单位：♯♯♯♯♯♯"和"设计日期：2007年 12 月 5 日"，如图 5-14 所示。

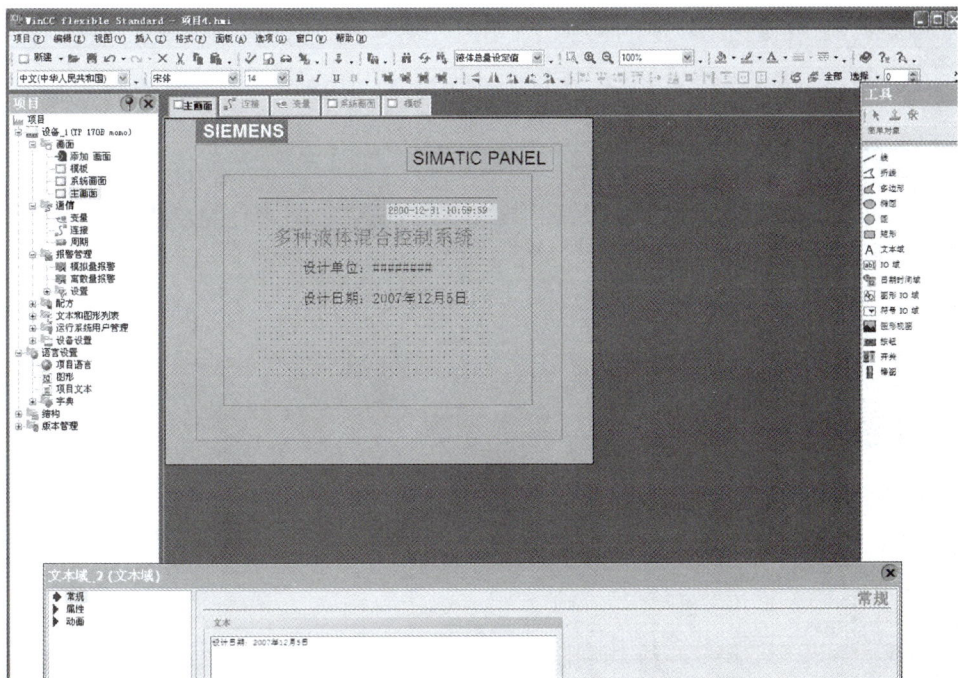

图 5-14　主画面组态

在图 5-14 中，用左键按住项目视图中的"系统画面"，拖到主画面中，自动生成一个画面切换的按钮，如图 5-15 所示。

### 4. 文本域与 IO 域组态

建立如图 5-16 所示的文本域"设定值"、A 液体设定值、B 液体设定值、液体总量设定值、液体总量实际值，并建立切换至主画面的按钮。

图 5-15 主画面

图 5-16 建立文本域

在以上四个文本域的右侧组态四个 IO 域。操作步骤如下：单击工具栏中"简单对象→IO 域"，然后用鼠标在画面中的对应位置单击一下，就可建立 IO 域，如图 5-17（a）所示。用鼠标单击第一个 IO 域，如图 5-17（b）所示，在下面显示该 IO 域的属性窗口。在属性的常规项中设置模式为输入输出，变量为 A 设定值，格式样式为 99 等。同理在第二个 IO 域的属性常规项中，设置模式为输入输出，变量为 B 设定值，格式样式为 99。第三个 IO 域的

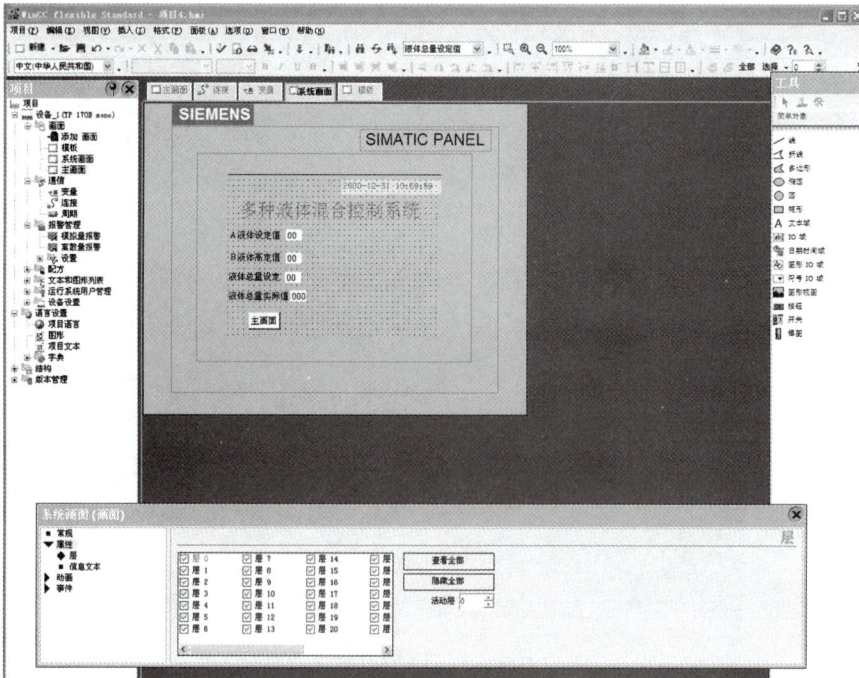

（a）

图 5-17 IO 域组态（一）

（a）建立 IO 域

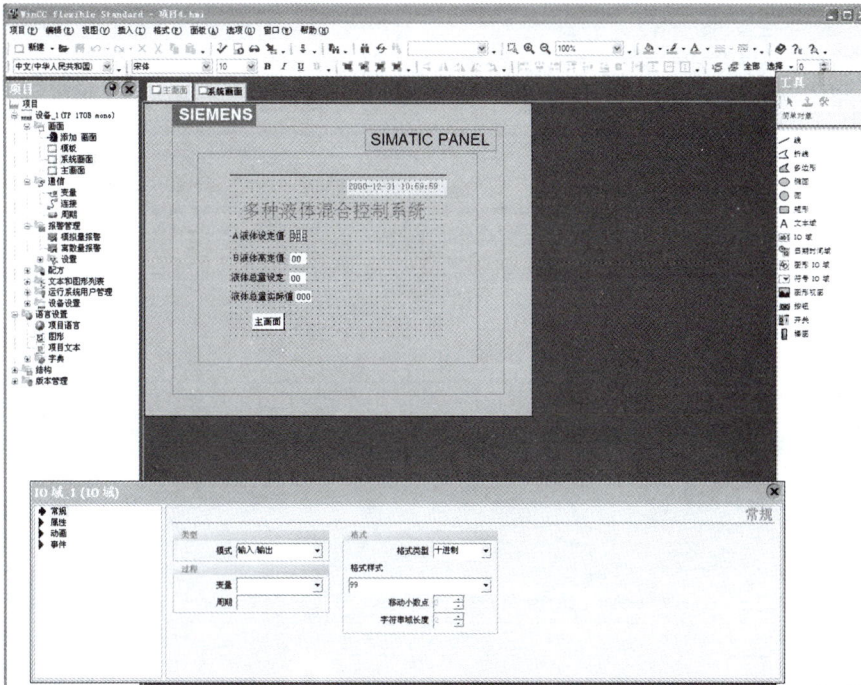

（b）

图 5-17　IO 域组态（二）

（b）单击第一个 IO 域

属性常规项中，设置模式为输出，变量为液体总量设定值，格式样式为 999。第四个 IO 域的属性常规项中，设置模式为输出，变量为实际总量，格式样式为 999。

5. 棒图组态

单击"工具→简单对象"中的"棒图"，然后在模板画面的右边单击，出现如图 5-18 所示画面。在棒图的属性常规项中的过程值设置为"实际总量"，如图 5-19 所示。在其"属性→刻度"中设置为不显示刻度，如图 5-20 所示。

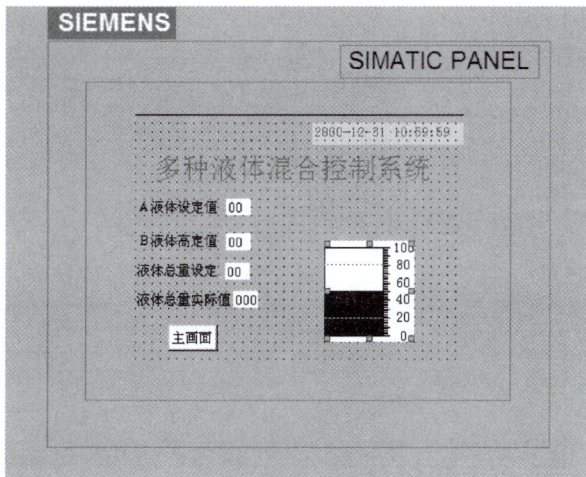

图 5-18　制作棒图

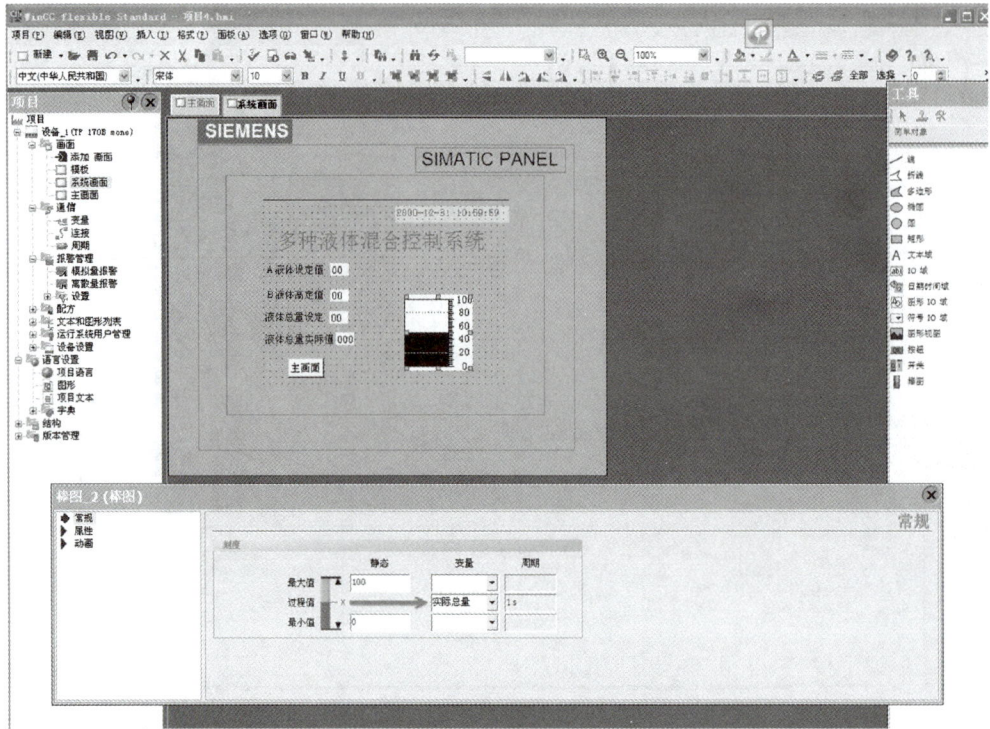

图 5-19　棒图组态（一）

另外再组态一个棒图，设置为显示刻度，其他设置与上一个棒图一致，如图 5-21 所示。

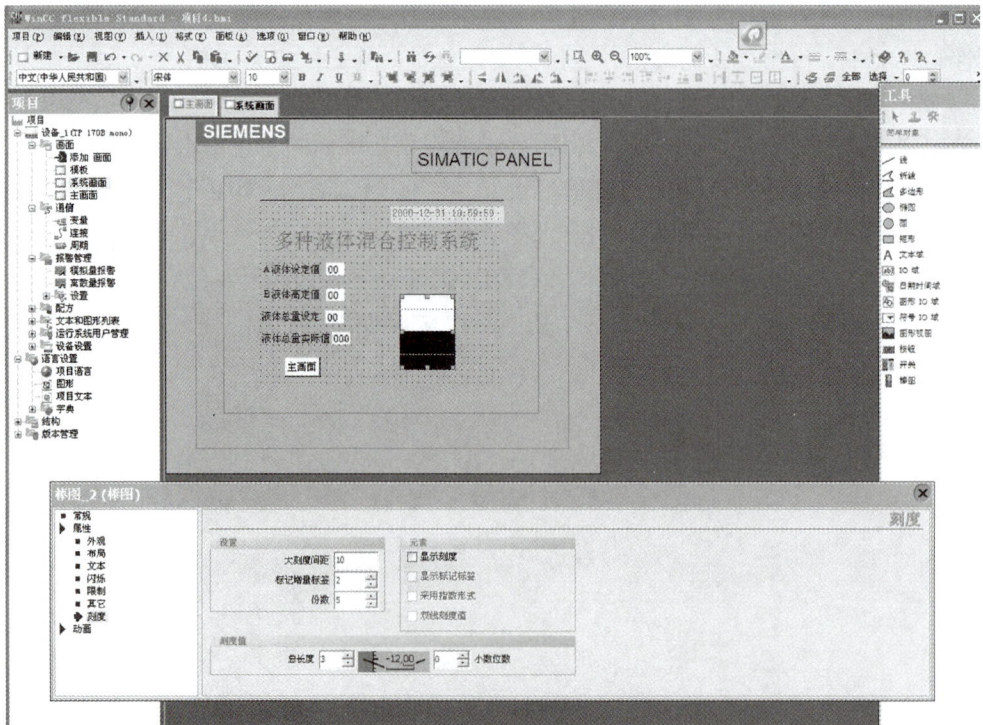

图 5-20　棒图组态（二）

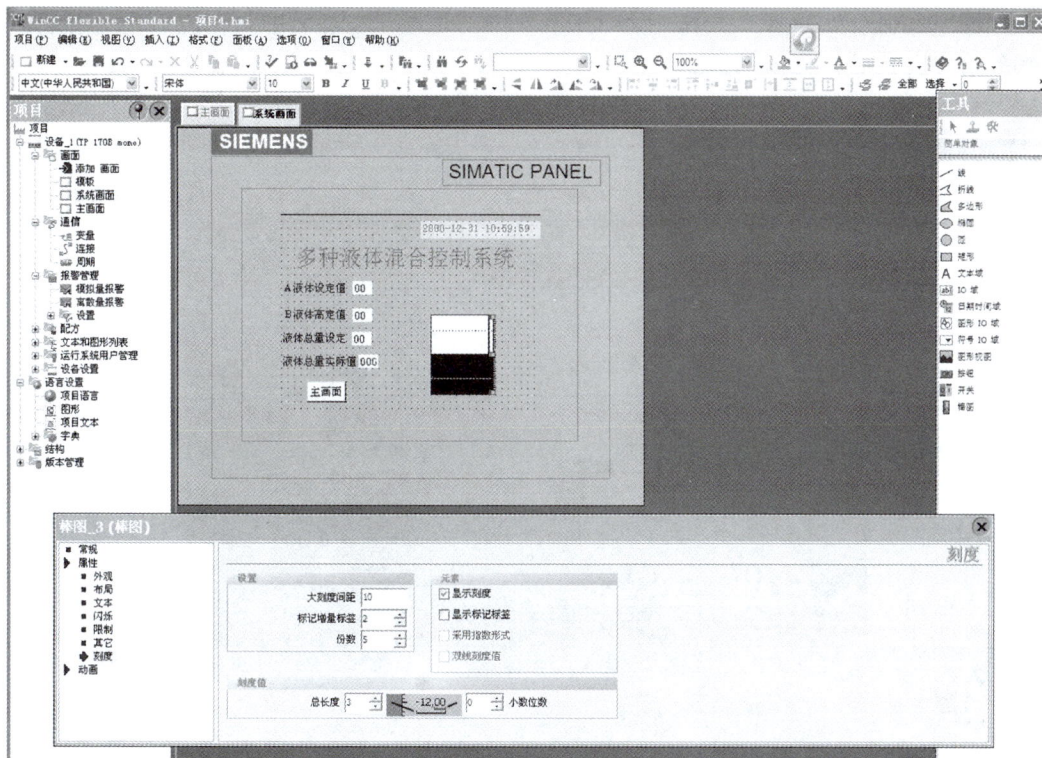

图 5-21　棒图组态（三）

## 6. 管道与阀门组态

在工具→库的空白处单击鼠标右键，选择"库→打开→系统库"把库文件调出来，显示如图 5-22 所示画面。

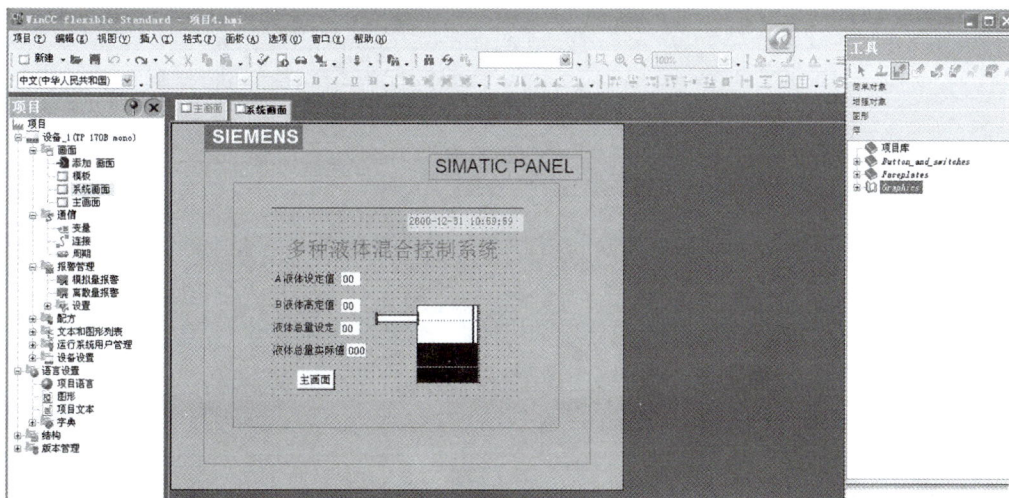

图 5-22　显示库画面

如图 5-23 所示，选择"工具→简单工具"中的矩形，在画面中画一矩形作为管道，画多根管道得到如图 5-24 所示画面。

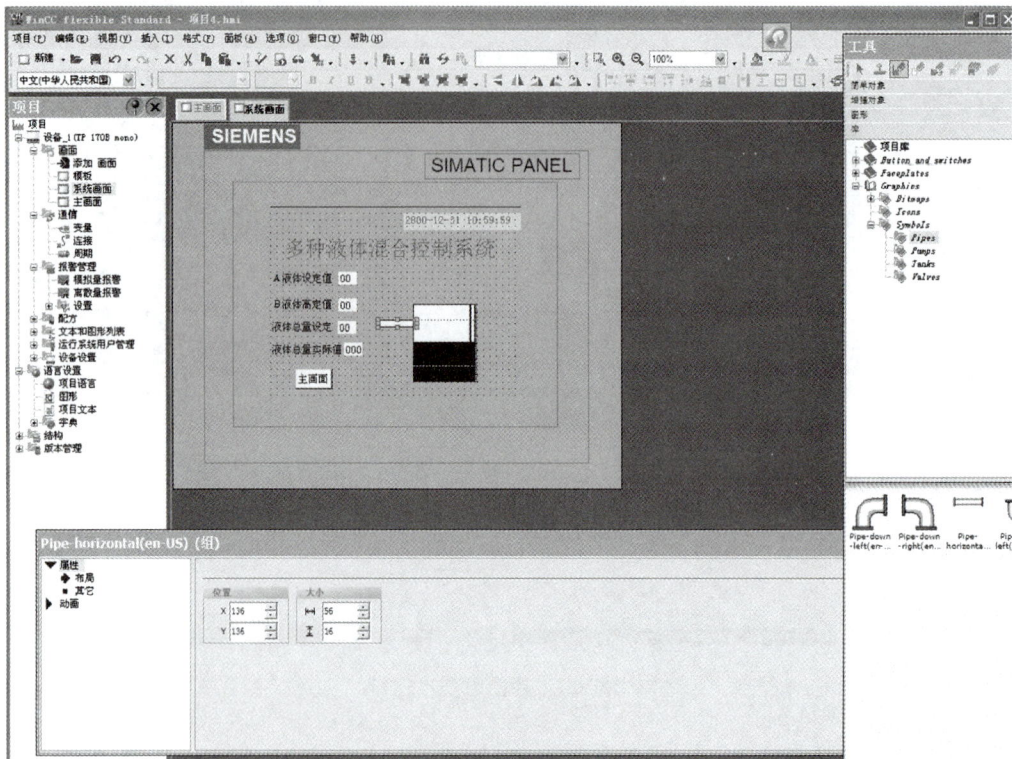

图 5-23　管道组态（一）

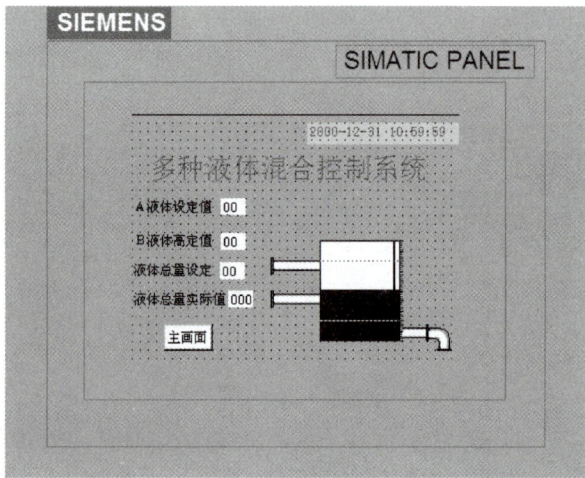

图 5-24　管道组态（二）

如图 5-25 所示，调用阀门的库文件，选择"库→Graphics→Symbols→Valves"，在画面上组态三个阀门。同时组态三个按钮，分别与阀门叠放在一处，如图 5-26 所示。

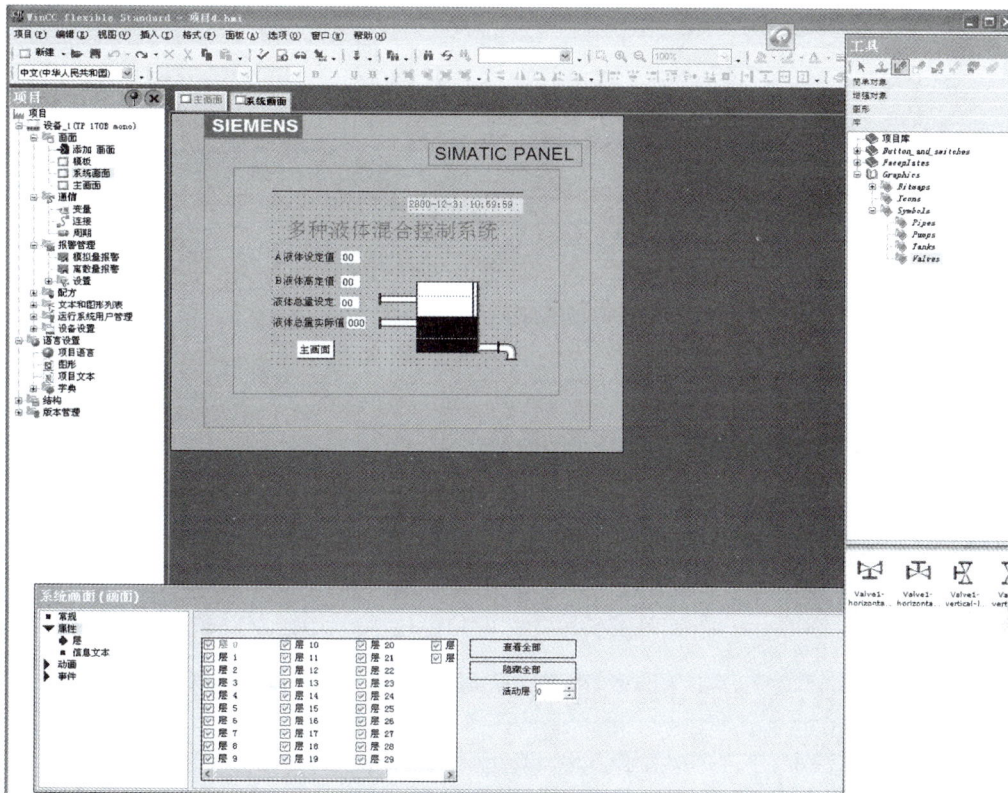

图 5-25　调用阀门库文件

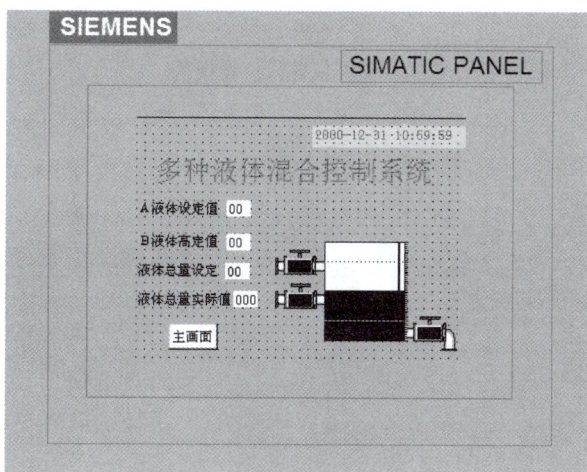

图 5-26　按钮与阀门组态

　　三个按钮的组态，在按下按钮时分别把变量"A 阀"、"B 阀"、"出料阀"置位，松开按钮时使其复位。

　　单击"工具→简单工具"中的"开关"，组态一个开关，用于手自动的切换。该开关的属性窗口设置如图 5-27 所示。

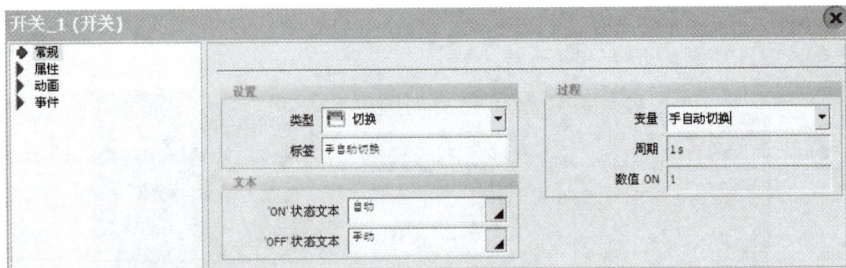

图 5-27 手自动切换开关属性

## 二、报警与用户管理组态

1. 报警组态

（1）建立模拟量报警。新建一个报警画面，命名为"报警画面"，并能实现与系统画面的切换。组态报警，当容器中液位大于 100 时，则产生报警。

在"项目视图→项目→报警管理"中双击"模拟量报警"。双击报警表的第一行，设计一个报警，如图 5-28 所示。指定触发变量为"液位超过 100"，触发模式为"上升沿时"。

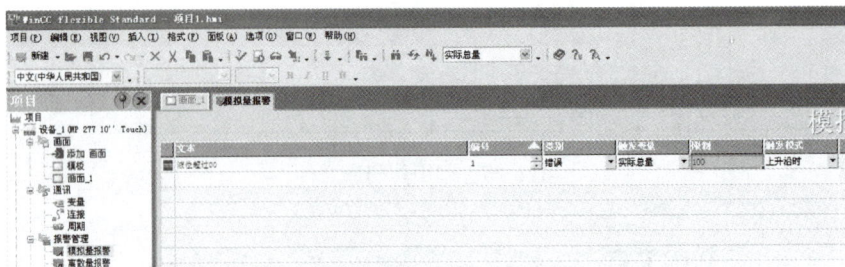

图 5-28 新建模拟量报警

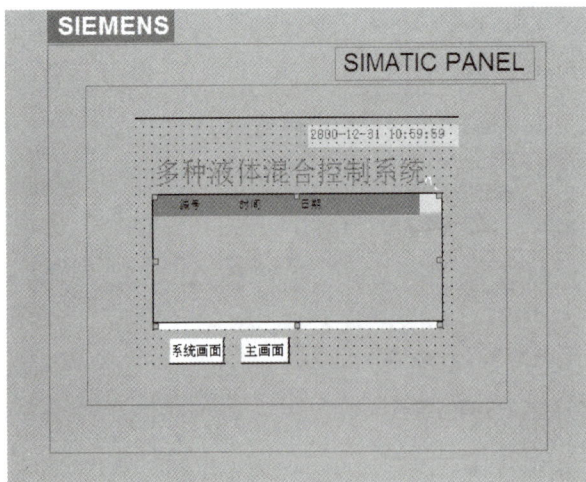

图 5-29 报警视图

（2）组态报警画面。新建并打开"报警画面"，在"工具→增强工具"中单击"报警视图"，然后在画面中做出报警视图并调整到合适大小，如图 5-29 所示。

如果需要在产生该模拟量报警时自动弹出报警画面，则只需在该报警的属性窗口中设置激活 ActivateScreen 函数，调出报警画面即可。

2. 用户组态

西门子 HMI 的用户权限由用户组决定，同一用户组的用户具有相同的权限。

新建用户组、用户及用户视图，并对 IO 域进行权限设置。

双击项目视图中的"运行系统用户管理→组"，显示如图 5-30 所示画面。

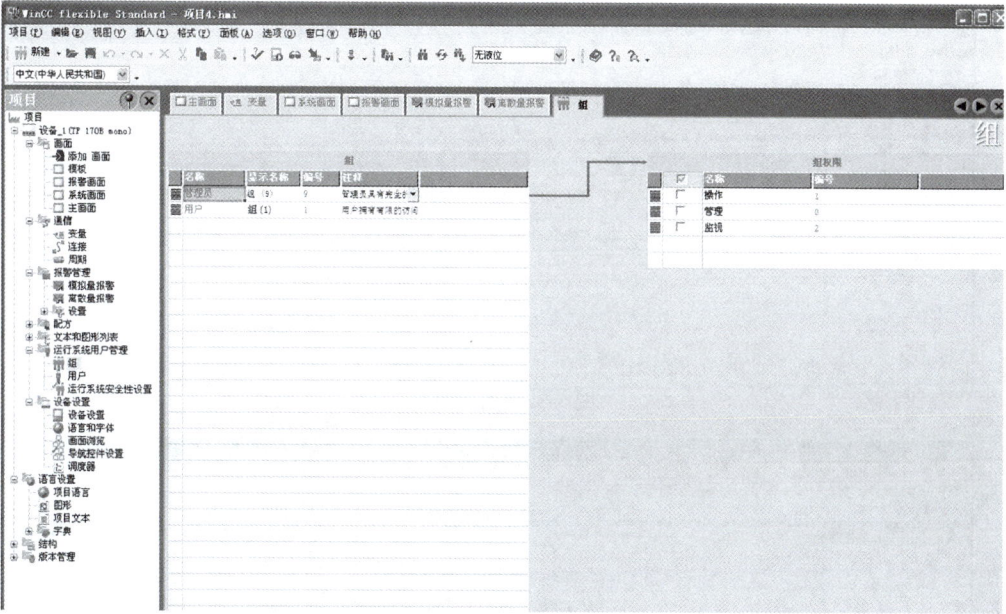

图 5-30　用户组组态

在图 5-30 组表中双击第三行，新建一个名为"班组长"的组，权限为操作，如图 5-31 所示。

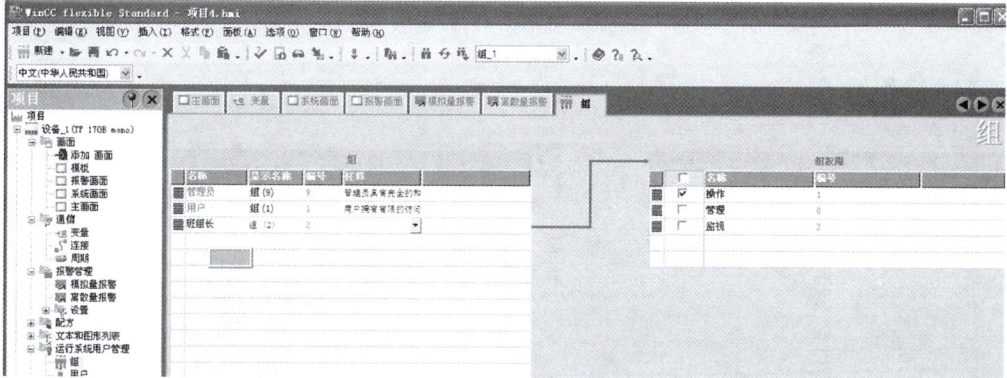

图 5-31　新建用户组

双击项目视图中的"运行系统用户管理→用户"，显示如图 5-32 所示画面。双击用户表的第二行，新建一个名为"user1"用户，密码设为"000"。该用户属于用户组"班组长"。并新建名为"输入 A 设定值"的组权限，"班组长"具有"输入 A 设定值"的组权限，如图 5-33 所示。

打开系统画面，选择 A 液体设定值的 IO 域，设置该对象属性，选择"属性→安全"，设置权限为"输入 A 设定值"，如图 5-34 所示。

新建用户视图画面，并建立与系统画面的切换按钮。在该画面中，单击"工具→增强工具"中的"用户视图"，在画面中画出用户视图窗口，并调整到合适大小，并组态两个按钮，

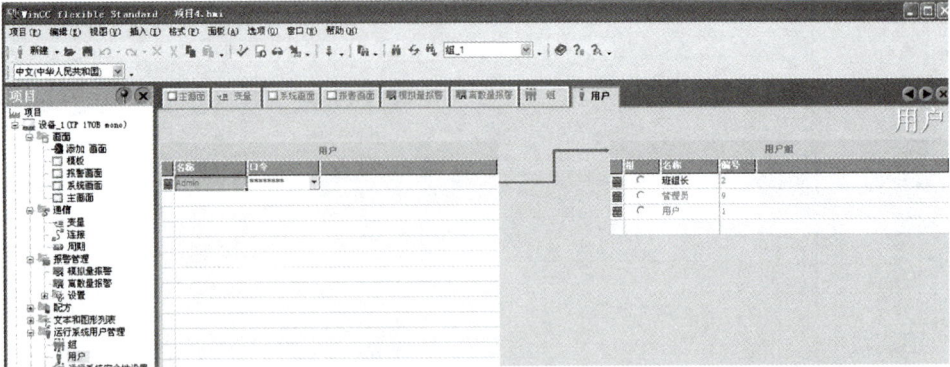

图 5-32　用户组态

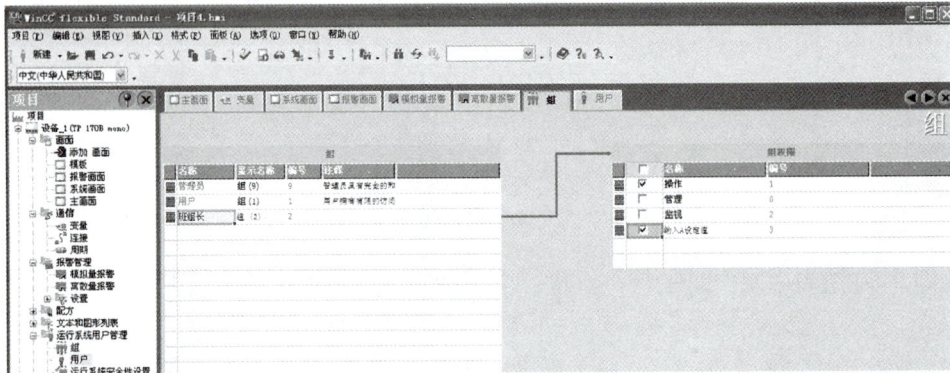

图 5-33　新建用户及组权限

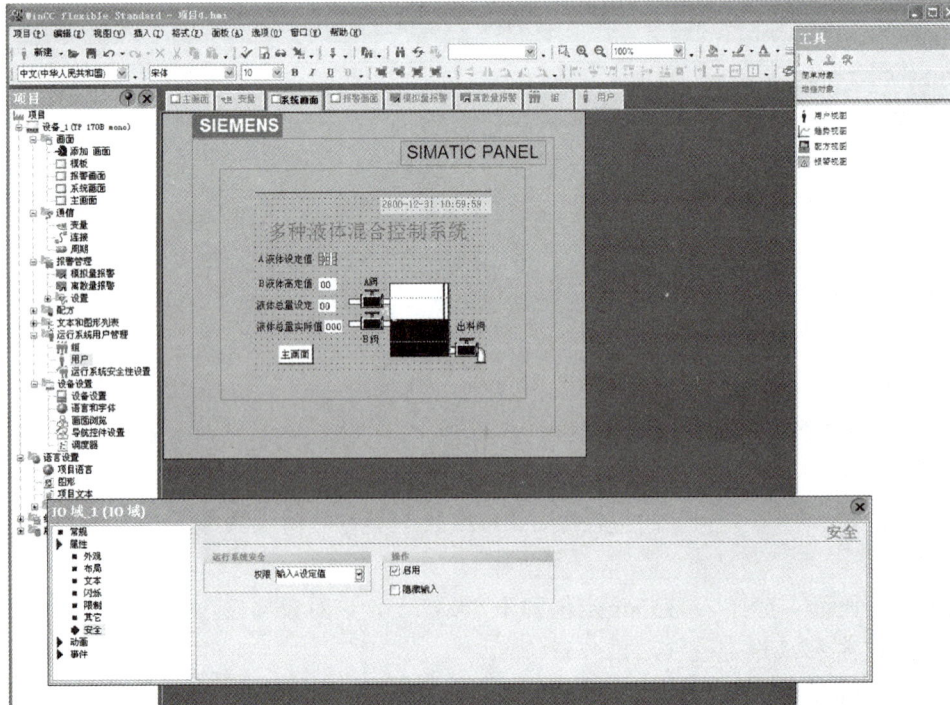

图 5-34　设置 IO 的权限

分别为登录用户与注销用户，组态一个名为"当前用户名"的文本域和一个 IO 域，如图 5-35 所示。

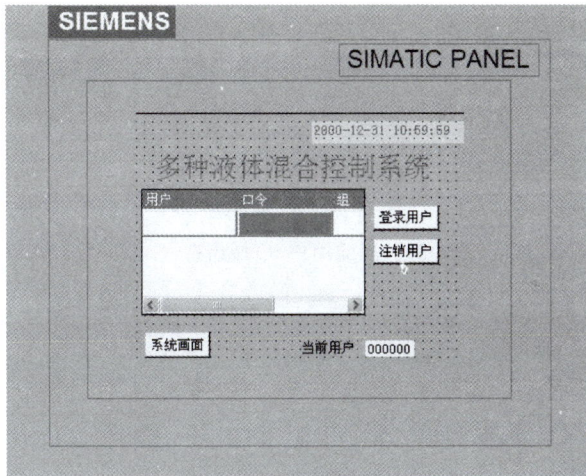

图 5-35　用户视图画面

单击登录用户按钮，有其属性"常规"项中，选择文本，输入"登录用户"，如图 5-36 所示。在其"事件→单击"项中执行系统函数 ShowLogonDailog，如图 5-37 所示。类似地，组态注销用户按钮时执行系统函数 Logoff。

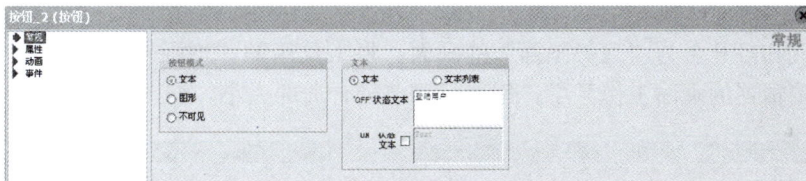

图 5-36　登录用户按钮组态（一）

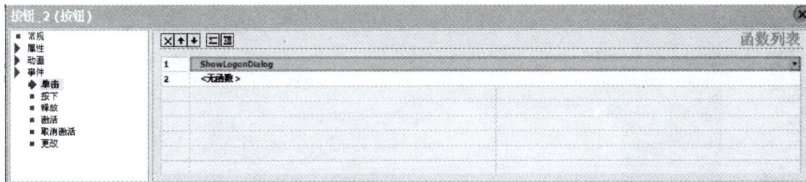

图 5-37　登录用户按钮组态（二）

下面对当前用户 IO 域进行组态。新建一个名为 string 的内部变量，数据类型为 string。在图 5-35 的画面中，选择当前用户 IO 域，常规项属性按照如图 5-38 所示设置。

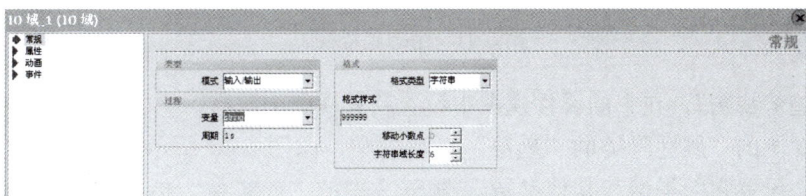

图 5-38　当前用户 IO 域组态（一）

选择属性中的"事件→激活",如图 5-39 所示,调用函数 GetUserName,变量设为 string,如图 5-40 所示,则运行时单击该 IO 域即可刷新得到用户名。

图 5-39 当前用户 IO 域组态(二)

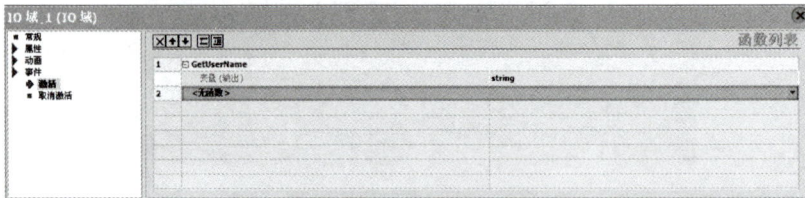

图 5-40 当前用户 IO 域组态(三)

## 三、趋势视图与配方组态

### 1. 趋势视图组态

首先生成和打开名为"趋势画面"的画面。将工具箱的"增强对象"中的"趋势视图"拖放到画面编辑器的画面工作区中,用鼠标调节到合适的大小,如图 5-41 所示。

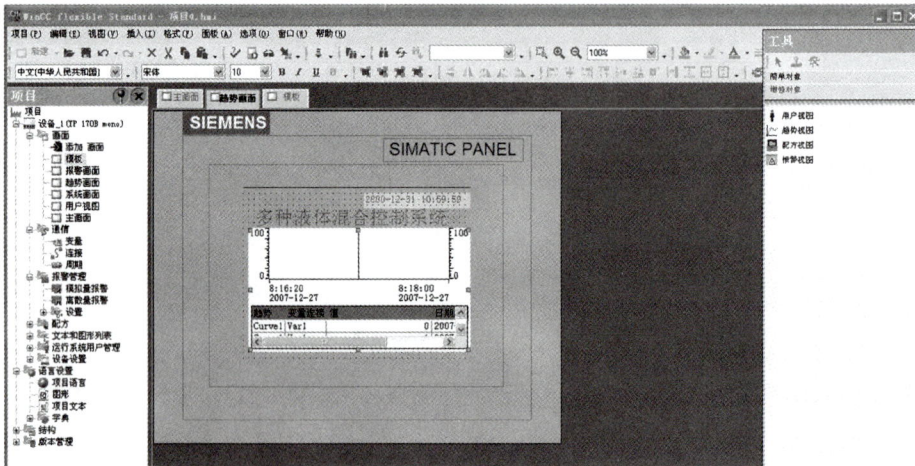

图 5-41 组态趋势视图

选中"趋势视图",在它的属性视图中设置趋势视图的参数。

在属性视图的"属性"类的"趋势"对话框中,如图 5-42 所示,单击一个空行,创建一个新趋势,设置它的类型和其他参数。图 5-42 中的"前景色"指曲线的颜色,"源设置"指要显示曲线的变量名。现设置一个实际液体总量趋势图,按如图 5-43 所示进行设置。

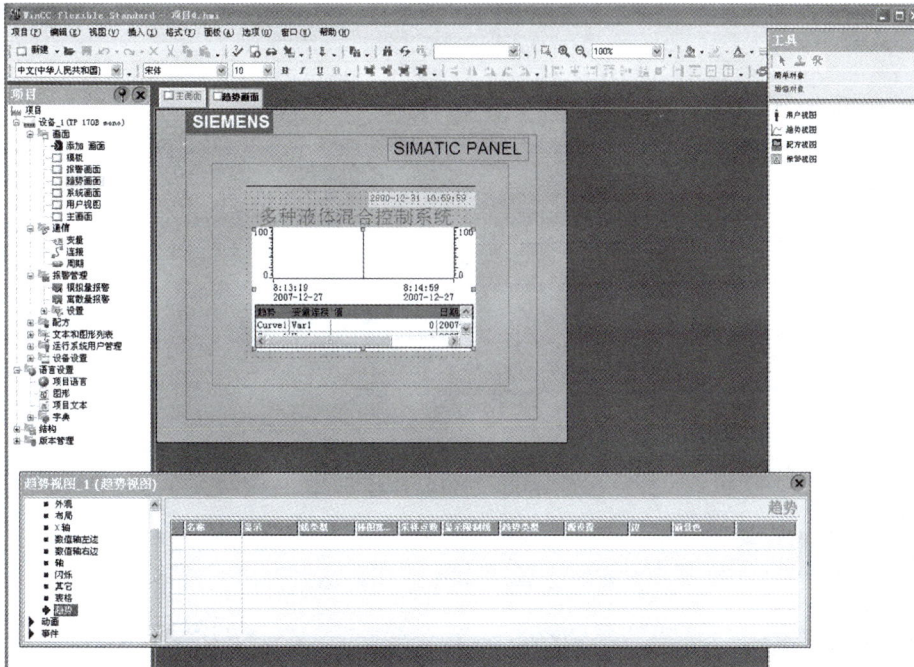

图 5-42　趋势视图组态（一）

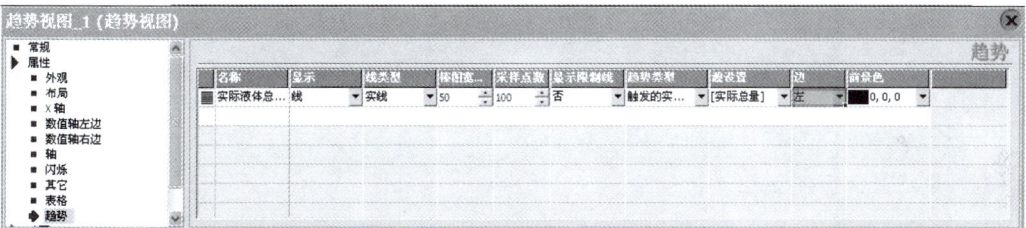

图 5-43　趋势视图组态（二）

另外，在"属性→X 轴"属性项，可以设置视图 X 时间轴的时间间隔，如图 5-44 所示。

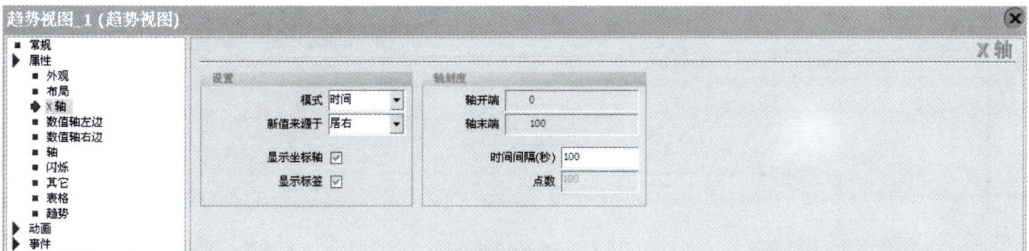

图 5-44　趋势视图组态（三）

2. 配方组态

配方是与某种生产工艺过程有关的所有参数的集合。下面组态配方，能实现液体 A 设定值、液体 B 设定值的各种数据组合。

首先建立一个配方画面，并能与系统画面进行画面切换，如图 5-45 所示。

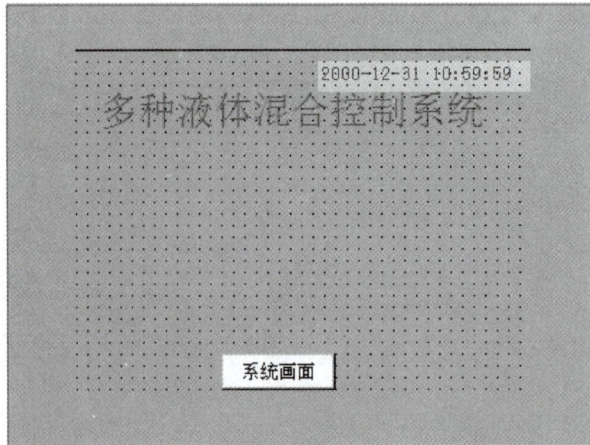

图 5-45　新建配方画面

在项目视图中双击"配方→新建配方",出现如图 5-46 所示画面,配方名称和显示名称设为"AB 混合",并在表中设置两种成分,分别为 A 液体设定值和 B 液体设定值。

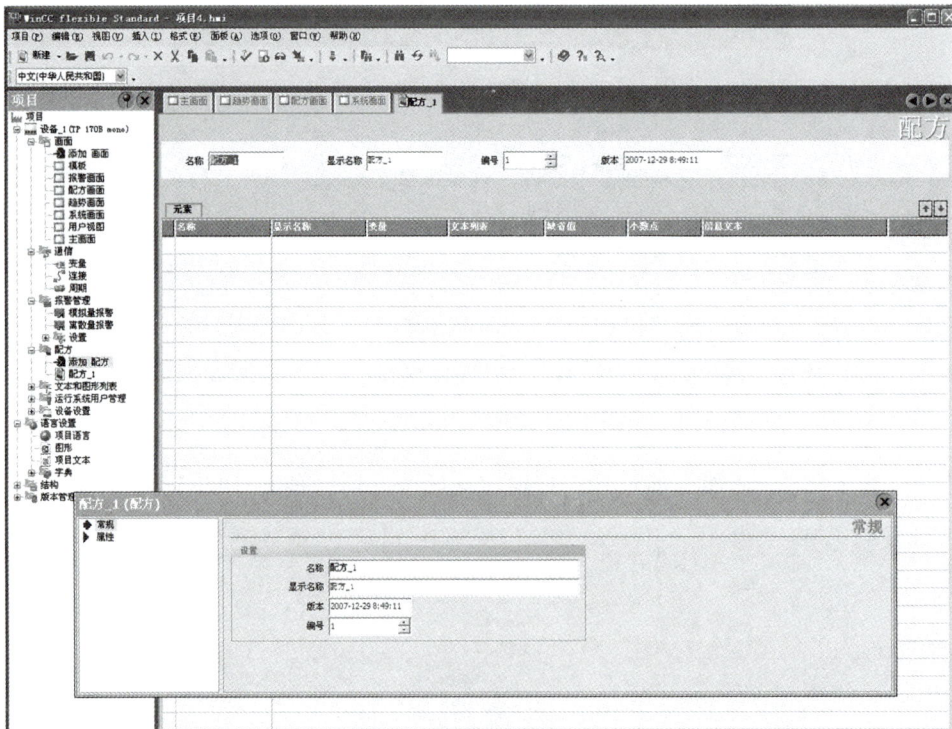

图 5-46　新建配方

单击图 5-47 表上方的"数据记录",设置数据记录表如图 5-48 所示。

进入配方画面,在工具箱的"增强对象"组中的"配方视图"图标放到画面中,然后适当调节配方视图的位置和大小,如图 5-49 所示。图中 █ 为新建配方记录,█ 为保存配方记录,█ 为删除配方记录,█ 为把配方记录数据下载到 PLC,█ 为把当前 PLC 中的数据上传至配方视图中。

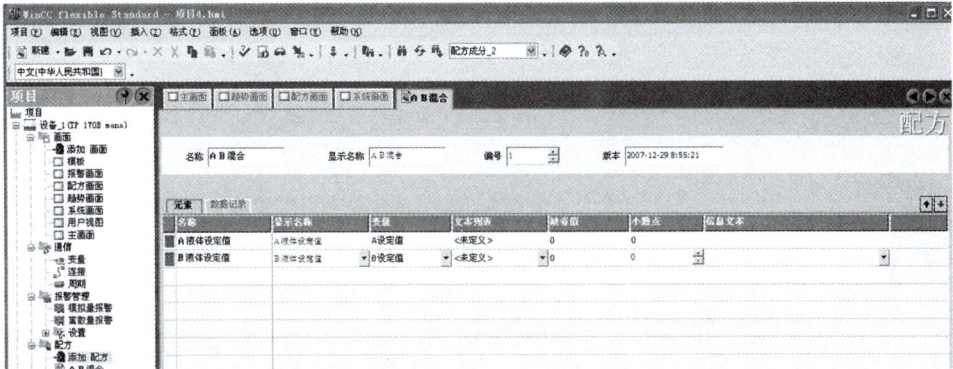

图 5-47　配方成分设置

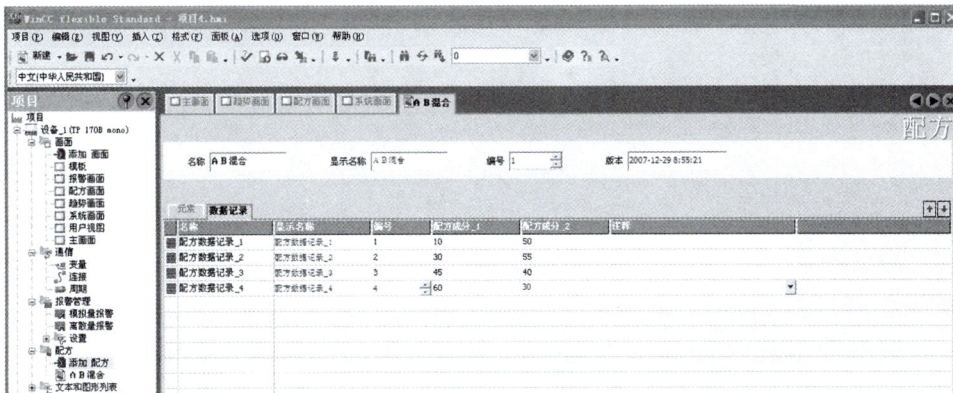

图 5-48　数据记录表

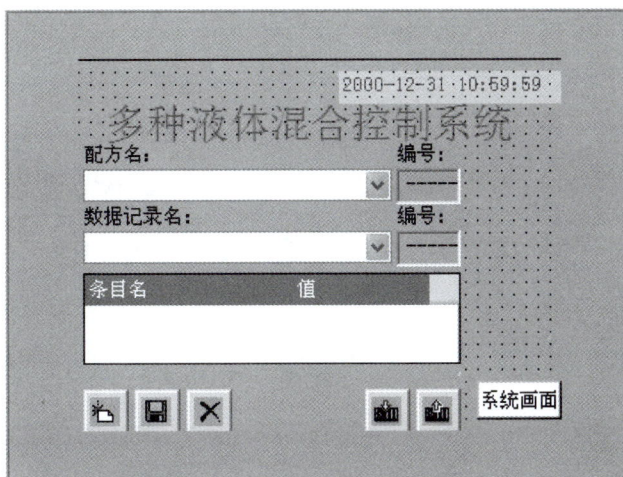

图 5-49　配方视图组态

**注意**　通过以上配方设置，A、B 液体的设定值可通过配方视图中进行设置，但此时系统画面中的相关 IO 域就只能显示数据，不能再进行设置。如要在系统画面中的 IO 域也可进行数据设置，则需在"AB 混合"配方的属性窗口"属性→选项"中不选择"同步变量"即可，如图 5-50 所示。

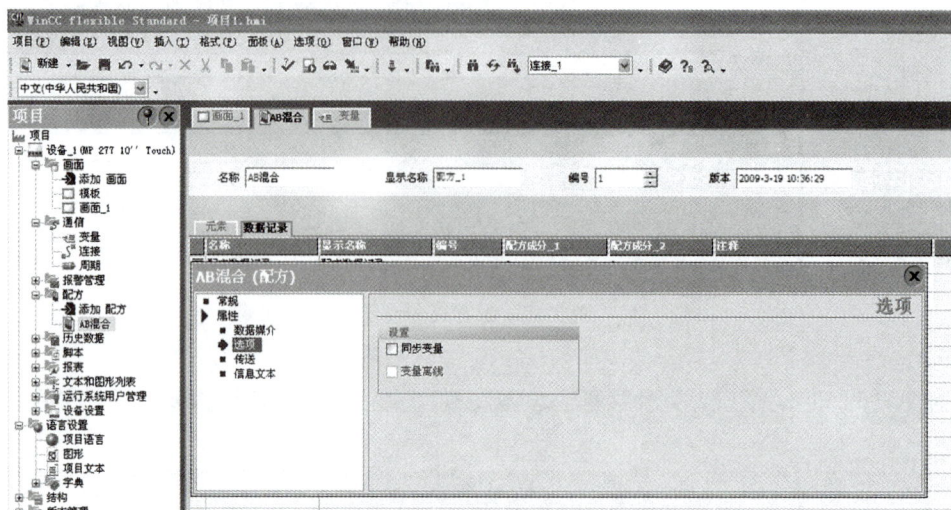

图 5-50　不选择同步变量

# 第二部分

## 三菱触摸屏

# 第六章
# 三 菱 触 摸 屏 概 述

## 第一节 三菱触摸屏的分类

### 一、三菱触摸屏类型

三菱的触摸屏（人机界面）主要有三大系列，GOT1000 系列、GOT-F900 系列和 GOT-A900 系列。GOT1000 又分为 GT15 和 GT11 两个系列。其中 GT15 为高性能机型，GT11 为基本功能机型。它们均采用 64 位处理器，内置有 USB 接口。对应 GOT1000 系列和 GOT-A900 系列的画面设计软件为 GT Designer2 软件。其中 GOT-F900 系列由于功能比较齐全，价格低廉，性能稳定，所以得到广泛应用，FX-PCS-DU/WIN 软件主要应用于 GOT-F900 系列触摸屏画面设计，GOT-F900 系列触摸屏也可用 GT Designer 来进行设计。本章介绍 GOT-F900 触摸屏的应用。

### 二、GOT-F900 触摸屏的类型和功能

GOT-F900 触摸屏目前常用的有以下几种类型：

（1）F930 GOT。F930 GOT 如图 6-1 所示。F930 GOT 只有 2 色，功能比较简单，主要有数值设置和监控功能，良好的信息显示功能，以及一般的开关信号输入和显示功能。

（2）F940GOT。F940GOT（5.7in 显示屏）如图 6-2 所示。有 2 色和 8 色。是目前最受欢迎的标准尺寸，F940GOT 是一种具有高级显示功能、报警处理能力及 PLC 顺序程序编辑功能的通用触摸屏。

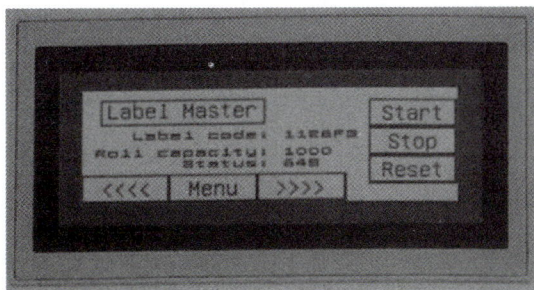

图 6-1　F930 GOT

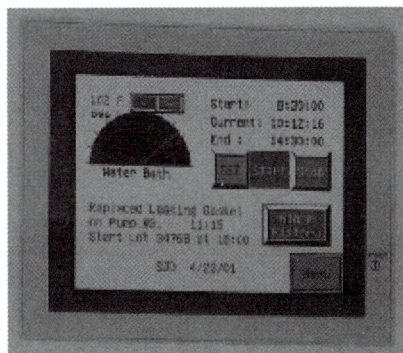

图 6-2　F940GOT（5.7in 显示屏）

（3）F940GOT 手持型。F940GOT 手持型（5.7in 显示屏）如图 6-3 所示。这种手持型

GOT 能在一个便携式单元中包含了 F940GOT 的一切功能，手持型 GOT 可以拿在手中、放于平面或是悬挂于墙上，非常适合于不便于固定的场合。

（4）F940GOT 宽型。F940GOT 宽型（7in 显示屏）如图 6-4 所示，16 色。功能上包含了 F940GOT 的一切功能，色彩更丰富，宽屏清晰显示器为在屏幕上显示附加信息或者扩大按钮便于输入数据提供了便利。

图 6-3　F940GOT 手持型（5.7in 显示屏）　　　　　图 6-4　F940GOT 宽型（7in 显示屏）

### 三、F900GOT 型号命名

型号命名提供的信息如下：

$$F9\square\ \square\ \square GOT-\bigcirc\ \bigcirc\ \underline{\bigcirc\bigcirc}-\bigcirc-\bigcirc-\bigcirc$$
$$①②③\qquad\quad ④⑤\ ⑥\quad\ ⑦\ \ ⑧\ \ ⑨$$

① 2～3in

3～4in

4～5.7in（在 F940WGOT 中为 7in）

② PLC 的连接规格。

0——RS-422，RS-232 接口。

3——RS-232C×2 通道接口。

在便携式 GOT 情况下，0——RS-422 接口，3——RS-232C 接口。

③ 画面形状。None——标准型，W——宽面型。

④ 画面色彩。T——TFT 256 色 LCD；S——STN 8 色 LCD；L——STN 黑白色 LCD；D——STN 蓝色 LCD。

⑤ 面板色彩。W——白色；B——黑色。

⑥ 输入电源规格。D——24V 直流电；D5——5V 直流电。

⑦ 类型。None——面板表面安装类型；K——附带多种键区。

⑧ None——面板表面安装类型；H——便携式 GOT。

⑨ 海外型号。

E——在系统画面上可以显示英语或者日语。用户画面上可以显示汉语（简/繁）还可以显示韩语及一些西欧国家语言，如法语、德语等。

C——在系统画面上可以显示汉语或者英语。在用户画面上可以显示日语、韩语及一些西欧国家语言，如法语、德语等。

T——在系统画面上只有英语，在用户画面上可以显示英语和汉语（简/繁）。

如：F940GOT-LWD-C。表示屏幕大小是 5.7in，接口是一个 RS-422 和一个 RS-232C，画面形状为标准型，色彩是黑白两色，面板为白色，电源规格是直流 24V，面板表面安装类型，系统画面语言可以是汉语，用户画面也可以是汉语或其他国家的语言。

## 第二节　触摸屏与外围设备的连接

### 一、F900GOT 的通信接口

F900GOT 各种类型的触摸屏的通信接口如图 6-5 所示。

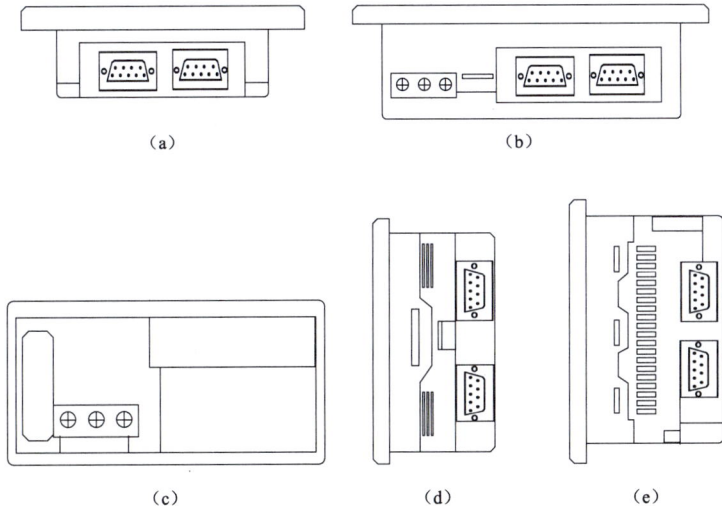

图 6-5　F900GOT 的各型号的通信接口
(a) F920GOT-K；(b) F930GOT-K；(c) F930GOT；(d) F940GOT；(e) F940WGOT

（1）连接 PLC 端口（RS-422）9 针 D-sub，阴型。可以通过 RS-422 连接 PLC，也可以通过这个端口连接两个或更多个 GOT 模块（F920GOT-K 除外）。

（2）连接个人计算机/PLC 端口（RS-232C）9 针 D-sub，阳型。连接个人计算机利用画面设计软件创建画面数据；也可以利用这个端口连接 PLC 或微机主板（在 F920GOT-K 型中，只有 Q 系列 PLC 能连接）；也可以通过这个端口连接两个或更多个 GOT 模块（通过 RS-232C）、条码阅读器或打印机（F920GOT-K 除外）。

（3）PLC 端口（RS-232C）9 针 D-sub，阳型。连接 PLC 或微机主板；也可以通过这个端口连接两个或更多个 GOT 模块（通过 RS-232C）、条码阅读器或打印机。

（4）个人计算机端口（RS-232C）9 针 D-sub，阳型。连接个人计算机利用画面设计软机创建画面数据，或者连接条码阅读器、打印机。本端口不能用来连接 PLC。

## 二、F900GOT 和外围设备相连

### 1. 与 FX 系列 PLC 的连接

（1）CPU 直接连接（RS-422）。F900GOT 连接到 FX 系列 PLC 的编程口。当个人计算机连接到 F900GOT 就可以建立梯形图程序或屏幕设计软件，如图 6-6 所示。

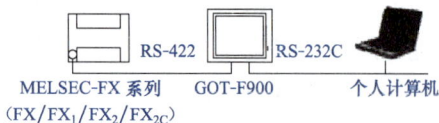

图 6-6　F900GOT 和 PLC 的编程口相连

如果通过可选的 RS-422 通信板，可以增加一个编程口，因此每一各端口可以连接一个 GOT 或个人计算机（建立梯形图程序或屏幕设计软件，F920GOT-K 除外），如图 6-7 所示。

（2）CPU 直接连接（RS-232C）。通过添加 RS-232C 通信板，可以增加编程口，因此每一个端口可以连接一个 GOT 或个人计算机（梯形图程序或屏幕设计软件），仅当 GOT 装有两个 RS-232 通道时，才可以连接个人计算机、打印机或条码阅读器，F920GOT-K 除外，如图 6-8 所示。

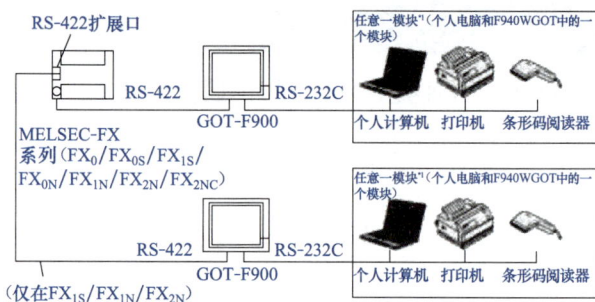

图 6-7　通过 RS-422 连接 GOT

（3）两个或更多个 GOT 模块（F920GOT-K 除外）的连接。至少四个 GOT 模块可以连接到 FX 系列 PLC 的编程口（FX$_0$/FX$_{0S}$/FX$_{1S}$/FX$_{0N}$/FX$_{1N}$/FX$_{2N}$/FX$_{2NC}$）或可选通信端口（FX$_{1S}$/FX$_{1N}$/FX$_{2N}$/FX$_{2NC}$），如图 6-9 所示。

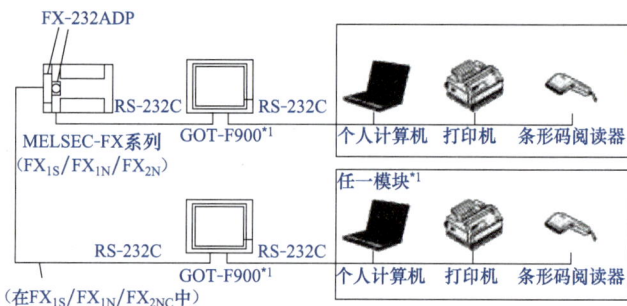

图 6-8　GOT 通过 RS-232C 和外围设备相连

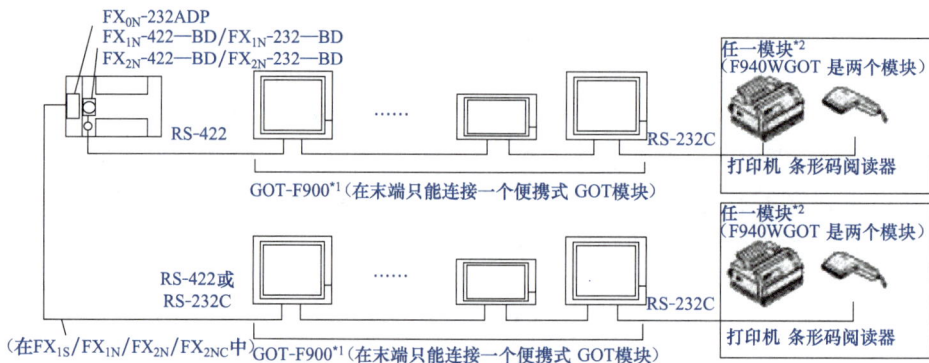

图 6-9　多个 GOT 模块和 PLC 相连

## 2. Q/QnA/A 系列 PLC

（1）CPU 直接连接（RS-422）。F900GOT（F920GOT-K 除外）连接到 Q/QnA 系列 PLC 的编程口或运动控制器模块接口，当个人计算机连接到 F900GOT，就可以直接编程，如图 6-10 所示。当串行通信模块和 CPU 模块相连时，F900GOT 只能和两个接口中的一个相连，将两个 F900GOT 连接到一个串行通信模块是不允许的。

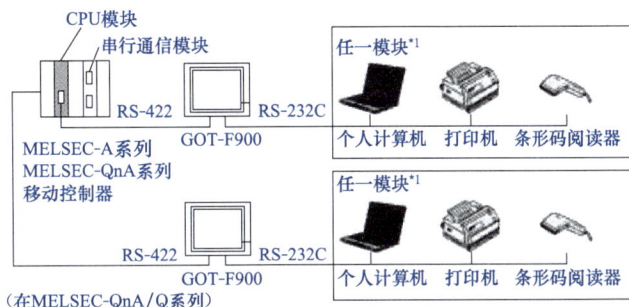

图 6-10　CPU 直接连接（RS-422）

（2）CPU 直接相连（RS-232C）。F900GOT（F920GOT-K 除外）连接到 Q 系列 PLC 的编程口或 Q/QnA 系列 PLC 的串行通信模块，当个人计算机连接到 F900GOT 时，就可以直接编程。（仅当 GOT 模块上装有两个 RS-232C 端口时才能连接个人计算机、打印机或条码阅读器）当串行通信模块和 CPU 模块相连时，F900GOT 只能和两个接口中的一个相连，将两个 F900GOT 连接到一个串行通信模块是不允许的，如图 6-11 所示。

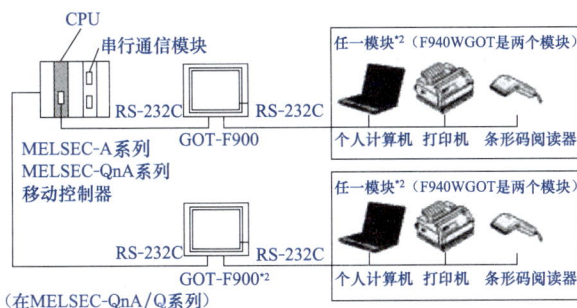

图 6-11　CPU 直接相连（RS-232C）

（3）两个或多个 GOT 模块的连接。在 A/QnA 系列 PLC 中，至多 4 个 F900GOT（F920GOT-K 除外）模块可以连接到 PLC 的编程接口，或者串行通信模块接口，如图 6-12 所示。对于串行通信模块，F900GOT 只能连接其中的一个，而不能同时占用两个接口。

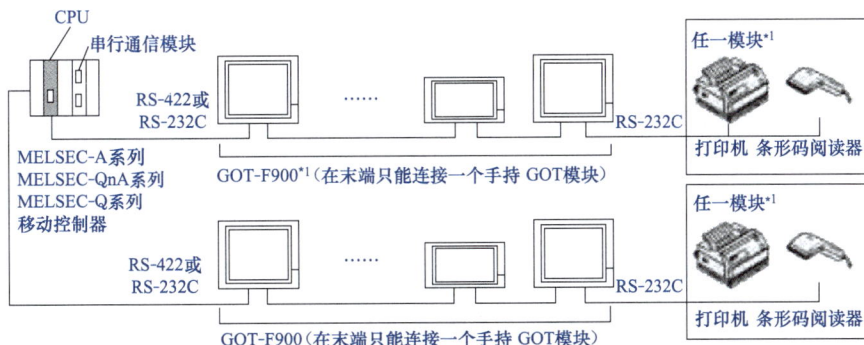

图 6-12　两个或多个 GOT 模块和 PLC 相连

## 3. F900GOT 和 FX 定位模块相连（10GM/20GM）

F900GOT（F920GOT-K 除外）可以直接和 FX 定位模块（10GM/20GM）的编程口（RS-422）相连，通过 GOT 的 RS-232C 接口，可以和个人计算机、打印机或条码阅读器相连，如图 6-13 所示。

4. F900GOT 和 FREQROL 系列变频器相连

F900GOT（F920GOT-K 除外）和 FREQROL 系列变频器内置的 PU 端口相连，如图 6-14 所示，一台 F900GOT 最多可以连接 32 台变频器。

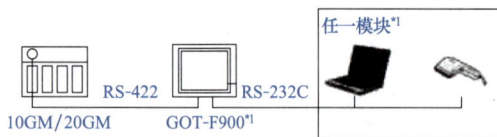

图 6-13 F900GOT 和 FX 定位模块相连

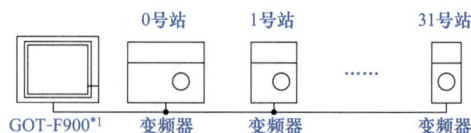

图 6-14 F900GOT 和 FREQROL 系列变频器相连

5. 和其他公司的 PLC 相连

（1）欧姆龙 PLC。F900GOT（F920GOT-K 除外）可以连接到 SYSMAC C 系列（C200H/CQM1/CS1）具有上位链接通信功能的端口，如图 6-15 所示。

（2）富士电气 PLC。F900GOT（F920GOT-K 除外）可以连接到 FLEX-PC N 系列（NB/NJ/NS）PLC 的链接模块，如图 6-16 所示。

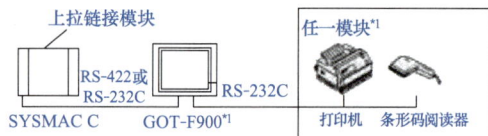

图 6-15 F900GOT 和欧姆龙 PLC 相连

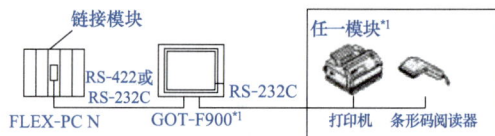

图 6-16 F900GOT 连接富士电气 PLC

（3）西门子 PLC。F900GOT（F920GOT-K 除外）可以通过 HMI 适配器连接到 SIMATIC S7-300 系列 CPU。通过 PC/PPI 电缆连接到 SIMATIC S7-200 系列 CPU，如图 6-17 所示。注意：只有当 GOT 模块装有两块 RS-232C 通道时，才能连接个人计算机、打印机或条码阅读器。

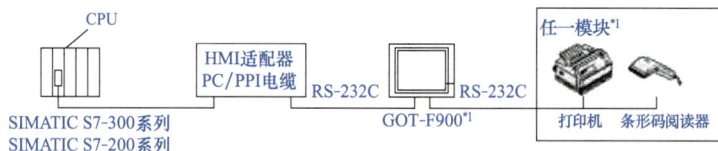

图 6-17 F900GOT 连接西门子 PLC

## 三、F900GOT 模块通信接口及数据连接线

（1）通信接口的针脚布置。F930GOT/F930GOT-K/F940GOT/F940WGOT 内置的串行接口的针脚布置如图 6-18 所示。

（2）F900GOT 通信接口各针脚的功能如表 6-1 所示。

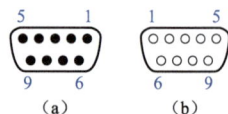

图 6-18 F900GOT 通信接口针脚平面布置图

（a）RS-422，9 针 D-sub，阴型；

（b）RS-232C，9 针 D-sub，阳型

表 6-1            F900GOT 通信接口各针脚的功能表

| D-sub 针脚号 | RS-422 | RS-232C | 应　用 |
|:---:|:---:|:---:|:---:|
| 1 | TXD+（SDA） | NC | |
| 2 | RXD+（RDA） | RD（RXD） | |
| 3 | RTS+（RSA） | SD（TXD） | |
| 4 | CTS+（CSA） | ER（DTR） | |
| 5 | SG（GND） | SG（GND） | 与 PLC 通信的信号线 |
| 6 | TXD−（SDB） | DR（DSR） | |
| 7 | RXD−（RDB） | RS（RTS） | |
| 8 | RTS−（RSB） | CS（CTS） | |
| 9 | CTS−（CSB） | 用户不可使用 | |

电脑与触摸屏通信线的连接如图 6-19 所示。

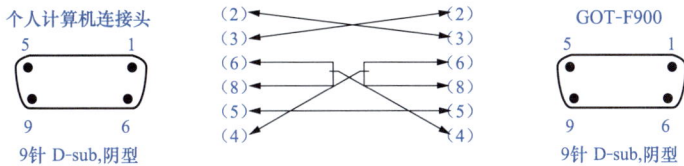

图 6-19 电脑与触摸屏的通信连接

触摸屏与 FX 系列 PLC 的通信线连接如图 6-20 所示。

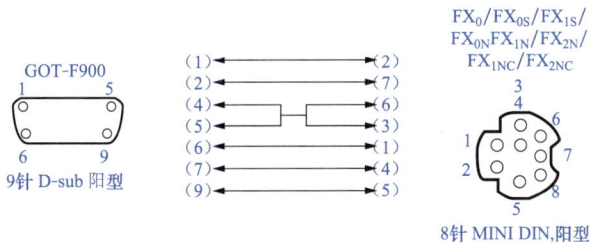

图 6-20 触摸屏与 FX 系列 PLC 的通信线连接

# 第七章
# 三菱触摸屏组态软件

三菱 GT Designer2 Version 2 中文版（以下简称 GT 软件），是目前国内比较高的版本，能够对三菱全系列的触摸屏进行编程。和 GT Simulator2 Version 1（GT 模拟仿真）软件以及 GX-Developer、GX Simulator6-C（三菱 PLC 编程及仿真软件）一起安装，能在个人电脑上仿真触摸屏运行，对项目调试带来很大的方便。

## 第一节 三菱触摸屏仿真软件的安装

GT 软件含有两个文件夹，如图 7-1 所示，其中 GT2-2 是图形编程软件，GT Simulator2 Version 1 是模拟仿真软件。在安装以上软件之前要先装三菱 PLC 编程 GX-Developer 和仿真软件 GX Simulator6-C。安装时打开 GT2-2，该文件又含有两个文件夹，先安装 EnvMEL/SETUP. EXE，再安装 GTD2/SETUP. EXE。安装完成后再安装 GT Simulator2 Version 1/SETUP. EXE。由于该软件仿真运行时，要依靠三菱 PLC 仿真软件（GX-DEVELOPER-V8.52 和 GX Simulator6-C），所以要把这些文件装在同一目录下，这样整个软件安装完成。单击"开始"→"程序"→"MELSOFT 应用程序"，看到如图 7-2 所示界面。GX Developer、GT Designer2 和 GT Simulator2 在同一路径，这样仿真软件可以运行。

图 7-1　触摸屏仿真软件的内容

图 7-2　软件安装完成后的打开路径

## 第二节 触摸屏软件画面

### 1. 系统画面的组成

GOT 触摸屏的画面由系统画面和用户画面组成。系统画面是触摸屏制造商设计来监控、报警、数据采集用的，包括监视功能、数据采集功能和报警功能。用户画面是用户根据具体的控制要求设计制作的监控画面，包括显示功能、监视功能、开关功能和数据变更功能。画面的组成如图 7-3 所示。

按触摸屏屏幕左上方（默认位置）的菜单画面呼出键（该键的位置用户可任意设置），即可显示系统画面主菜单。

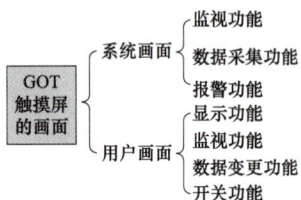

图 7-3　GOT 画面的组成

主菜单画面如图 7-4 所示，包括画面状态、HPP 状态、采样状态、报警状态、检测状态和其他状态。

画面状态是用来显示用户画面制作软件（如 GT Designer）制作的画面状态，实现系统画面和用户画面的切换。

HPP 状态是对连接 GOT 的可编程控制器进行程序的读写、编辑、软元件的监视及软元件的设定值和当前值的变更等，其操作类似于 FX-20P 手持式编程器。

| [主菜单] | 终止 |
|---|---|
| 画面状态 | |
| HPP状态 | |
| 采样状态 | |
| 报警状态 | |
| 检测状态 | |
| 其他状态 | |

图 7-4　主菜单画面

采样状态是通过设定采样的条件，将收集到的数据以图表或清单的形式进行显示。

报警状态是触摸屏可以指定可编程控制器位元件（可以是 X、Y、M、S、T、C，但最多 256 个）为报警元素。通过这些位元件的 ON/OFF 状态来显示画面状态或报警状态。

检测状态可以进行用户画面一览显示，可以对数据文件的数据进行编辑，也可以进行触摸键的测试和画面的切换等操作。

其他状态具有设定时间开关、数据传送、打印输出、关键字、动作环境设置等功能，在动作环境设定中可以设定系统语言、连接可编程控制器的类型、通信设置等重要的设定功能。

2. 制作用户画面的软件界面

GT 软件的软件界面如图 7-5 所示，包括标题栏、菜单栏、主工具栏、设计画面、工程属性窗口、对象属性窗口等。工具栏又分为视图工具栏和图形对象工具栏等，如图 7-6 所示。

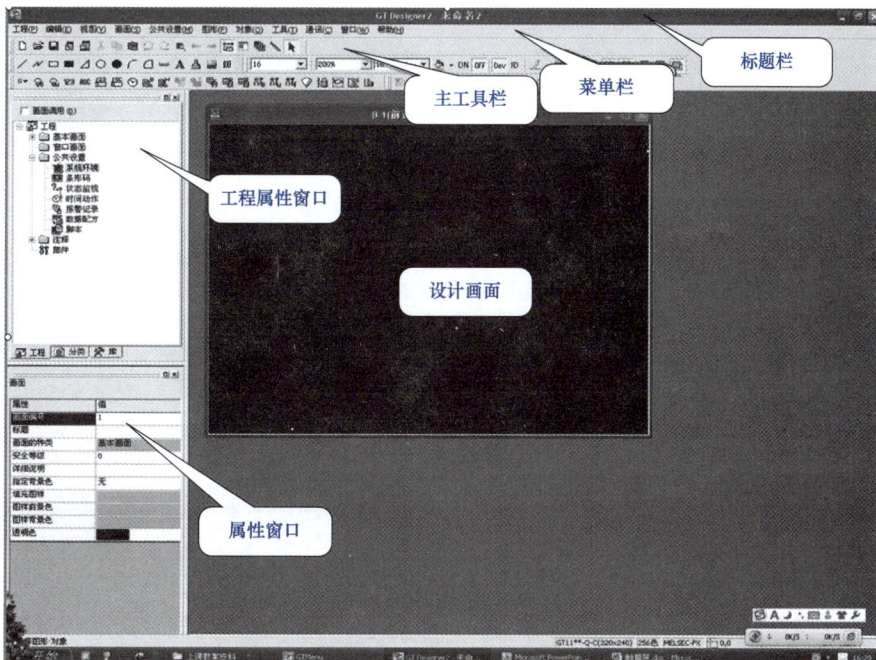

图 7-5　GT 软件的软件界面

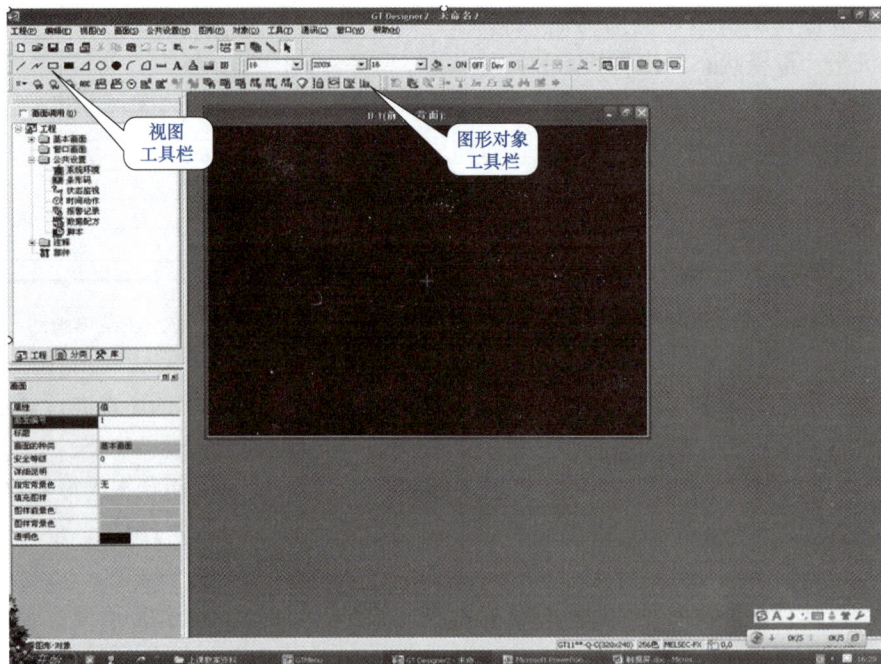

图 7-6　视图工具栏和图形对象工具栏

视图工具栏上的按钮，可以用来制作一些画面对象，如画一个矩形或圆圈等图形。图形对象工具栏上的按钮，可以用来修改对象的属性。

# 第八章
# 三菱触摸屏 GT 软件组态技术

组态软件使用时，首先是建立新工程，然后根据控制要求组态画面和画面中的各种对象。本章以一个实际案例的操作为例来讲解 GT 软件的组态技术。

## 一、建立新工程

单击"开始"→"程序"→"MEL-SOFT 应用程序"→"GT Designer2"，打开软件，弹出工程选择对话框，如图 8-1 所示，单击"新建"按钮，出现新建工程向导，如图 8-2 所示，根据向导提示，在该向导中，可以选择触摸屏的类型、PLC 类型、PLC 和触摸屏的连接方式以及画面切换软元件设置。例如，触摸屏的型号选择 A960GOT（640×400）、PLC 的型号选择 MELSEC-FX 系列，基本画面切换选择 D0，重叠窗口 1 选择 D1，重叠窗口 2 选择 D2，重叠窗口选择 D3。设置完毕单击"结束"按钮，弹出画面属性设置对话框，如图 8-3 所示。在基本属性栏设置中，首先设置画面的编号，一般从 1 开始设计画面；第二是在标题栏中输入画面的

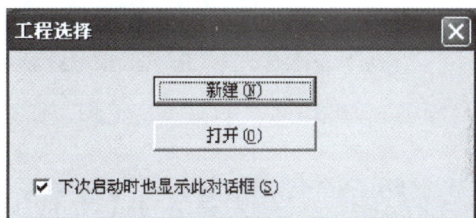

图 8-1　工程选择对话框

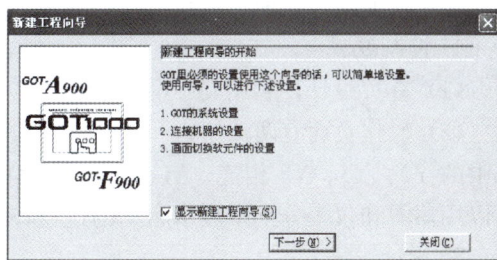

图 8-2　新建工程向导

名称；第三选择画面的种类，可以选择基本画面或窗口画面，如选择窗口画面，可以设置窗口画面的大小，一般小于基本画面，窗口画面相当于是基本画面的补充，比如系统的报警原因，可以设计在窗口画面中，当出现报警条件时，窗口画面自动弹出，表明报警原因。第四是安全等级，缺省是 0 级，0 级没有密码保护功能，除此以外有 1～15 个级别，15 是最高级，每个级别都可以有不同的保护密码。第五是详细说明，可以输入文字说明画面的功能等。第六是指定背景色，可以改变画面的背景色、前景色和填充图案。辅助设置和按键窗口两栏一般不用设置，单击"确定"按钮，画面设置完毕。如图 8-4 所示，其中黑色部分为画面设计区，选择不同型号的触摸屏，设计区的大小不同。

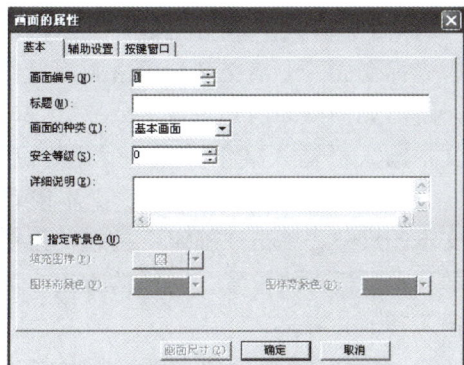

图 8-3　画面属性设置对话框

图 8-4　GT 软件设计界面

## 二、应用案例：星-三角降压启动的控制

GT 软件的功能非常强大，使用比较复杂，为了方便说明软件的应用，我们通过一些案例的应用来说明，下面通过我们熟悉的星-三角降压启动来进行说明。

1. 控制要求

（1）首页设计，利用文字说明工程的名称等信息，触摸任何地方，能进入到操作页面。

（2）操作页面有两按钮，一个是启动按钮，另一个是停止按钮；三个指示灯，分别和程序中的 Y0、Y1、Y2 相连；启动时间的设置；启动时间显示。为了动态地表示启动过程，可以用棒图和仪表分别来显示启动的过程；两页能自由地切换。

2. 设计过程

（1）设计首页。

1）打开软件，新建文件，如图 8-4 所示。选择触摸屏的型号为 A960GOT（640×400），PLC 的类型为三菱 FX 系列，文件名称是"星三角启动"。

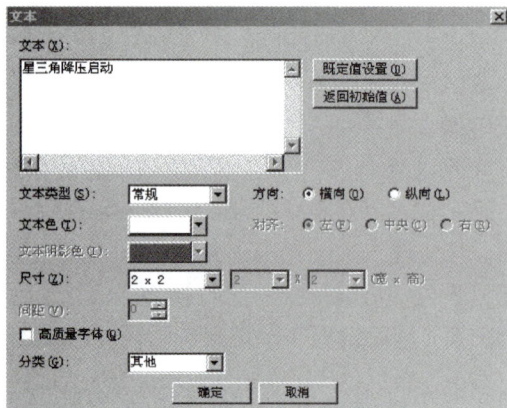

图 8-5　文本输入对话框

2）文字输入。单击工具栏中的 **A**，此时光标变成了十字交叉，单击画面设计区，跳出如图 8-5 所示文本输入对话框，在文本输入栏输入文字"星-三角降压启动"。选择文本的类型、方向、文本颜色和文本的尺寸，单击"确定"按钮，再把文本移动到适当的位置。同样的方法，可以输入其他文字。

3）设计时钟和日期，单击工具栏中的快捷工具 ⊙，光标变成十字交叉，在画面设计区单击一下，出现 22:16 ，单击工具栏中的 ，使光标变回箭头，双击时钟，弹出时刻显示对话框，如图 8-6 所示，在该对话框中，可以选择日期/时刻，数值的尺寸、颜色、图形等。

4）画面切换按钮制作。要求在该页面中覆盖一个透明的翻页按钮，这样触摸到任何位置都能进行画面切换。单击工具栏中开关按钮 s▼，弹出开关功能选择图如图 8-7 所示，选择第一行第四个画面切换开关，光标变成十字交叉，在画面设计区单击，出现绿色方框，让光标变回箭头

图 8-6 时钟/日期设计对话框

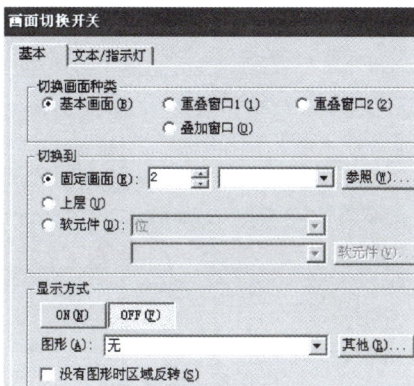

图 8-7 开关功能选择

型，双击绿色框，弹出画面设置切换开关对话框，如图 8-8 所示，在该对话框中，切换画面的种类选择"基本画面"；切换到固定画面序号写"2"；按钮的图形选择"无"。单击"确定"按钮，再把按钮拉到覆盖整个画面的大小。首页制作完成，如图 8-9 所示。

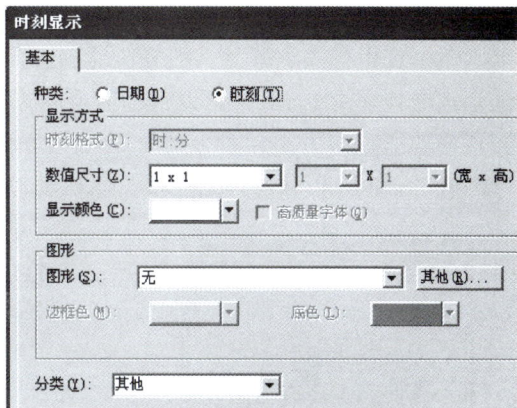

图 8-8 画面切换开关对话框

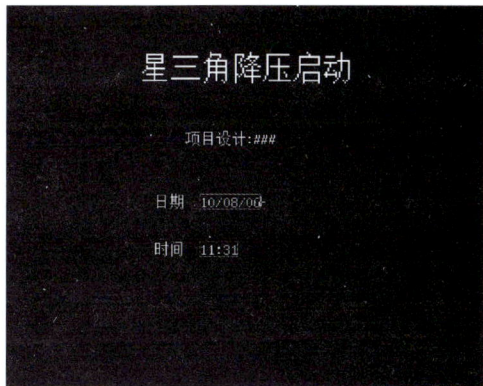

图 8-9 首页设计

（2）设计操作页面。

1）新建页面。单击工具栏 ，跳出画面属性对话框，画面编号为 2，标题为操作页面，安全等级为 0，单击"确定"按钮，画面 2 建立完毕。

2）制作控制按钮、指示灯。根据 PLC 的控制梯形图，启动信号为 M0，停止信号为 M1。GT 软件有一个丰富的图库，图库中的图形形象逼真，我们可以直接调图库中的图形作为各种开关、按钮和指示灯等。单击画面左侧 库，跳出库列表框（见图 8-10），列表中有 Lamp（灯）、Switch（开关）、Figure（图形）、Key（键盘）、Special Parts（特殊图形）。双击 Switch

图 8-10 库列表框

（开关），拉出所有有关开关的列表，双击其中任一行，则弹出各种开关的外形，如图 8-11 所示。单击其中任一个开关，把光标移到画面设计区，单击，则开关画在了设计区。同样的方法，选择列表中 Lamp，可以在画面中制作各种指示灯，然后在每个按钮和指示灯下标明该器件的功能，如图 8-12 所示。

3）按钮和 PLC 软器件的连接。以启动按钮 MO 为例。双击按钮，弹出多用动作开关设置对话框如图 8-13 所示，单击 [位(B)...]，弹出动作（位）设置对话框（见图 8-14），单击 [软元件(Y)...]，选择软元件 M0，动作设置选择交替。单击"确定"按钮，在多用动作设置栏中出现"1 电动 M0"，单击确定，启动按钮 M0 设置完毕。同样的方法，可以设置停止按钮 M1。

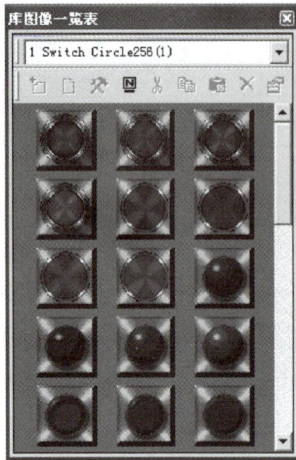

图 8-11　圆形按钮图形

图 8-12　制作的按钮指示灯画面

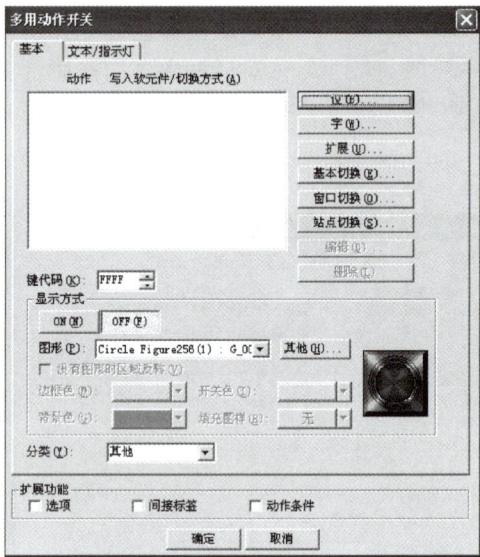

图 8-13　多用动作设置开关对话框

4）指示灯和 PLC 连接。双击指示灯，如 Y0，弹出指示灯显示位对话框，如图 8-15 所示，单击 [软元件(Y)...]，弹出软元件设置对话框，选择 Y0，单击"确定"按钮。元件设置完毕后，在指示灯上能看到该元件的元件明称。用同样的方法，设置 Y1、Y2。

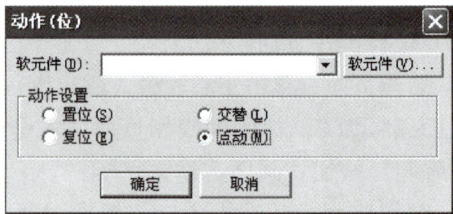

图 8-14　位元件设置对话框

5）指示灯和开关的制作还可以通过工具栏中的 [S▼] [灯] 制作，其中 [S▼] 是设计各种开关按钮，[灯] 是制作指示灯，具体操作方法和前面所讲的方法相似，读者可以自己研究。

6）数据输入和显示设计。在使用触摸屏时，经常要在触摸屏中设置数据输入到 PLC 中，或把 PLC 中的数据显示出来。本例中是设置 D200，作为星三角形启动的延时时间。单击工具栏中的 123 或者 图，光标变成十字交叉，在画面设计区单击一下，出现 012345 数据框，再单击工具栏中的 ，光标变回箭头，双击数据框，弹出数值设置对话框，如图 8-16 所示。在该对话框中，首先选择"数值显示/数值输入"。在星三角启动中，D200 的数值需要在触摸屏上设置，所以设置 D200 时，选择"数值输入"。而 T0 的当前值需要显示出来，但不能更改，所以选择"数值显示"。在显示方式栏中，可以设置数据类型，一般选择"有符号 10 进制数"，

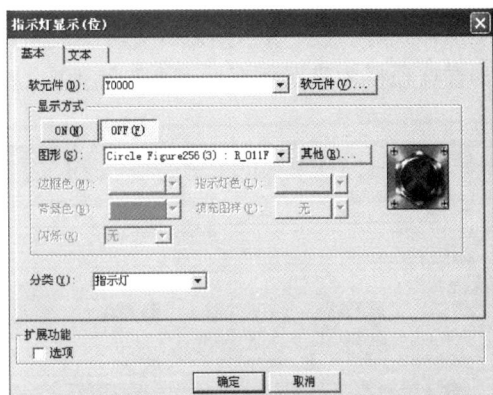

图 8-15　指示灯设置对话框

数值颜色、显示位数、数值尺寸、是否闪烁等可以根据自己的需要进行设置，设置完毕单击"确定"即可。用同样的方法可以设置 T0。设置完毕后，在数据框中有软元件的编号（见图 8-17），如果是选择"数据输入"的，在运行时，单击该数据，会自动跳出一个键盘，如图 8-18 所示，输入数据，单击 ，就能把数据输入。

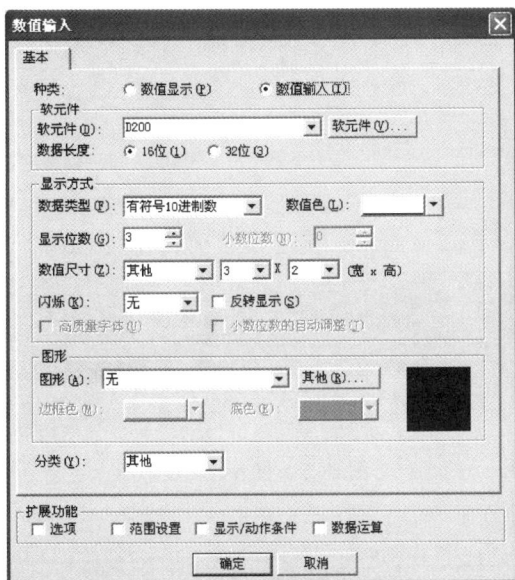

图 8-17　已经建立连接的数据

图 8-16　数据设置对话框

图 8-18　输入数字的键盘

7）棒图设计。为了动态地反应启动过程，使画面有动感，通常使用一些棒图来表示，本软件中称液位控制，液位会随着 PLC 内的数据变化而变化。制作方法：单击工具栏中的 ，把鼠标在画面中单击，出现液位框 ，根据液位填充的方向拉动液位框，双击液位框，弹出液位设置对话框，如图 8-19 所示。点击软元件 软元件(0)... ，在软元件设置对话框中设置 T0，在显示方式栏中设置各种颜色，显示方向设置向右，上限设置为 D200，下限设置为 0，单击"确定"按钮，液位图设置完毕。

8）仪表显示设计。我们把程序中 T0 的数值通过仪表来表示（见图 8-20）。单击工具栏中的仪表 ，在画面设计区单击一下鼠标，出现一个仪表图标，如图 8-21 所示，双击该图

标，弹出仪表设置对话框，如图 8-22 所示，在"基本"项目栏中设置软元件名称，显示方式，图形样式等。在"刻度/文本"栏中设置刻度，如图 8-23 所示。把扩张功能的"选项"勾上，在选项栏中设置数据类型和刻度值，如图 8-24 所示。刻度上限是 200，下限是 0。

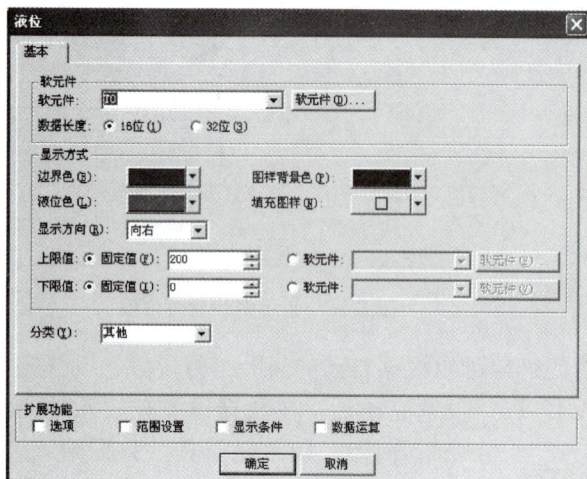

图 8-19　液位设置对话框

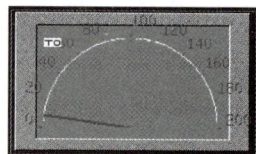

图 8-20　仪表盘

图 8-21　仪表图标

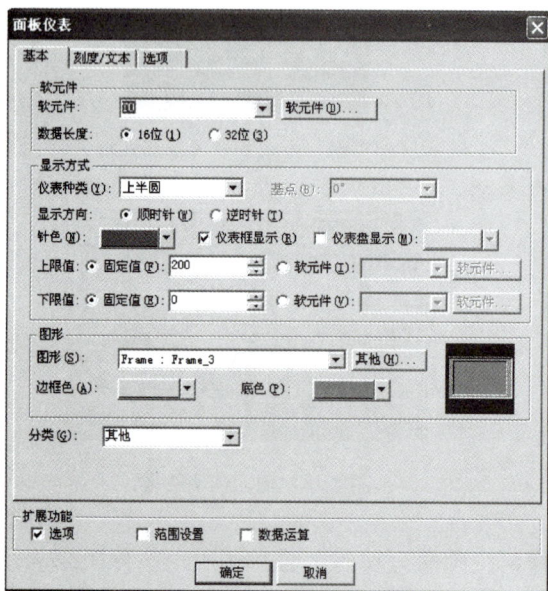

图 8-22　仪表设置对话框

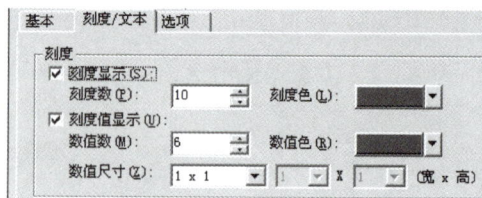

图 8-23　仪表的刻度显示

图 8-24　仪表的选项栏中设置

图 8-25　画面切换按钮图

9）画面切换按钮制作（见图 8-25）。单击工具栏中的开关按钮 **s▾**，弹出图 8-9 的开关功能选项，选择第四个画面切换开关 █，单击设计画面，出现开关图形，使光标变成箭头后双击该图形，弹出画面切换开关设置对话框，如图 8-26 所示。在画面种类中选

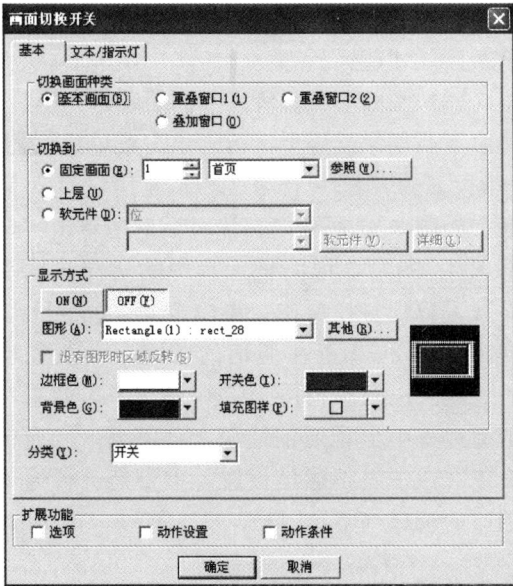

图 8-26　画面切换开关对话框

择"基本画面";切换固定画面选择"1 首页"。按钮的形状和颜色根据需要进行设置,在本例中选择"Rectangle(1):rect＿28"。再单击"文本/指示灯"。在按钮为 OFF 状态时选择显示文本"返回首页",这样按钮制作完毕。适当整理画面,使各个器件排列整齐美观,单击"保存"按钮,如图 8-27 所示。

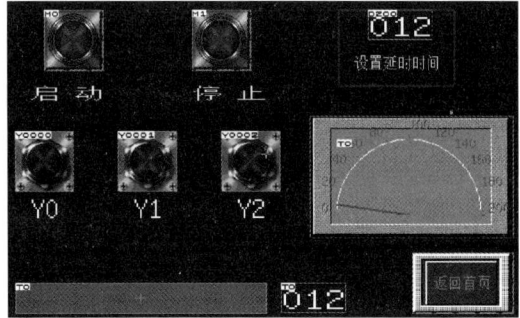

图 8-27　画面 2-操作画面

### 3. 画面运行

利用 GT 软件进行编程时,设计好画面后,可以先在电脑上仿真调试,调试完毕后,再下载到触摸屏,这样可以节省时间。仿真运行时,必须在电脑上安装好 PLC 软件及其仿真软件(GX-Developer 和 GX Simulator6-C)。仿真运行操作方法如下:

(1) 设计好 PLC 的控制程序,并仿真运行。在本例中星三角降压启动控制梯形图如图 8-28 所示。

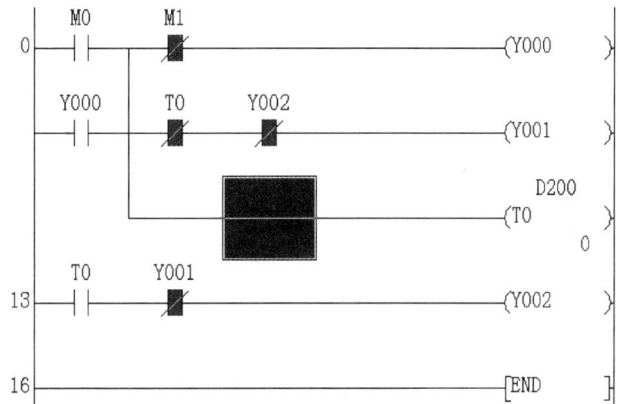

图 8-28　星三角降压启动控制梯形图

(2) 打开 GT 的模拟仿真软件 GT Simulator2。单击该软件工具栏中的打开按钮，根据画面的存储路径,打开已编好的画面,软件自动读取画面,如图 8-29 所示。读取完毕后,就可以运行,用鼠标单击相应的按钮,可以听到"嘀"的声音,说明输入信号已经起作用;单击数据输入,会自动跳出键盘。单击键盘上的按钮,就能输入数据。同时还可以监控 PLC 的梯形图,所以调试梯形图和调试画面都非常方便。图 8-30 是正在运行的画面。单击按钮,可以退出仿真运行,当

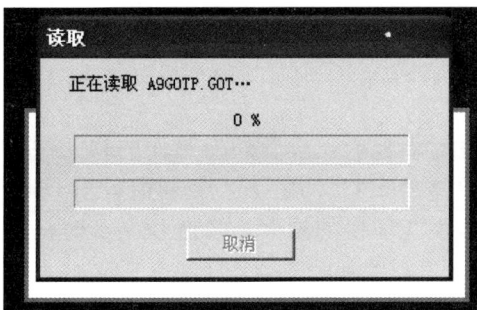

图 8-29　软件正在读取画面

99

图 8-30 正在运行的画面

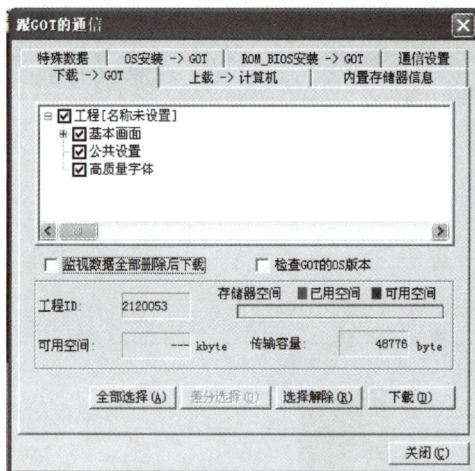

图 8-31 和 GOT 通信窗口

画面需要更改后，要单击"保存"按钮，再重新读入才能运行。

（3）画面下载。程序和画面调试完毕后，可以下载到触摸屏上运行。单击菜单栏 通信(C) →跟GOT的通信(G)... 弹出和 GOT 通信设置对话框，如图 8-31 所示，在该对话框中单击"全部选择（A）"，说明把工程中的全部画面和参数下载到触摸屏中，再单击"下载（D）"，弹出如图 8-32 正在通信的画面，下载完毕后，就可以在触摸屏上进行操作了。如果在下载过程中出现通信错误，可以点击"通信设置"栏中进行通信设置，主要是进行通信端口的选择（COM 口）。

## 三、页面设置操作

在触摸屏应用中，有时需要设计多种画

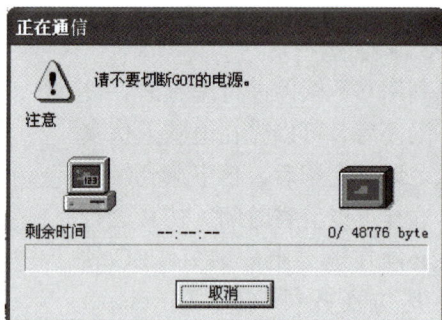

图 8-32 正在通信中

面，主要有基本画面和窗口画面，这些画面在不同的场合用途不同，基本画面是常用的设计画面，如在上一节所举的案例一中"星三角降压启动"主要是应用基本画面，画面切换主要是采用画面切换按钮，通过手触摸进行操作。但在有的工程中，通常要设计一些报警信息，或操作提示等。这些信息通常可用窗口画面来设计，而且当条件满足时这些窗口自动弹出，另外还有些画面需要设置安全等级，只有知道密码才能进行操作。在这个案例中，我们专门介绍这些画面如何设计。

1. 画面切换

新建工程，当弹出"画面切换软元件的设置"对话框时，设置切换画面的软元件，如图 8-33 所示。基本画面用 D0、重叠窗口 1 用 D1、重叠窗口 2 用 D2，叠加窗口用 D3。当 PLC 运行程序时，改变相应的数据寄存器内的数值就能切换的画面。如当 D0＝2 时，就能切换到基本画面 2。当 D1＝2 时就能切换到窗口画面 2。

为了说明问题方便，我们设计几个简单的基本画面和窗口画面，然后修改 D0、D1、

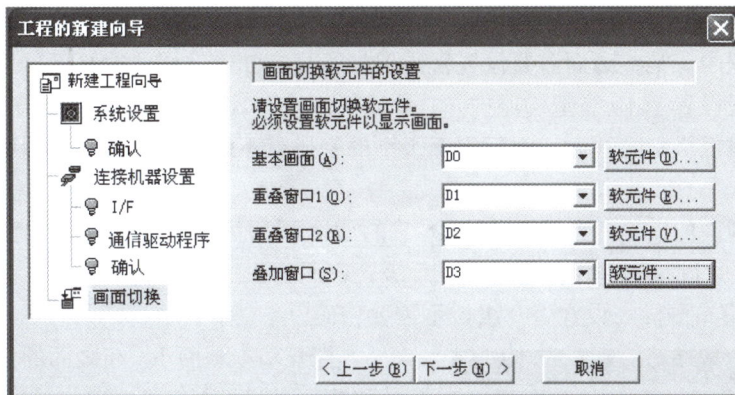

图 8-33　画面切换软元件设置窗

D2、D3 中的数值，观看画面切换的情况。设计的画面如图 8-34 所示。每个画面中都可以修改 D0、D1、D2、D3 的值。单击保存后，就可以运行，通过运行我们可以知道，当改变 D0 的数值时，如 D0＝1，就切换到基本画面 1；当 D0＝2，就切换到基本画面 2。当改变 D1 或 D2 的值，就能翻出窗口画面，如图 8-35 所示。窗口画面所处的位置可以通过拖动窗口画面的蓝条进行移动。单击窗口画面左上角的小方块就能关闭窗口画面，或者把相应的数据寄存器改成 0 也能关闭窗口画面。改变 D3 的数

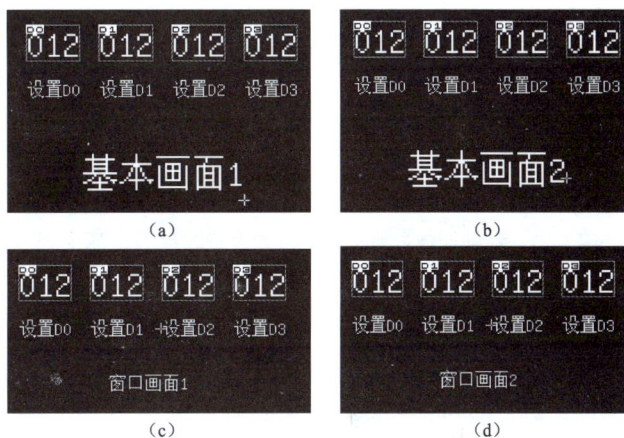

图 8-34　设计的基本画面和窗口画面
（a）基本画面 1；（b）基本画面 2；（c）窗口画面 1；（d）窗口画面 2

值，弹出重叠画面，重叠画面和窗口画面比较是没有画面框，没有关闭按钮，所以要关闭重叠画面，只有把 D3 改成 0 才行。图 8-36 是基本画面上显示重叠画面。

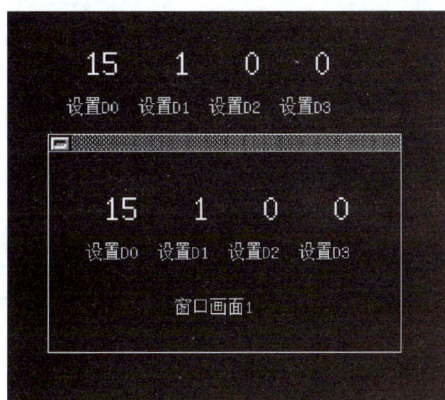

图 8-35　在基本画面上重叠显示窗口画面 1

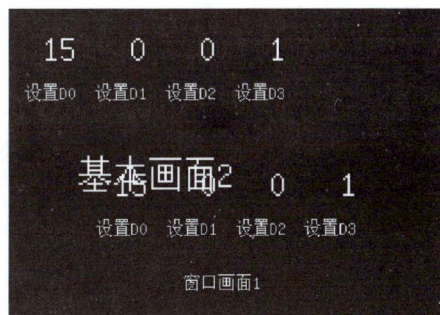

图 8-36　在基本画面上叠加显示窗口画面 1

## 2. 画面的密码保护

在有些工程中，某些画面需要设置密码保护，只有知道密码才能打开这个画面。三菱公司的触摸屏一般设置了 15 级密码保护，1 是最低级别，15 是最高级别，知道高级别的密码能打开同级别或低级别的画面，相反用低级别的密码就不能打开高级别的画面。画面密码设置方法如下：

首先设置画面的安全等级。以我们本节的四个画面为例，我们把基本画面 1 设置成 3 级，密码为 654321；基本画面 2 设置成 15 级，密码为 123456。窗口画面 1 设置成 5 级，密码为 567890；窗口画面 2 设置为 0 级，不需要密码。

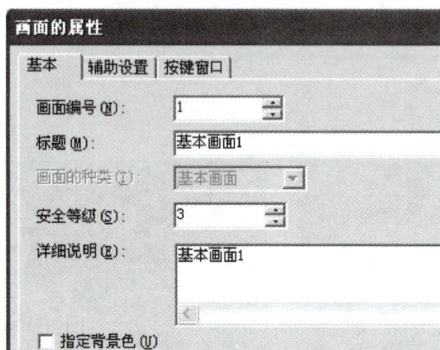

打开基本画面 1，在画面的任意地方单击鼠标右键，然后单击"🖼 画面的属性(S)..."，弹出画面属性设置对话框，如图 8-37 所示，在安全等级栏设置安全等级 3。同样的方法设置其他几个画面的安全等级。

图 8-37 在画面属性对话框中设置安全等级

（1）设置密码。单击菜单栏中的"公共设置（M）"→"系统环境（E）"→"密码"。弹出密码设置对话框，如图 8-38 所示，选中相应的级别，单击 编辑(E)... ，跳出密码设置框，在密码栏中输入密码"654321"，然后单击"确定"按钮，密码框消失，同时在相应的等级栏中出现一串星号********，表示密码设置成功。

（2）如果要修改密码，单击 编辑(E)... ，跳出密码设置框，输入旧密码，系统确认密码正确后，再重新输入新密码，删除密码也是如此，需要输入旧密码。所以一定要注意，只有知道旧密码才能对密码进行编辑或删除。

## 3. 打开设置密码的画面

当要打开设置了密码的画面时，会跳出如图 8-39 所示的画面，提示输入密码，密码输入正确后，提示按左上角的小方块（Please press the Upper left corner），就打开画面，如果密码的级别不够，则打不开画面；密码错误，提示"Unmatched password"密码无效。

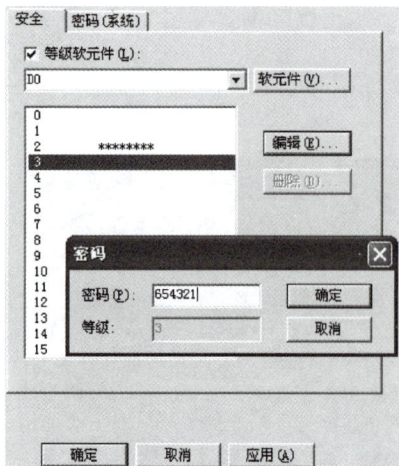

图 8-38 设置密码

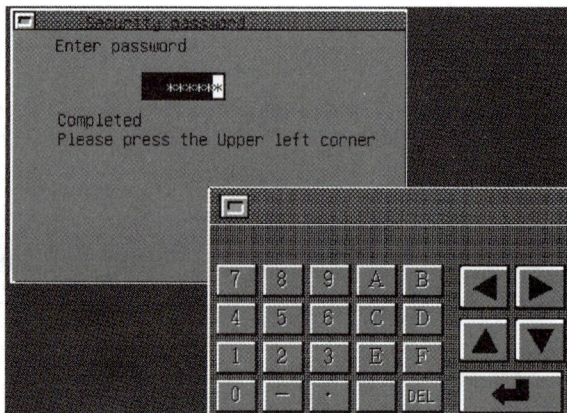

图 8-39 输入密码框

4. 密码退出

当打开密码保护画面后，在密码设置时定义的软元件（见图 8-38 中的 D0）就等于画面的等级值，比如画面的安全等级为 3，则 D0＝3。要退出这个密码，可以通过画面返回按钮使 PLC 程序中的 D0 为 0 即可，这样当需要再打开这个画面时，就必须重新输入密码。

## 四、触摸屏控制电动机的正反转实训项目

1. 实训器材

（1）可编程控制器 1 台（$FX_{2N}$-48MR）；

（2）F940-SWD 触摸屏 1 台；

（3）电动机 1 台；

（4）接触器 2 个；

（5）触摸屏用 DC 24V 电源，也可用 PLC 输出 DC 24V；

（6）计算机 1 台（已安装 GX 或 GPP 和 GT-Designer 软件）；

（7）导线若干。

2. 实训要求

设计一个用触摸屏控制电动机正反转的控制系统。控制要求如下：

（1）按触摸屏上的"正转启动"按钮，电动机正转运行；按"反转启动"按钮，电动机反转运行。

（2）正转运行或反转运行或停止时均有文字显示。

（3）具有电动机的运行时间设置及运行时间显示功能。

（4）运行时间到或按"停止"按钮，电动机即停止运行。

3. 软元件分配及系统接线图

（1）触摸屏软元件分配如下：

M100：正转启动；

M101：反转启动；

M102：停止；

D100：运行时间设定；

D102：运行时间显示；

Y0：正转指示；

Y1：反转指示。

（2）PLC 软元件分配如下：

Y0：正转接触器；

Y1：反转接触器；

M103：停止状态；

D101：定时器 T0 的设定值。

（3）系统连接图。

计算机、PLC、触摸屏系统连接图如图 8-40 所示。

4. 触摸屏画面设计

根据系统的控制要求及触摸屏的软元件分配，触摸屏的画面如图 8-41 所示。

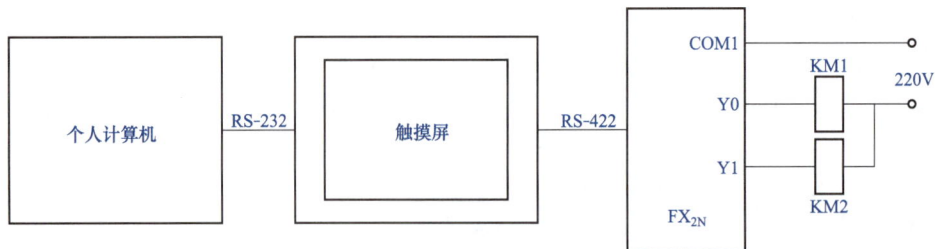

图 8-40　系统连接图

图 8-41　参考画面

## 5. PLC 程序设计

PLC 程序如图 8-42 所示。

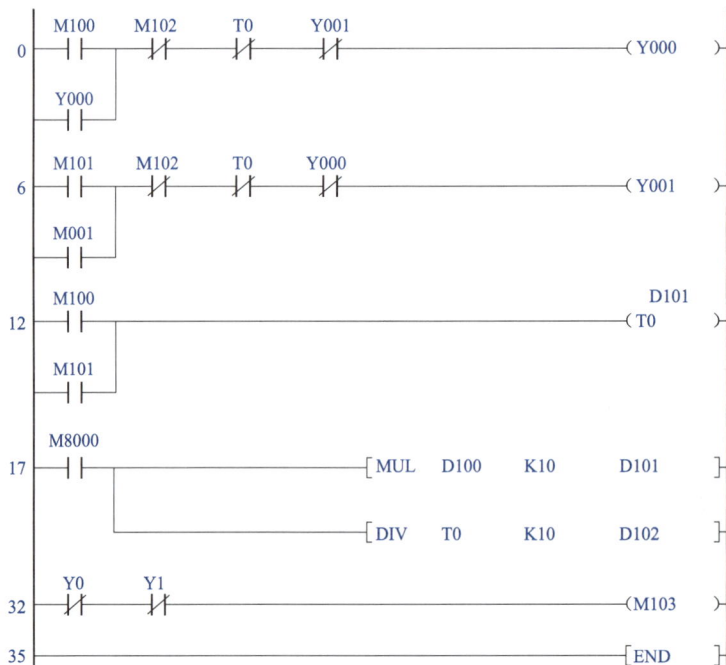

图 8-42　PLC 程序

6. PLC 程序调试

（1）按图 8-40 连接好通信电缆，即触摸屏 RS-232 接口与计算机 USB 接口连接，触摸屏 RS-422 接口与 PLC 编程接口连接，然后，写入触摸屏画面和 PLC 程序。如果无法写入，检查通信电缆连接、触摸屏画面制作软件 GT-Designer 和 PLC 编程软件中 GPP（或 GX Developer）中的通信设置项。

（2）程序和画面写入后，观察触摸屏显示是否与计算机画面一致，如显示"画面显示无效"，则可能是触摸屏中"PLC 类型"项不正确，设置为 FX 类型，再进入"HPP 状态"，此时应该可以读出 PLC 程序，说明 PLC 与触摸屏通信正常。

（3）返回"画面状态"，将 PLC 运行开关打至 ON，按"正转启动"，该键立即变为设定的浅红色，注释文本显示"正转运行中"、"未反转"，PLC 的 Y0 指示灯亮；按"反转启动"，"正转运行中"消失，同时 Y0 灭，反转按钮变为设定的浅红色，注释文本显示"未正转"、"反转运行中"，同时 Y1 指示灯亮。在正转运行或反转运行时，按"停止"按钮，正转或反转均复位，注释文本显示"未正转"、"未反转"、"停止中"，Y0、Y1 指示灯不亮。如果输出不正确，检查触摸屏对象属性设置和 PLC 程序，并检查软元件是否对应。

（4）连接好 PLC 输出电路和电动机主回路，再次运行。

# 第三部分

# 组态王监控技术

FULL RANGE AUTO FOCUS

1=3,9~62,4 mm    F 1,6 ⌀40,5 mm

# 第九章
## 概　　　述

本章主要介绍工业组态软件发展过程其及发展空间，介绍新型工业控制系统的层次结构以及组态王软件。

### 一、工业组态软件的发展过程

随着计算机技术突飞猛进的发展，新型的工业组态软件也随之发展起来了。其发展过程主要可归纳为以下几个步骤：

（1）20 世纪 60 年代，计算机较少地用于工业过程控制中。

（2）20 世纪 70 年代，很多公司先后推出了新型控制系统。

（3）20 世纪 70 年代，DCS 及其计算机控制技术日趋成熟，并出现了丰富的软件，但软件仍是专用和封闭的，且成本居高不下。

（4）20 世纪 80 年代中后期，基于个人计算机的监控系统开始进入市场，并发展壮大。组态软件即是典型的例子。

### 二、工业组态软件具有广阔的发展空间

组态软件发展迅速，原因有以下几个方面：

（1）很多 DCS 和 PLC 厂家主动公开通信协议，加入"PC 监控"的阵营。

（2）由于 PC 监控大大降低了系统成本，使得市场空间得到扩大。

（3）各类智能仪表、调节器和现场总线设备可与工业组态软件构建完整的低成本自动化系统，具有广阔的市场空间。

（4）各类嵌入式系统和现场总线的异军突起，把工业组态软件推倒了自动化系统主要位置，工业组态软件越来越成为工业自动化系统中的灵魂。

### 三、新型工业控制系统的层次结构

1. 工业控制系统的划分

新型工业控制系统主要划分为控制层、监控层、管理层。其中，监控层的作用为：对下连接控制层，对上连接管理层，实现对现场的实时监测与控制，完成上传下达，组态开发的作用。硬件以微机和工作站为主，目前趋向于工业 PC 机。

2. 组态软件的定义

组态软件是指数据采集与过程控制的专用软件，位于监控层一级的软件平台和开发环境中，能以灵活多样的组态方式提供良好的用户开发界面和简捷的使用方法，其预设置的各种软件模块可以非常容易地实现和完成监控层的各项功能，并能支持各种硬件厂家的计算机和 I/O 设备，与高可靠的工业控制计算机和网络系统结合，可向控制层和管理层提供软、硬件

的全部接口，进行系统集成。

组态软件的开发工具以 C++为主，也有 Delphi 或 C++ Builder。

工业组态软件为模块化任意组合，主要特点如下：

（1）延续性和可扩充性。

（2）封装性（易学易用）。

（3）通用性。

对工业组态软件的性能要求如下：

**1. 实时性**

工业控制计算机系统应该具有的能够在限定的时间内对外来事件作出反应的特性。在对这个概念的理解上，我们要注意对于"限定的时间内"的理解，主要考虑两个要素：

（1）根据生产过程出现的事件能够保持多长的时间。

（2）该事件要求计算机在多长的时间以内必须作出反应，否则将对生产过程造成影响甚至损害。

工业控制计算机及监控工业组态软件具有时间驱动能力和事件驱动能力（在按一定的周期时间对所有事件进行巡检扫描的同时，可以随时响应事件的中断请求。

**2. 多任务处理能力**

能将测控任务分解成若干并行执行的多个任务，加快程序的执行速度。（将某些变化不显著的事件作为顺序执行的任务；把保持时间很短且需要计算机立即作出反应的事件作为中断请求源或事件触发信号，编写专门的程序）

## 四、组态王软件

**1. 组态王软件的结构**

组态王 6.0x 是运行于 Microsoft Windows 98/2000/NT/XP 中文平台的中文界面的人机界面软件，采用了多线程、COM 组件等新技术，实现了实时多任务，软件运行稳定可靠。

组态王 6.0x 软件包由工程浏览器（TouchExplorer）、工程管理器（ProjManager）和画面运行系统（TouchView）三部分组成。在工程浏览器中可以查看工程的各个组成部分，也可以完成数据库的构造、定义外部设备等工作；工程管理器内嵌画面管理系统，用于新工程的创建和已有工程的管理。画面的开发和运行由工程浏览器调用画面制作系统 TOUCH-MAK 和工程运行系统 TouchView 来完成的。

TOUCHMAKE 是应用工程的开发环境。需要在这个环境中完成画面设计、动画连接等工作。TOUCHMAKE 具有先进完善的图形生成功能；数据库提供多种数据类型，能合理地抽象控制对象的特性；对变量报警、趋势曲线、过程记录、安全防范等重要功能都有简单的操作办法。

ProjManager 是应用程序的管理系统。ProjManager 具有很强的管理功能，可用于新工程的创建及删除，并能对已有工程进行搜索、备份及有效恢复，实现数据词典的倒入和倒出。

TouchView 是组态王 6.0x 软件的实时运行环境，在 TOUCHMAKE 中建立的图形画面只有在 TouchView 中才能运行。TouchView 从工业控制对象中采集数据，并记录在实时数据库中。它还负责把数据的变化以用动画的方式形象地表示出来，同时可以完成变量报警、操作记录、趋势曲线等监视功能，并按实际需求记录在历史数据库中。

2. 组态王怎样和下位机通信

组态王把每一台与之通信的设备看做是外部设备，为实现组态王和外部设备的通信，组态王内置了大量设备的驱动作为组态王和外部设备的通信接口，在开发过程中您只需根据工程浏览器提供的"设备配置向导"一步步完成连接过程即可实现组态王和相应外部设备驱动的连接，如图 9-1 所示。在运行期间，组态王就可通过驱动接口和这些外部设备交换数据，包括采集数据和发送数据/指令。每一个驱动都是一个 COM 对象，这种方式使驱动和组态王构成一个完整的系统，既保证了运行系统的高效率，也使系统有很强的扩展性。

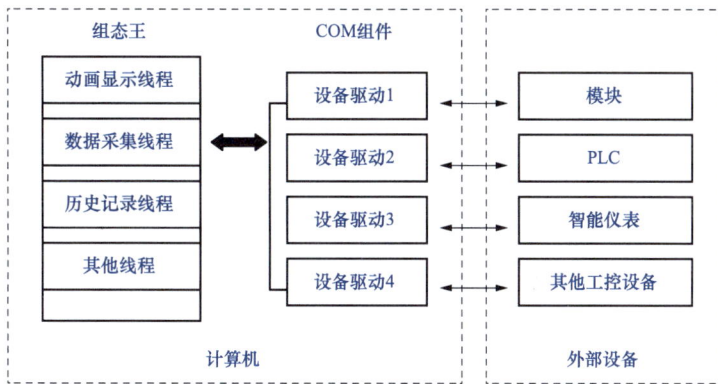

图 9-1　组态王和相应外部设备驱动的连接

3. 怎样产生动画效果

开发者在 TOUCHMAKE 中制作的画面都是静态的，那么它们如何以动画方式反映工业现场的状况呢？这需要通过实时数据库，因为只有数据库中建立的变量才是与现场状况同步变化的。数据库变量的变化又如何使画面的呈现动画效果呢？可以通过"动画连接"来实现，所谓"动画连接"就是建立画面的图素与数据库变量的对应关系。这样，工业现场的数据，比如温度、液面高度等，当它们发生变化时，通过驱动程序，将引起实时数据库中变量的变化，如果画面上有一个图素，比如指针，规定了它的偏转角度与这个变量相关，就会看到指针随工业现场数据的变化而同步偏转。

动画连接的引入是设计人机界面的一次突破，它把程序员从繁重的图形编程中解放出来，为程序员提供了标准的工业控制图形界面，并且可以通过内置的命令语言连接来增强图形动画效果。

4. 建立应用工程的一般过程

建立应用工程大致可分为以下四个步骤：

（1）设计图形界面；

（2）构造数据库变量；

（3）建立动画连接；

（4）运行和调试。

需要说明的是，这四个步骤并不是完全独立的，事实上，这四个部分常常是交错进行的。在用 TOUCHMAKE 构造应用工程之前，要仔细规划项目，主要考虑以下三方面问题：

（1）画面。希望用怎样的图形画面来模拟实际的工业现场和相应的控制设备？用组态王系统开发的应用工程是以"画面"为程序单位的，每一个"画面"对应于程序实际运行时的一个 Windows 窗口。

（2）数据。怎样用数据来描述控制对象的各种属性？也就是创建一个实时数据库，用此数据库中的变量来反映控制对象的各种属性，比如变量"温度"、"压力"等。此外，还有代表操作者指令的变量，比如"电源开关"，这规划中可能还要为临时变量预留空间。

（3）动画。数据和图形画面中的图素的连接关系是什么？也就是画面上的图素以怎样的动画来模拟现场设备的运行，以及怎样让操作者输入控制设备的指令，这些就涉及动画的组态。

# 第十章
# 基于三菱 FX PLC 与组态王的快速入门项目

组态王是北京亚控公司开发的计算机监控软件，下位机采用 PLC 对控制对象进行控制，上位机采用计算机进行监控已成为一种最常见的应用。本节将介绍三菱 FX 系列 PLC 如何与组态王进行通信设置，并实现对控制对象的监控。

现以用组态王监控丫-△降压启动的电动机为例对 PLC 与组态王的通信进行介绍。

## 一、编写 PLC 程序

编写 PLC 程序如图 10-1 所示，其中，M0 为启动信号，M1 为停止信号；Y000 控制电动机电源，Y001 控制电动机绕组星形接法，Y002 控制电动机绕组三角形接法；D0 为降压启动时间。当按下 M0 时，Y000、Y001 动作，经 D0 设定的时间后 Y001 断开，再过 1s 后 Y002 接通，把电动机绕组切换成三角形接法。

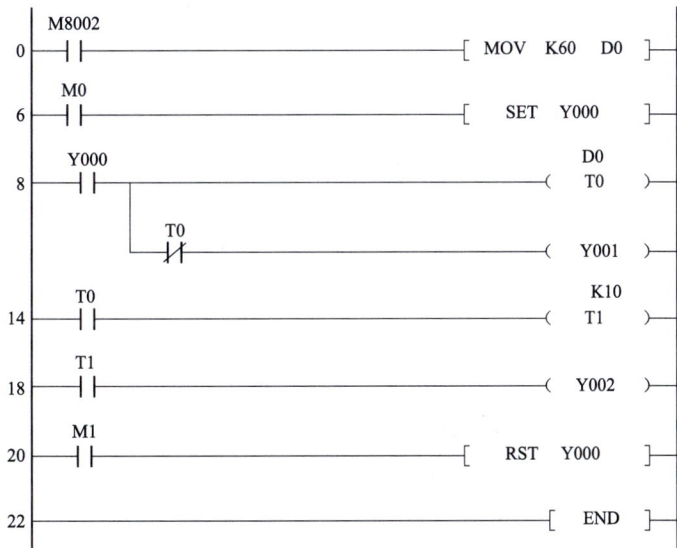

图 10-1　PLC 程序

## 二、安装 PLC 驱动程序

打开组态王软件，进入组态王工程管理器，如图 10-2 所示。

在组态王工程管理器中，单击"文件"菜单下的"新建工程"，再单击"下一步"按钮，输入工程名称"ysf"，单击"下一步"按钮，再次输入工程名称，然后单击"完成"按钮，这样就按向导建立了一个新工程，如图 10-3 所示。

双击图 10-3 中的工程"ysf"进入该工程浏览器界面，如图 10-4 所示。

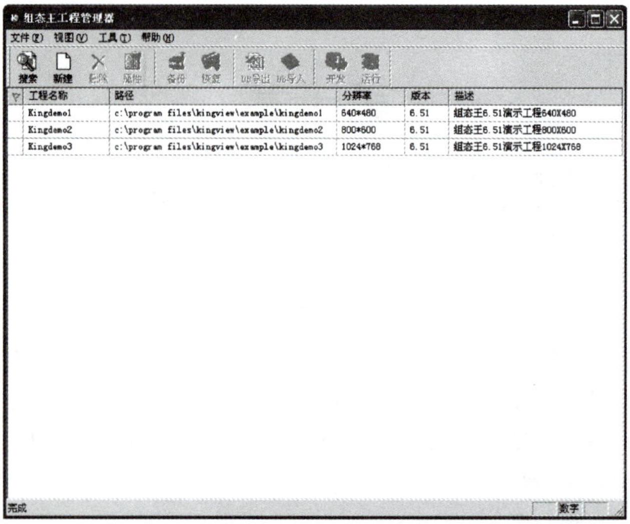

图 10-2　组态王工程管理器

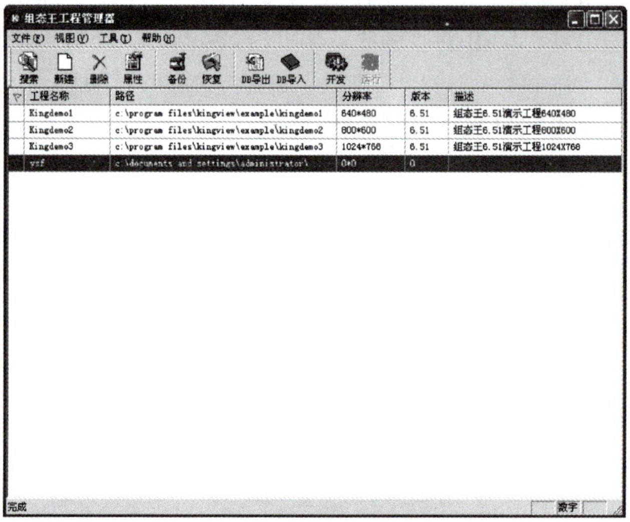

图 10-3　新建工程

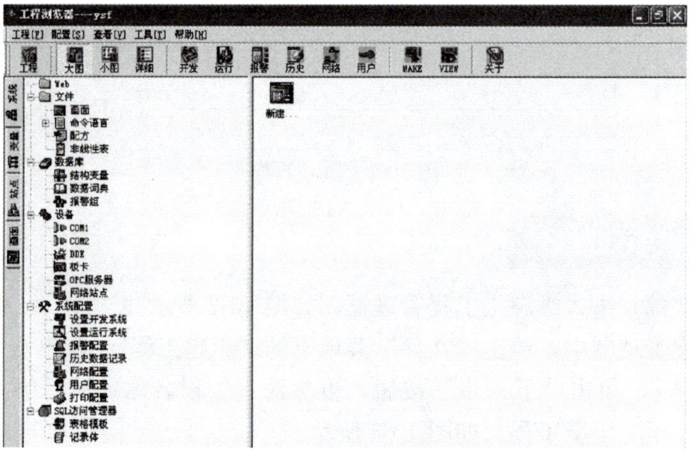

图 10-4　工程浏览器界面

如图 10-5 所示，单击左侧树形结构"设备"下的 COM1，再双击右侧的"新建"，新建一个与 PLC 的连接，选择 PLC→三菱→FX2→编程口的 PLC，如图 10-6 所示。

图 10-5　新建设备连接

单击图 10-6 中的"下一步"按钮，输入安装设备指定的逻辑名称设为"plc"，如图 10-7 所示。

单击图 10-7 中的"下一步"按钮，指定与 PLC 连接的计算机的串口为 COM1，如图 10-8 所示。

单击图 10-8 中的"下一步"按钮后都默认按"下一步"按钮，最后在组态王软件上安装了 FX 系列 PLC 的驱动程序，如图 10-9 所示。

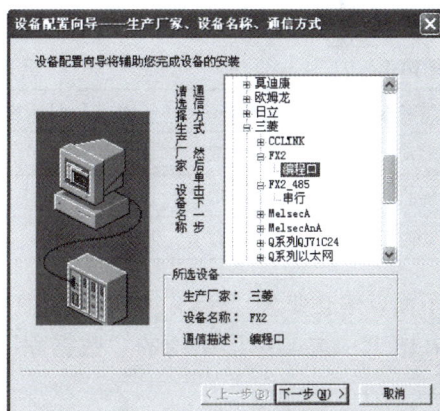

图 10-6　选择连接 PLC

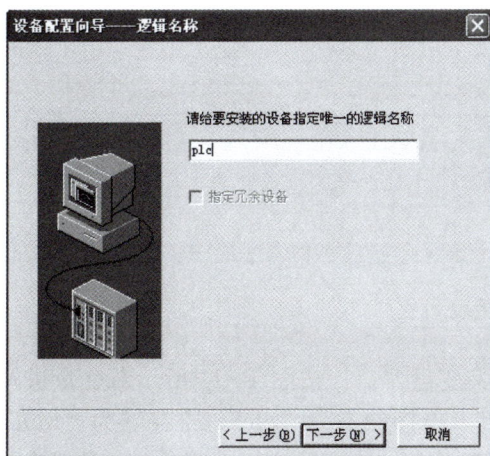

图 10-7　指定设备的逻辑名称

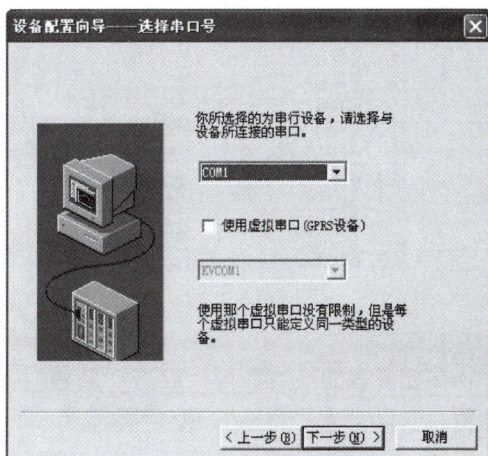

图 10-8　通信口设置

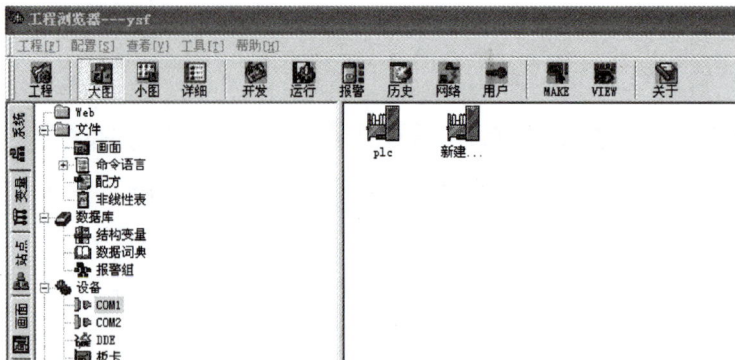

图 10-9　已建立 PLC 连接画面

## 三、建立变量

为了使组态王能与 PLC 的各软元件能进行相互关联，需在组态王中建立对应变量。需建立的变量如表 10-1 所示。

表 10-1　　　　　　　　　　　　　　　　组 态 王 变 量 表

| 变量名称 | 数据类型 | 对应 PLC 软元件 | 变量名称 | 数据类型 | 对应 PLC 软元件 |
|---|---|---|---|---|---|
| 启动 | I/O 离散 | M0 | 电动机运行 | I/O 离散 | Y0 |
| 停止 | I/O 离散 | M1 | 降压启动 | I/O 离散 | Y1 |
| 启动时间 | I/O 整数 | D0 | 全压运行 | I/O 离散 | Y2 |

下面以建立变量"启动"为例建立变量。

在图 10-9 左侧树形结构的"数据库"下单击"数据词典"，出现如图 10-10 所示的变量表。

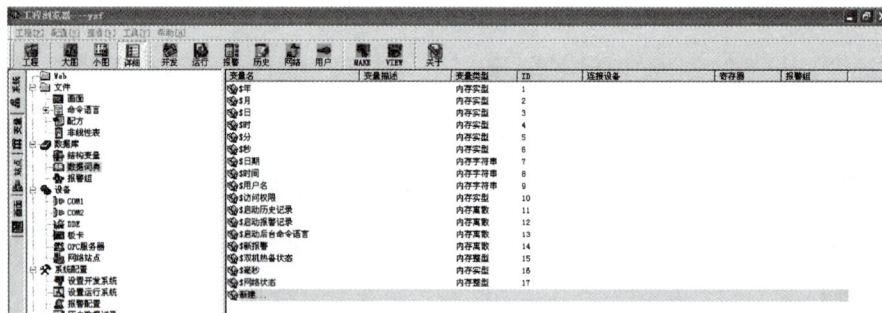

图 10-10　变量表

在变量表的最后一行，双击"新建"，出现定义变量窗口，按图 10-11 所示对变量进行设置。变量名为"启动"，变量类型为"I/O 离散"，连接设备为"plc"，寄存器为"M0"，数据类型为 Bit（位），读写属性为"读写"等。然后单击"确定"按钮，这样该变量就建立完毕。按此方法建立表 10-1 中的所有变量，建立以后的变量表如图 10-12 所示。

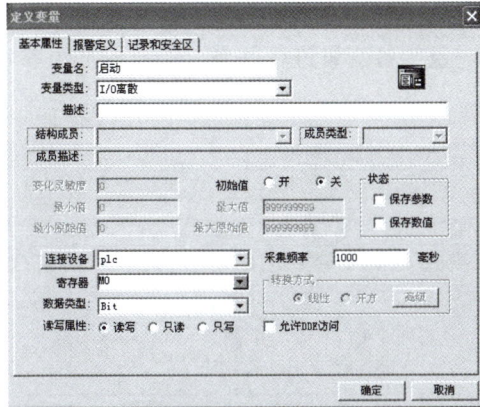

图 10-11 变量设置

图 10-12 变量表

## 四、画面组态

在图 10-12 左边树形结构的"文件"下，单击"画面"，并在右侧新建画面，定义画面名称为"监控画面"，得到一个新画面，如图 10-13 所示。在画面的右侧有"工具箱"用来进行各种对角组态。

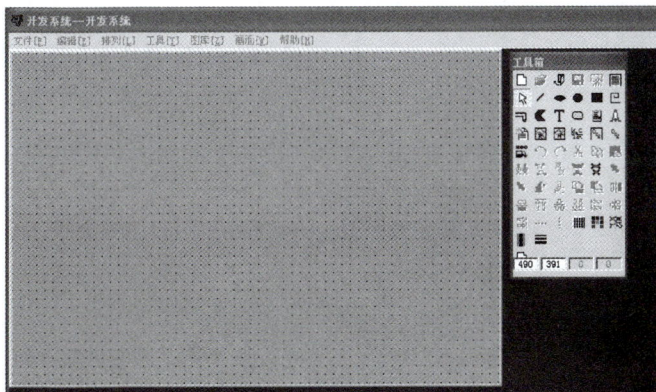

图 10-13 新建立的画面

通过工具箱中的"文本"选项，在画面中写入各种文本，并在图库中调用"按钮"和"指示灯"选项，并使用各对象与各变量进行联系。组态画面可参考图 10-14，这样就可对电动机的运行进行监控了。

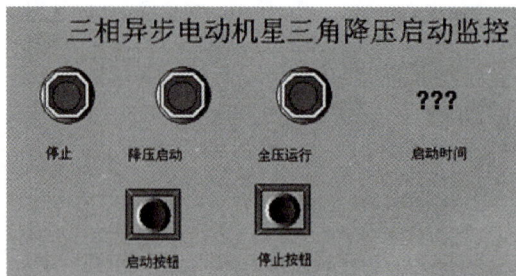

图 10-14　参考监控画面

# 第十一章
# 基于 S7-200 与组态王的快速入门项目

本节将介绍西门子 S7-200 PLC 如何与组态王进行通信设置，并实现对控制对象的监控。现以用组态王监控丫-△降压启动的电动机为例对 PLC 与组态王的通信进行介绍。

## 一、编写 PLC 程序

编写 PLC 程序如图 11-1 所示，其中，M0.0 为启动信号，M0.1 为停止信号；Q0.0 控制电动机电源，Q0.1 控制电动机绕组星形接法，Q0.2 控制电机绕组三角形接法；MB10 为降压启动时间。当按下 M0.0 时，Q0.0、Q0.1 动作，经 MB10 设定的时间后 Q0.1 断开，再过 1s 后 Q0.2 接通，把电动机绕组切换成三角形接法。

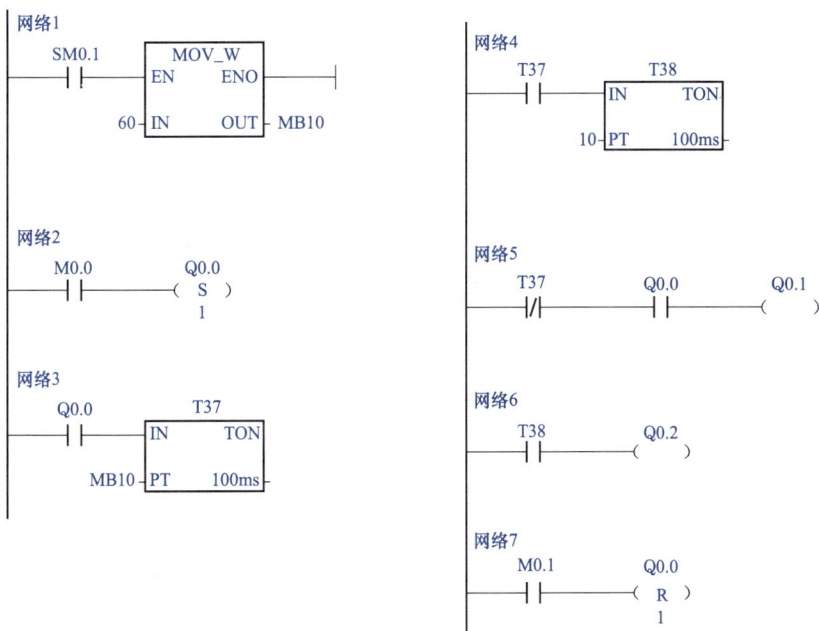

图 11-1　PLC 程序

## 二、设置 S7-200 PLC 驱动程序

组态王软件上并没有安装 S7-200 的 USB 通信口的驱动程序，该驱动程序可以从亚控公司官方网站上下载后安装。下面用带 USB 口的 PPI 电缆来实现 S7-200 与组态王的通信。

打开组态王软件，进入组态王工程管理器，如图 11-2 所示。

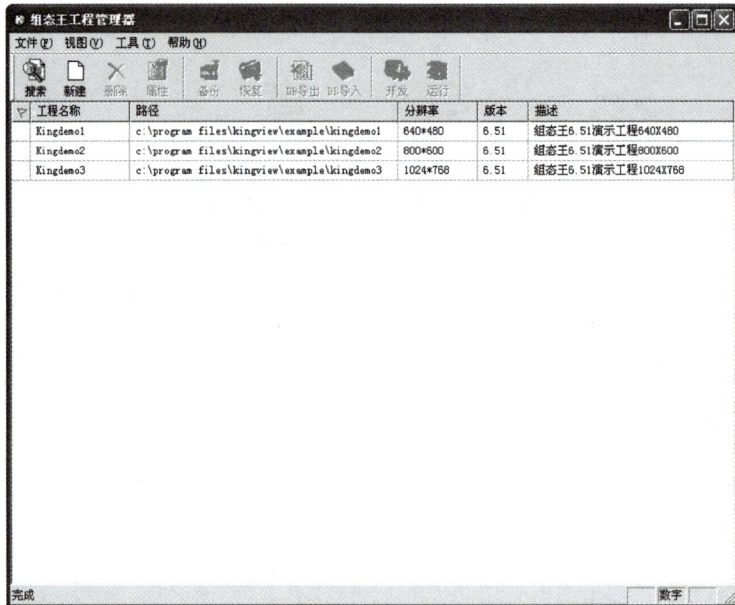

图 11-2　组态王工程管理器

在组态王工程管理器中，单击"文件"菜单下的"新建工程"，再单击"下一步"按钮，输入工程名称"ysf"，单击"下一步"按钮，再次输入工程名称，然后单击"完成"按钮，这样就按向导建立了一个新工程，如图 11-3 所示。

图 11-3　新建工程

双击图 11-3 中的工程"ysf"进入该工程浏览器界面，如图 11-4 所示。

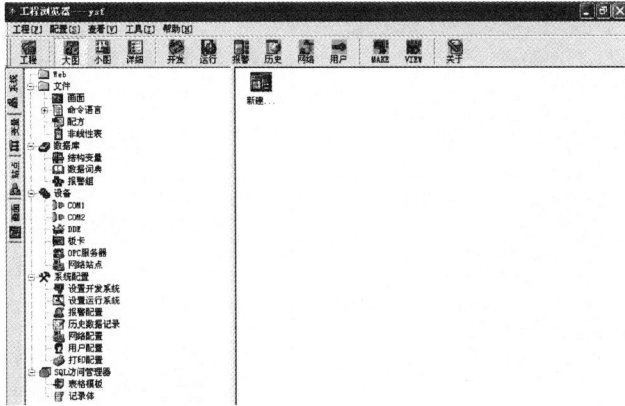

图 11-4　工程浏览器界面

如图 11-5 所示，单击左侧树形结构"设备"，再双击右侧的"新建"，新建一个与 PLC 的连接，选择 PLC→西门子→S7-200 系列（USB）→USB，如图 11-6 所示。

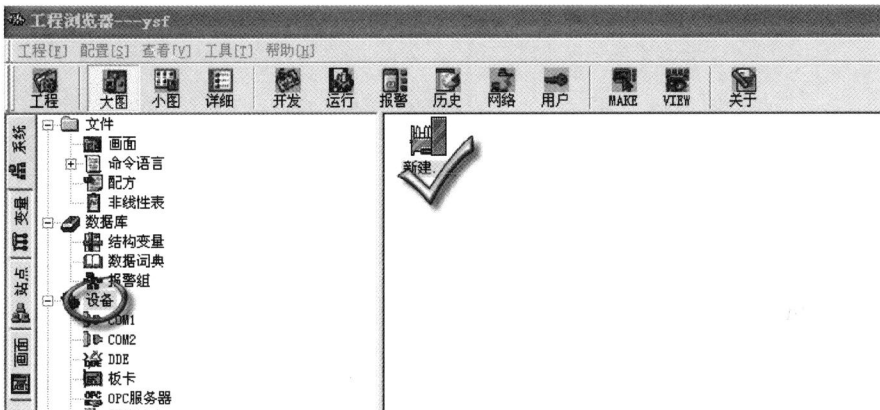

图 11-5　新建设备连接

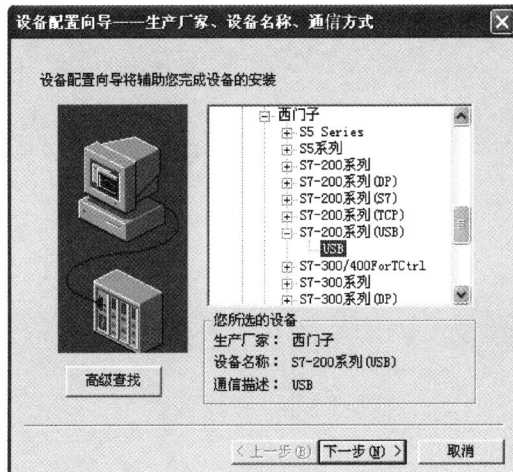

图 11-6　选择连接 PLC

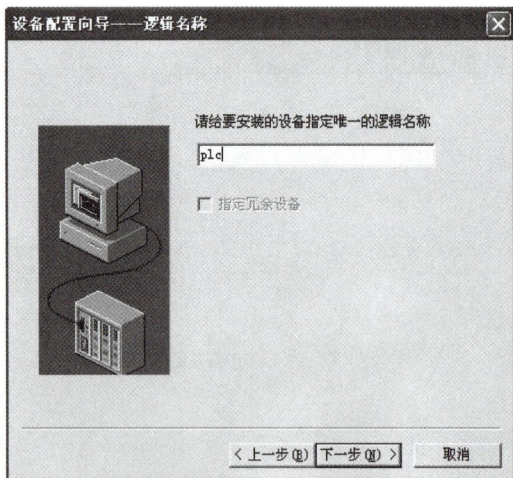

单击图 11-6 中的"下一步"按钮，输入安装设备指定的逻辑名称设为"plc"，如图 11-7 所示。

单击图 11-7 中的"下一步"按钮，指定与 PLC 连接的计算机的串口为 COM1，如图 11-8 所示。

单击图 11-8 中的"下一步"按钮后如图 11-9 所示输入 PLC 的地址为"2：2"，最后在组态王软件上安装了 S7-200 PLC 的驱动程序，如图 11-10 所示。

图 11-7　指定设备的逻辑名称

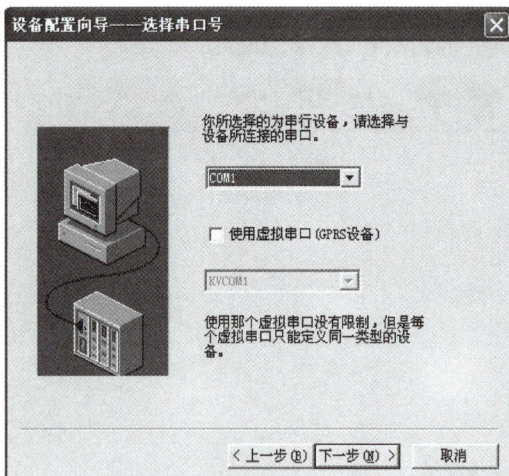

图 11-8　通信口设置

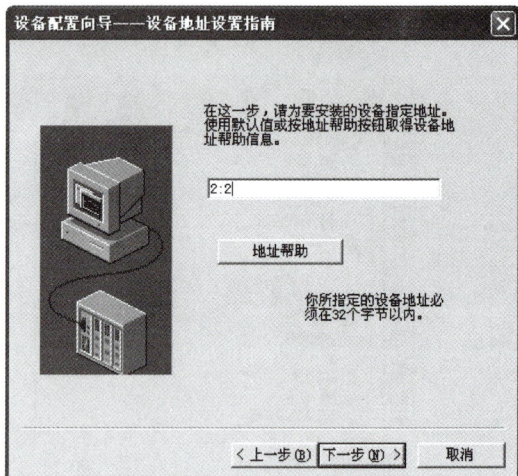

图 11-9　设置 PLC 地址

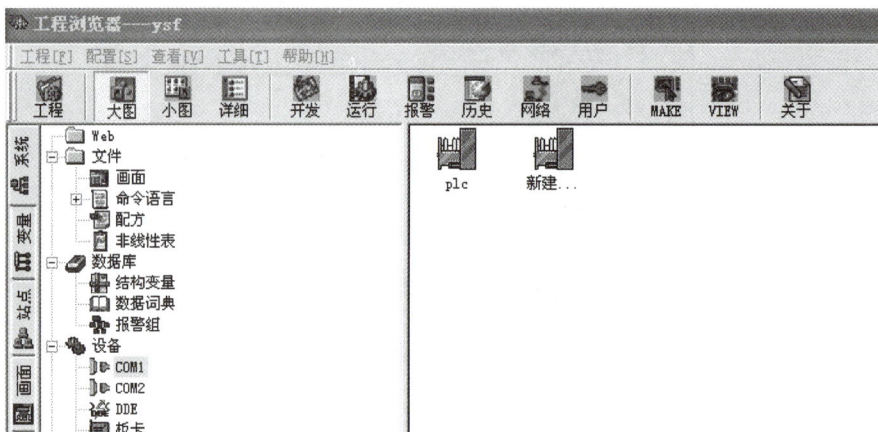

图 11-10　已建立 PLC 连接画面

### 三、建立变量

为了使组态王能与 PLC 的各软元件能进行相互关联，需在组态王中建立对应变量。需建立的变量如表 11-1 所示。

表 11-1　　　　　　　　　　　　　组 态 王 变 量 表

| 变量名称 | 数据类型 | 对应 PLC 软元件 | 变量名称 | 数据类型 | 对应 PLC 软元件 |
|---|---|---|---|---|---|
| 启动 | I/O 离散 | M0.0 | 电动机运行 | I/O 离散 | Q0.0 |
| 停止 | I/O 离散 | M0.1 | 降压启动 | I/O 离散 | Q0.1 |
| 启动时间 | I/O 整数 | VB10 | 全压运行 | I/O 离散 | Q0.2 |

下面以建立变量"启动"为例建立变量。

在图 11-10 左侧树形结构的"数据库"下单击"数据词典"，出现如图 11-11 所示的变量表。

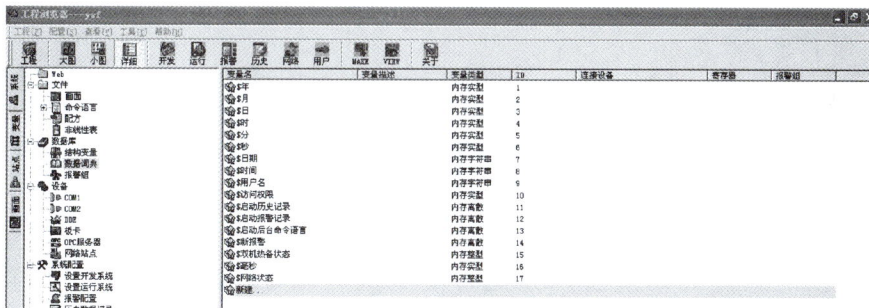

图 11-11　变量表

在变量表的最后一行，双击"新建"，出现定义变量窗口，按图 11-12 所示对变量进行设置。变量名为"启动"，变量类型为"I/O 离散"，连接设备为"plc"，寄存器为"M0.0"，数据类型为 Bit（位），读写属性为"读写"等。然后单击"确定"按钮，这样该变量就建立完毕。按此方法建立表 11-1 中的所有变量，建立以后的变量表如图 11-13 所示。

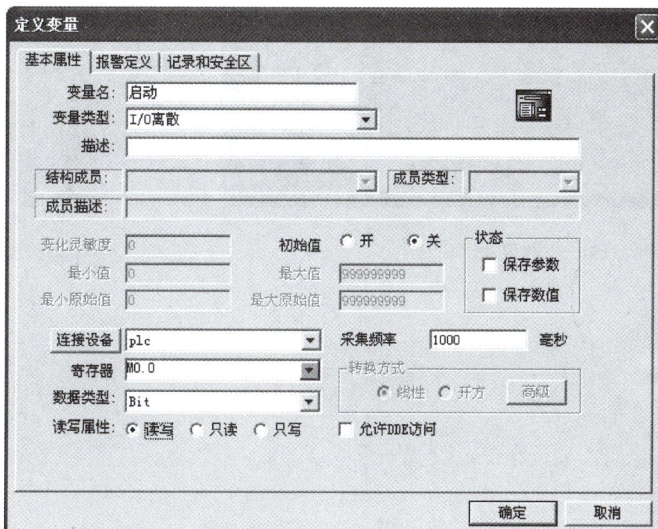

图 11-12　变量设置

图 11-13　变量表

## 四、画面组态

在图 11-13 左边树形结构的"文件"下，单击"画面"，并在右侧新建画面，定义画面名称为"监控画面"，得到一个新画面，如图 11-14 所示。在画面的右侧有"工具箱"用来进行各种对角组态。

通过工具箱中的"文本"选项，在画面中写入各种文本，并在图库中调用"按钮"和"指示灯"选项，并使用各对象与各变量进行联系。组态画面可参考图 11-15，这样就可对电动机的运行进行监控了。

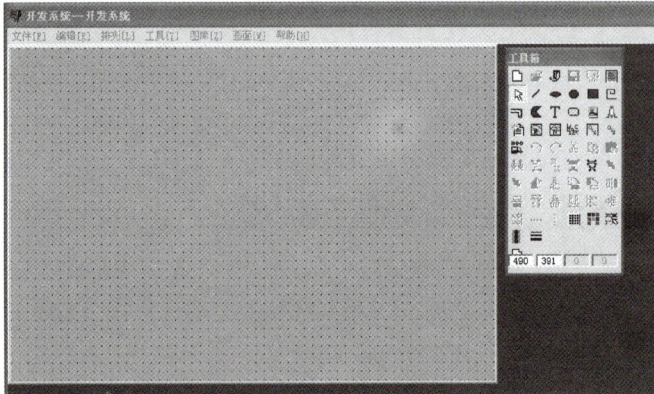

图 11-14　新建立的画面

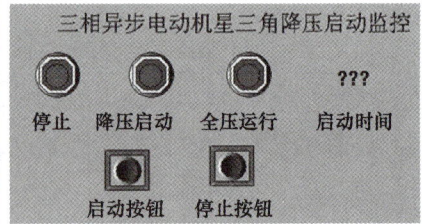

图 11-15　参考监控画面

# 第十二章
# 工  程  组  态

本章主要介绍如何新建一个新工程、如何进行画面的设计，以及如何定义外部设备和数据变量。

## 第一节　新　建　工　程

在组态王中，所建立的每一个应用称为一个工程。每个工程必须在一个独立的目录下，不同的工程不能共用一个目录。在每一个工程的路径下，生成了一些重要的数据文件，这些数据文件一般是不允许直接修改的。

### 一、工程简介

本章介绍怎样建立一个反应车间的监控中心，监控中心从车间现场采集生产数据，以动画形式直观地显示在监控画面上。监控画面还将显示实时趋势和报警信息，并提供历史数据查询的功能，最后完成一个数据统计的报表。

反应车间需要采集以下三个现场数据（在数据字典中进行操作）：

（1）原料油液位（变量名：原料油液位，最大值 100，整型数据）；

（2）催化剂液位（变量名：催化剂液位，最大值 100，整型数据）；

（3）成品油液位（变量名：成品油液位，最大值 100，整型数据）。

### 二、使用工程管理器

组态王工程管理器的主要作用是为用户集中管理本机上的组态王工程。工程管理器的主要功能包括：新建、删除工程，对工程重命名，搜索组态王工程，修改工程属性，工程的备份、恢复，数据词典的导入导出，切换到组态王开发或运行环境等，如图 12-1 所示。

### 三、建立新工程

假设已经正确安装了"组态王 6.55"，首先启动组态王工程管理器。工程管理器运行后，当前选中的工程是上次进行开发的工程，称为当前工程。如果是第一次使用组态王，组态王的示例工程作为默认的

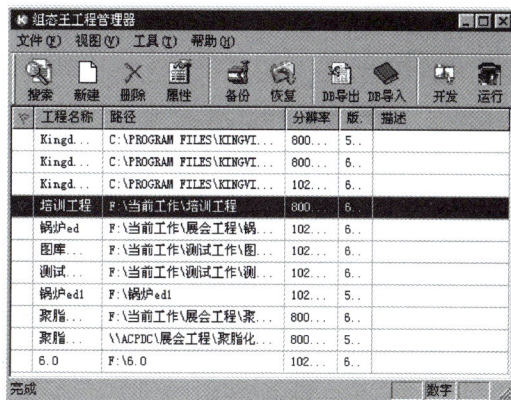

图 12-1　组态王的运行环境

当前工程。

为建立一个新的工程，请执行以下操作：

用鼠标左键单击在工程管理器中选择菜单"文件/新建工程"，或者单击工具栏的"新建"按钮，出现"新建工程向导之一"对话框，如图 12-2 所示。

在图 12-2 中，用鼠标左键单击 下一步(N) 按钮，弹出"新建工程向导之二"对话框，如图 12-3 所示。

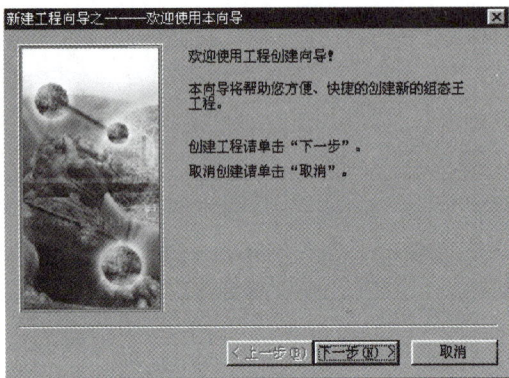

图 12-2 "新建工程向导之一"画面

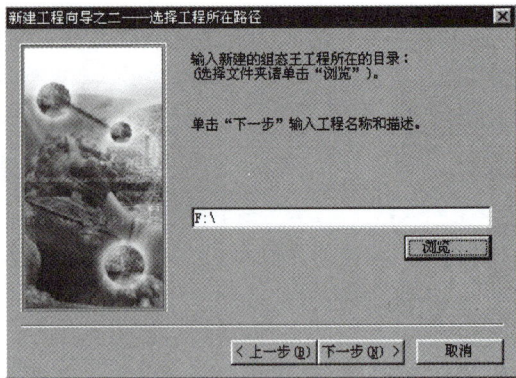

图 12-3 "新建工程向导之二"画面

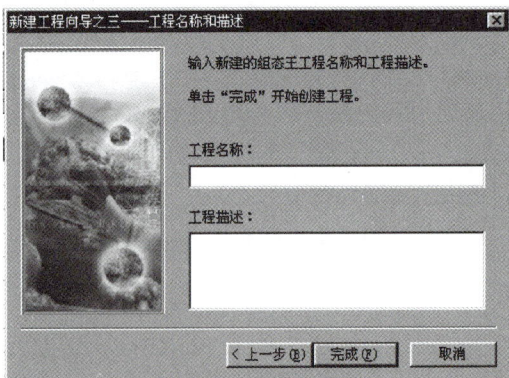

图 12-4 "新建工程向导之三"画面

用鼠标左键单击图 12-3 中的 浏览 按钮，选择所要新建的工程存储的路径。

用鼠标左键单击 下一步(N) 按钮，弹出"新建工程向导之三"对话框，如图 12-4 所示，在对话框中输入工程名称："我的工程"。

在工程描述中输入："反应车间监控中心"。

再单击"完成"按钮，弹出如图 12-5 所示对话框，选择"是"按钮，将新建工程设为组态王当前工程。

组态王将在"新建工程向导之二"对话框中所设置的路径下生成新的文件夹"我的工程"，并生成文件 ProjManager.dat，保存新工程的基本信息。

在菜单项中选择"工具/切换到开发系统"，或者退出工程管理器，直接打开组态王工程浏览器，则进入工程浏览器画面，此时组态王自动生成初始的数据文件。

至此，新的工程已经建立。

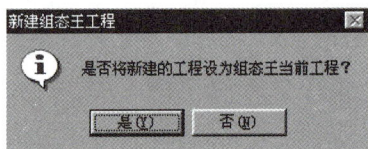

图 12-5 选择设为当前工程

## 第二节 设 计 画 面

本节将介绍工程浏览器的使用、工具箱的使用、调色板的使用以及图库的使用。

### 一、使用工程浏览器

工程浏览器是组态王 6.55 的集成开发环境，在这里可以看到工程的各个组成部分，包括画面、数据库、外部设备、系统配制、SQL 访问管理器等，它们以树形结构表示。

工程浏览器的使用和 Windows 的资源管理器类似。

工程浏览器由菜单栏、工具条、工程目录显示区、目录内容显示区、状态条组成。工程目录显示区以树形结构图显示大纲项节点，用户可以扩展或收缩工程浏览器中所列的大纲项。选中目录显示区的某项后，在目录内容显示区显示相应的选项所包括的内容，如图 12-6 所示。

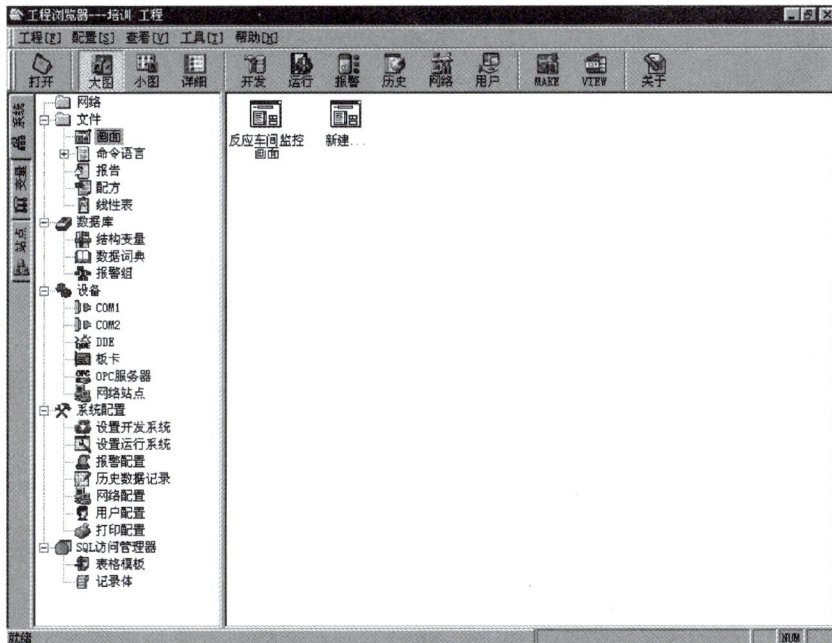

图 12-6 工程浏览器

### 二、建立新画面

下面操作建立一个新的画面。

在工程浏览器中左侧的树形结构中用鼠标左键单击"画面"，在右侧视图中双击"新建"，工程浏览器将弹出"新画面"对话框。

在新画面对话框中设置如图 12-7 所示。

画面名称："监控中心"

对应文件：pic00001. pic（自动生成，用户也可以自定义）

注释："反应车间的监控中心——主画面"

画面风格："替换式"

画面边框："粗边框"

画面位置：

      左边：0

      右边：0

      宽度：800（最大值不应超过当前显示器分辨率）

      高度：600（最大值不应超过当前显示器分辨率）

标题杆：无效

大小可变：无效

图 12-7　对话框设置

在对话框中单击"确定"按钮，TouchExploer 按照您指定的风格产生一幅名为"监控中心"的画面。

### 三、使用图形工具箱

接下来在新建立的画面中绘制各种图素。绘制图素的主要工具放置在图形编辑工具箱内。当画面打开时，工具箱自动显示。

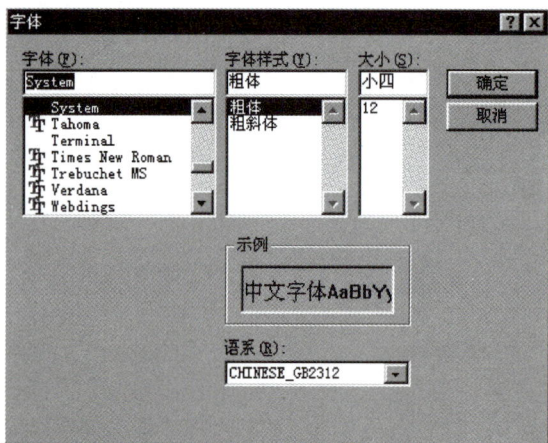

图 12-8　字体设置

如果工具箱没有出现，用鼠标左键单击菜单"工具/显示工具箱"或按 F10 键打开它。工具箱中各种基本工具的使用方法和 Windows 中的"画笔"很类似。

在工具箱中单击文本工具，在画面上输入文字："反应车间监控画面"。如果要改变文本的字体，颜色和字号，先选中文本对象，然后在工具箱内选择字体工具。弹出"字体"如图 12-8 所示对话框，从中设置文本的字体、字体样式和大小。

### 四、使用调色板

选择菜单"工具/显示调色板"，或在工具箱中选择"▦"工具按钮，弹出调色板画面，如图 12-9 所示。

用鼠标选中文本，在调色板上的对象选择按钮中选择文本色按钮按下，然后在选色区选择某种颜色，则该文本就变为相应的颜色。

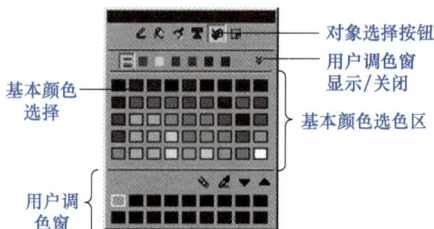

图 12-9　调色板

## 五、使用图库管理器

选择菜单"图库/打开图库"或按 F2 键打开图库管理器，如图 12-10 所示。使用图库管理器降低了工程人员设计界面的难度，用户更加集中精力于维护数据库和增强软件内部的逻辑控制，缩短开发周期；同时用图库开发的软件将具有统一的外观，方便工程人员学习和掌握；另外利用图库的开放性，工程人员可以生成自己的图库元素。

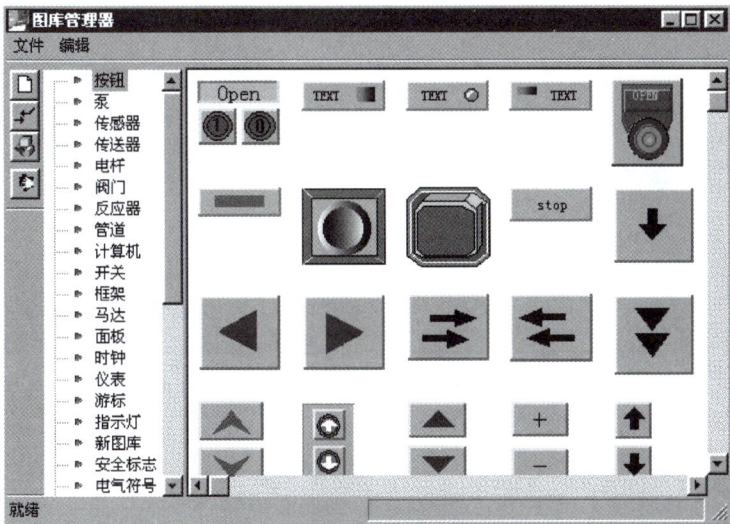

图 12-10　图库

在图库管理器左侧图库名称列表中选择图库名称"反应器"，从中选择选中，双击鼠标左键，图库管理器自动关闭，在工程画面上，鼠标位置出现一"└"标志。在画面上单击鼠标左键，该图素就被放置在画面上。拖动边框到适当的位置，改变其大小。

在图库管理器中选择不同的图素，在画面上分别做出原料油罐、催化剂罐和成品油罐。

## 六、继续生成画面

用鼠标选择工具箱中的立体管道工具"┑"，在画面上，鼠标图形变为"＋"形式，在适当位置作为立体管道的起始位置，单击鼠标左键，然后移动鼠标到结束位置后，双击。则立体管道在画面上显示出来。如果立体管道需要拐弯，只需在折点出单击鼠标，然后继续移动鼠标，就可实现折线形式的立体管道。

用鼠标选中所画的立体管道，在调色板上的对象选择按钮中按下线条色按钮，在选色区选择某种颜色，则立体管道变为相应的颜色。

打开图库管理器，在阀门图库中选择图素，双击后在反应车间监控画面上单击鼠标，则该图素出现在相应的位置，移动到原料油罐和成品油罐之间的立体管道上，并拖动边框改变其大小。

在旁边作出文本"原料油出料阀"。

同样的方法在画面上作出催化剂出料阀和成品油出料阀。

最后生成的画面如图 12-11 所示。

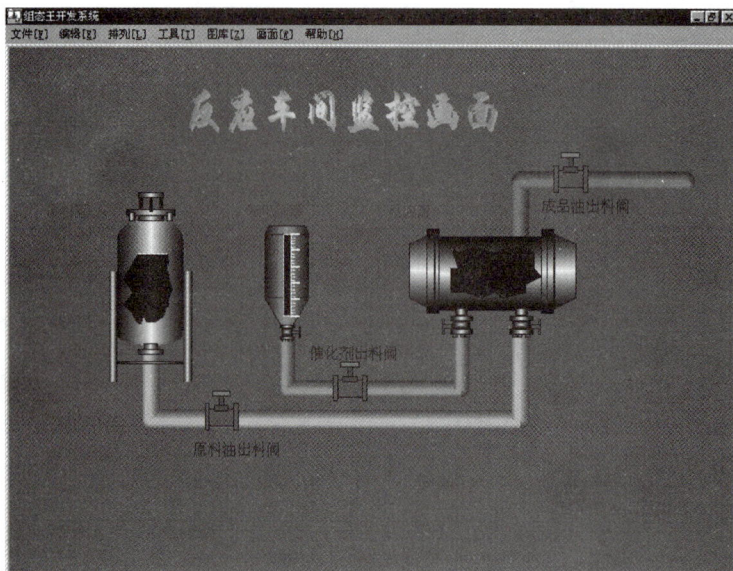

图 12-11　生成的画面

至此，一个简单的反应车间监控画面就建立起来了。

用鼠标选择菜单"文件/全部存"将所完成的画面进行保存。

## 🌱 第三节　定义外部设备和数据变量

本节主要介绍如何定义外部设备和变量。如果要用组态王监控 PLC 中的数据，首先要在组态王中定义 PLC 为外部设备，再定义具体的数据变量与 PLC 中的软元件地址相对应。

### 一、定义外部设备

组态王把那些需要与之交换数据的设备或程序都作为外部设备。外部设备包括：下位机（PLC、仪表、模块、板卡、变频器等），它们一般通过串行口和上位机交换数据；其他 Windows 应用程序，它们之间一般通过 DDE 交换数据；外部设备还包括网络上的其他计算机。

只有在定义了外部设备之后，组态王才能通过 I/O 变量和它们交换数据。为方便定义外部设备，组态王设计了"设备配置向导"引导一步步完成设备的连接。

本教程中使用仿真 PLC 和组态王通信。仿真 PLC 可以模拟 PLC 为组态王提供数据。假设仿真 PLC 连接在计算机的 COM1 口。

在组态王工程浏览器的左侧选中"COM1"，在右侧双击"新建"按钮，运行"设备配置向导"，出现如图 12-12 所示画面。

**注意**　组态王提供一个仿真 PLC 设备，用来模拟实际 PLC 设备向画面程序提供数据，供用户调试。

选择"仿真 PLC"的"串口"项，单击"下一步"按钮，出现如图 12-13 所示画面，为外部设备取一个逻辑名称，输入 PLC1。单击"下一步"按钮，出现如图 12-14 所示画面，为设备选择连接串口，假设为 COM1。

**注意** 在实际连接设备时，地址的设置要和在设备上配置的地址要一致。

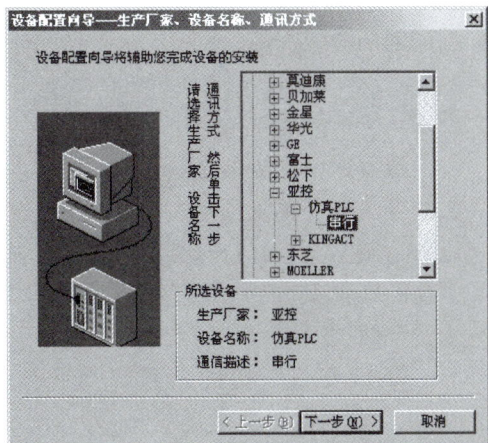

图 12-12 设备配置向导

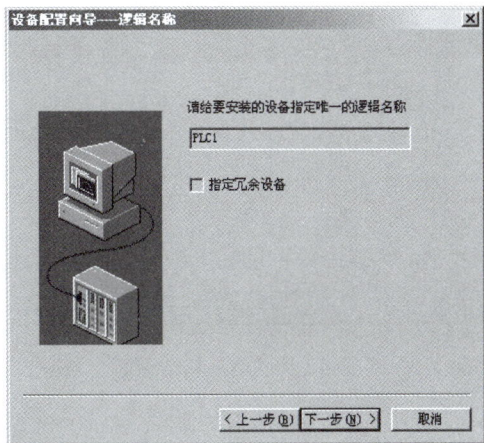

图 12-13 设置逻辑名称画面

在图 12-14 中，单击"下一步"按钮，出现如图 12-15 所示画面，设置通信故障恢复参数（一般情况下使用系统默认设置即可），单击"下一步"出现信息总结的画面，如图 12-16 所示，请检查各项设置是否正确，确认无误后，单击"完成"按钮。

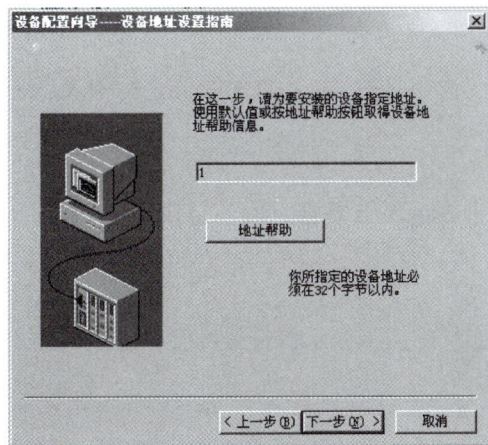

图 12-14 设备地址设置

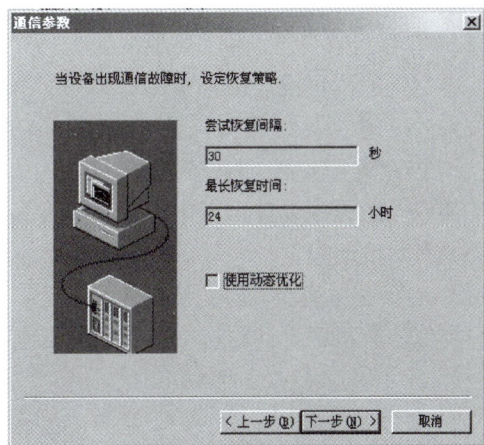

图 12-15 设置通信故障恢复参数

设备定义完成后，可以在工程浏览器的右侧看到新建的外部设备"PLC1"。在定义数据库变量时，只要把 IO 变量连接到这台设备上，它就可以和组态王交换数据了。

## 二、数据库的作用

数据库是"组态王"最核心的部分。在 TouchView 运行时，工业现场的生产状况要以动画的形式反映在屏幕上，操作者在计算机前发布的指令也要迅速送达生产现场，所有这一切都是以实时数据库为中介环节，所以说数据库是联系上位机和下位机的桥梁。

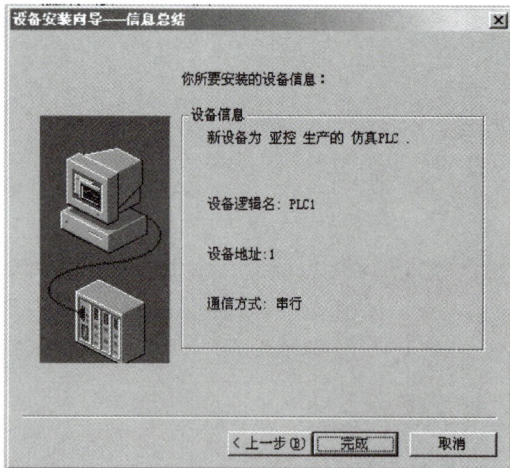

图 12-16　信息总结画面

数据库中变量的集合形象地称为"数据词典"，数据词典记录了所有用户可使用的数据变量的详细信息。

在组态王软件中数据库分为有实时数据库和历史数据库。

### 三、数据词典中变量的类型

数据库中存放的是制作应用系统时定义的变量以及系统预定义的变量。变量可以分为基本类型和特殊类型两大类。基本类型的变量又分为"内存变量"和"I/O变量"两类。

"I/O变量"指的是需要"组态王"和其他应用程序（包括 I/O 服务程序）交换数据的变量。这种数据交换是双向的、动态的，也就是说，在"组态王"系统运行过程中，每当 I/O 变量的值改变时，该值就会自动写入远程应用程序；每当远程应用程序中的值改变时，"组态王"系统中的变量值也会自动更新。所以，那些从下位机采集来的数据、发送给下位机的指令，比如"反应罐液位"、"电源开关"等变量，都需要设置成"I/O 变量"。那些不需要和其他应用程序交换、只在"组态王"内需要的变量，比如计算过程的中间变量，就可以设置成"内存变量"。

基本类型的变量也可以按照数据类型分为离散型、模拟型、长整数型和字符串型。

1. 内存离散变量、I/O 离散变量

类似一般程序设计语言中的布尔（BOOL）变量，只有 0、1 两种取值，用于表示一些开关量。

2. 内存实型变量、I/O 实型变量

类似一般程序设计语言中的浮点型变量，用于表示浮点数据，取值范围 $10E-38\sim10E+38$，有效值 7 位。

3. 内存整数变量、I/O 整数变量

类似一般程序设计语言中的有符号长整数型变量，用于表示带符号的整型数据，取值范围 $-2\,147\,483\,648\sim2\,147\,483\,647$。

4. 内存字符串型变量、I/O 字符串型变量

类似一般程序设计语言中的字符串变量，可用于记录一些有特定含义的字符串，如名称、密码等，该类型变量可以进行比较运算和赋值运算。

特殊变量类型有报警窗口变量、报警组变量、历史趋势曲线变量、时间变量四种。这几种特殊类型的变量正是体现了"组态王"系统面向工控软件、自动生成人机接口的特色。

### 四、定义变量的方法

对于我们将要建立的"监控中心"，需要从下位机采集一个原料油的液位、一个催化剂液位和一个成品油液位，所以需要在数据库中定义这三个变量。因为这些数据是通过驱动程序采集到的，所以三个变量的类型都是 I/O 实型变量。这三个变量分别命名为"原料油液

位"、"催化剂液位"和"成品油液位",定义方法如下:

在工程浏览器的左侧选择"数据词典",在右侧双击"新建"按钮,弹出"变量属性"对话框,如图 12-17 所示。

对话框设置如下:

变量名:"原料油液位";

变量类型:I/O 实数;

变化灵敏度:0;

初始值:0;

最小值:0;

最大值:100;

最小原始值:0;

最大原始值:100;

转换方式:线性;

连接设备:PLC1;

寄存器:DECREA100;

数据类型:INT;

采集频率:1000 毫秒;

读写属性:只读。

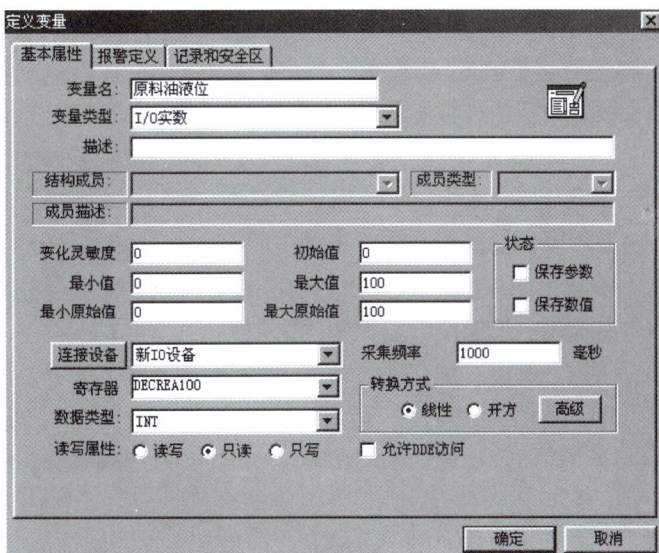

图 12-17 "变量属性"对话框

英文字母的大小写无关紧要。设置完成后,单击"确定"按钮。

用类似的方法建立"催化剂液位"和"成品油液位"两个变量。

在该演示工程中使用的设备为仿真的 PLC,仿真 PLC 提供五种类型的内部寄存器变量 INCREA、DECREA、RADOM、STATIC、CommErr,寄存器 INCREA、DECREA、RADOM、STATIC 的编号从 1~1000,变量的数据类型均为整型(即 INT)。

递增寄存器 INCREA100 变化范围 0~100,该寄存器的值周而复始的由 0 递加到 100。

递减寄存器 DECREA100 变化范围 0~100,该寄存器的值周而复始的由 100 递减为 0。

随机寄存器 RADOM100 变化范围 0~100,该寄存器的值在 0~100 之间随机的变动。

该寄存器变量是一个静态变量,可保存用户下发的数据,当用户写入数据后就保存下来,并可供用户读出。

## 五、变量基本属性的说明

### 1. 变量名

变量名是唯一标识一个应用程序中数据变量的名字,同一应用程序中的数据变量不能重名,数据变量名区分大小写,最长不能超过 32 个字符。用鼠标左键单击编辑框的任何位置进入编辑状态,工程人员此时可以输入变量名字,变量名可以是汉字或英文名字,第一个字符不能是数字。例如,温度、压力、液位、var1 等均可以作为变量名。变量的名称(包括结构变量)最多为 31 个字符。

### 2. 变量类型

在对话框中只能定义 8 种基本类型中的一种,用鼠标左键单击变量类型下拉列表框列出可供选择的数据类型,当定义有结构变量时,一个结构就是一种变量类型。

3. 描述

此编辑框用于编辑和显示数据变量的注释信息。若想在报警窗口中显示某变量的描述信息，可在定义变量时，在描述编辑框中加入适当说明，并在报警窗口中加上描述项，则在运行系统的报警窗口中可见该变量的描述信息。（最长不超过 39 个字符）

4. 变化灵敏度

数据类型为模拟量或长整型时此项有效。只有当该数据变量的值变化幅度超过"变化灵敏度"时，"组态王"才更新与之相连接的图素（缺省为 0）。

5. 最小值

指示该变量值在数据库中的下限。

6. 最大值

指示该变量值在数据库中的上限。

注意　组态王中最大的精度为 float 型，四个字节，定义最大值时注意不要越限。

7. 最小原始值

指示前面定义的最小值所对应的输入寄存器的值的下限。

8. 最大原始值

指示前面定义的最大值所对应的输入寄存器的值的上限。

9. 保存参数

在系统运行时，修改变量的域的值（可读可写型），系统自动保存这些参数值，系统退出后，其参数值不会发生变化。当系统再启动时，变量的域的参数值为上次系统运行时最后一次的设置值，无需用户再去重新定义，变量域的说明请查看在线帮助。

10. 保存数值

系统运行时，当变量的值发生变化后，系统自动保存该值。当系统退出后再次运行时，变量的初始值为上次系统运行过程中变量值最后一次变化的值。

11. 初始值

这项内容与所定义的变量类型有关，定义模拟量时出现编辑框可输入一个数值，定义离散量时出现开或关两种选择。定义字符串变量时出现编辑框可输入字符串，它们规定软件开始运行时变量的初始值。

12. 连接设备

只对 I/O 类型的变量起作用，工程人员只需从下拉式"连接设备"列表框中选择相应的设备即可。此列表框所列出的连接设备名是组态王设备管理中已安装的逻辑设备名。

工程人员用户要想使用自己的 I/O 设备，首先单击"连接设备"按钮，则"变量属性"对话框自动变成小图标出现在屏幕左下角，同时弹出"设备配置向导"对话框，工程人员根据安装向导完成相应设备的安装，当关闭"设备配置向导"对话框时，"变量属性"对话框又自动弹出。

工程人员也可以直接从设备管理中定义自己的逻辑设备名。如果连接设备选为 Windows 的 DDE 服务程序，则"连接设备"选项下的选项名为"项目名"；如果连接设备选为 PLC、板卡等，则"连接设备"选项下的选项名为"寄存器"；如果连接设备选为板卡等，则"连接设备"选项下的选项名为"通道"。

13. 项目名

DDE 会话中的项目名，可参考 Windows 的 DDE 交换协议资料。

14. 寄存器

指定要与组态王定义的变量进行连接通信的寄存器变量名，该寄存器与工程人员指定的连接设备有关。

15. 转换方式

规定 I/O 模拟量输入原始值到数据库使用值的转换方式。

16. 线性

用原始值和数据库使用值的线性插值进行转换。

17. 开方

用原始值的平方根进行转换。

18. 高级

提供两种高级数据转换方式：非线性查表和累计算法。

(1) 非线性查表。在实际应用中，对一些模拟量的采集，如热电阻、热电偶等的信号为非线性信号，如果采用一般的分段线性化的方法进行转换，不但要做大量的程序运算，而且还会存在很大的误差，达不到要求。在组态王中引入了通用查表的方式，进行数据的非线性转换。用户可以输入数据转换标准表，组态王将采集到的数据的设备原始值和变量原始值进行了线性对应后（此处"设备原始值"是指从设备采集到的原始数据；"变量原始值"是指经过组态王的最大、最小值和最大、最小原始值转换后的值，包括开方和线性，"变量原始值"以下通称"原始值"），将通过查表得到工程值，在组态王运行系统中显示工程值或利用工程值建立动画连接。线性表是用户先定义好的原始值和工程值一一对应的表格，当转换后的原始值在线性表中找不到对应的项时，将按照指定的公式进行计算，公式将在后面介绍。非线性查表转换的定义分为两个步骤：

1) 变量将按照变量定义画面中的最大值、最小值、最大原始值和最小原始值进行线性转换，即将从设备采集到的原始数据经过与组态王的初步转换。

2) 将上述转换的结果按照线性表进行查表转换，得到变量的工程值，用于在运行时显示、存储数据、进行动画连接等。关于非线性查表转换方式的具体使用如下：

① 建立线性表。在工程浏览器的目录显示区中，选中大纲项"文件"下的成员"线性表"，单击"新建"按钮，弹出"分段线性化定义"对话框，如图 12-18 所示。

表格共三列，第一列为序号，增加点时系统自动生成。第二列是原始值，该值是指从设备采集到的原始数据经过与组态王变量定义界面上的最小值、最大值、最小原始值、最大原始值转换后的值。第三列为该原始值应该对应的工程值。

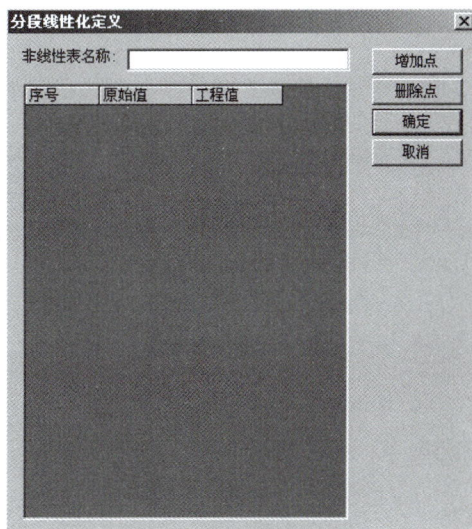

图 12-18　分段线性化定义

135

a. 线性表名称。在此编辑框内输入线性表名称，线性表名称唯一，表名可以为数字或字符，最长为 17 个字符。

b. 增加点。增加原始值与工程值对应的关系点数。单击该按钮后，在"线性化分段定义"显示框中将增加一行，序号自动增加，值为空白或上一行的值。用户根据数据对应关系，在表格框中写入值，即对应关系。

c. 删除点。删除表格中不需要的线性对应关系。选中表格中需要删除行中的任意一格，单击该按钮就可删除。

② 对变量进行线性转换定义。在数据词典中选择需要查表转换的 I/O 变量，双击该变量名称后，弹出"变量属性"对话框。在"变量定义"界面上，单击"转换方式"下的"高级"按钮，弹出"数据转换"对话框，默认选项为"无"。当用户需要对采集的数据进行线性转换时，请选中"查表"一项。其右边的下拉列表框和"＋"按钮变为有效。单击下拉列表框右边的箭头，系统会自动列出已经建好的所有线性表，从中选取即可。如果还未建立合适的线性表，可以单击"＋"按钮，弹出"分段线性化定义"对话框，用户根据需要建立线性表。

运行时，变量的显示和建立动画连接都将是查表转换后的工程值。查线性表的计算公式为：

$$[(后工程值－前工程值)×(当前原始值－前原始值)/(后原始值－前原始值)]＋前工程值$$

式中　当前原始值——当前变量的变量原始值；

后工程值——当前原始值在表格中原始值项所处的位置的后一项数值对应关系中的工程值；

前工程值——当前原始值在表格中原始值项所处的位置的前一项数值对应关系中的工程值；

后原始值——当前原始值在表格中原始值项所处的位置的后一原始值；

前原始值——当前原始值在表格中原始值项所处的位置的前一原始值。

示例：在建立的线性列表中，数据对应关系为：

| 序号 | 原始值 | 工程值 |
|------|--------|--------|
| 1    | 4      | 8      |
| 2    | 6      | 14     |

那么当原始值为 5 时，其工程值的计算为：

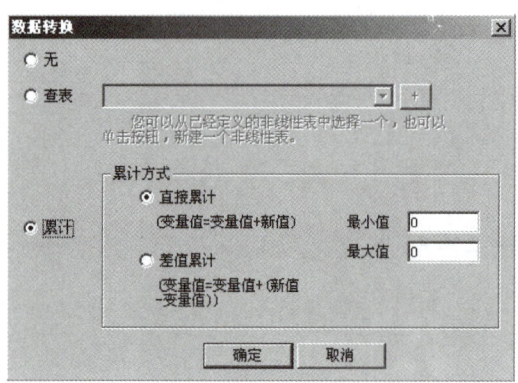

图 12-19　数据转换对话框

工程值＝$[(14－8)×(5－4)/(6－4)]$＋8，即为 11。在画面中显示的该变量值为 11。

（2）累计算法。累计是在工程中经常用到的一种工作方式，经常用在流量、电量等计算方面。组态王的变量可以定义为自动进行数据的累计。组态王提供两种累计算法：直接累计和差值累计。累计计算时间与变量采集频率相同，对于两种累计方式均需定义累计后的值的最大最小值范围，如图 12-19 所示。

当累计后的变量的数值超过最大值时，变量的数值将恢复为该对话框中定义的最小值。

1）直接累计。从设备采集的数值，经过线性转换后直接与该变量的原数值相加。计算公式为：

$$变量值＝变量值＋采集的数值$$

[例 12-1] 管道流量 $S$ 计算，采集频率为 1000ms，5s 之内采集的数据经过线性转换后工程值依次为 $S_1＝100$、$S_2＝200$、$S_3＝100$、$S_4＝50$、$S_5＝200$，那么 5s 内直接累计流量结果为：$S＝S_1＋S_2＋S_3＋S_4＋S_5$，即为 650。

2）差值累计。变量在每次进行累计时，将变量实际采集到的数值与上次采集的数值求差值，对其差值进行累计计算。当本次采集的数值小于上次数值时，即差值为负时，将通过变量定义的画面中的最大值和最小值进行转化。差值累计计算公式为：

$$变量值＝显示旧值＋（变量本次采集新值－变量上次采集旧值）（公式一）$$

当变量新值小于变量旧值时，公式为：

$$变量值＝显示旧值＋（变量本次采集新值－变量上次采集旧值）$$
$$＋（变量最大值－变量最小值）（公式二）$$

变量最大值、变量最小值是在变量属性定义画面最大、最小值中定义的变量最大值、变量最小值。

[例 12-2] 要求如例 12-1，变量定义画面中定义的变量初始值为 0，最大值为 300。那么 5s 之内的差值累计流量计算为：

第 1 次：$S(1)＝S(0)＋ABS(100－0)＝100$（采用公式一）

第 2 次：$S(2)＝S(1)＋ABS(200－100)＝200$（采用公式一）

第 3 次：$S(3)＝S(2)＋ABS(100－200)＋(300－0)＝600$（采用公式二）

第 4 次：$S(4)＝S(3)＋ABS(50－100)＋(300－0)＝950$（采用公式二）

第 5 次：$S(5)＝S(4)＋ABS(200－50)＝1100$（采用公式一）即 5s 之内的差值累计流量为 1100。

19. 数据类型

只对 I/O 类型的变量起作用，共有 8 种数据类型供用户使用，这 8 种数据类型分别是：

Bit：1 位；范围是：0 或 1。

BYTE：8 位，1 个字节；范围是：0～255。

INT：16 位，2 个字节；范围是：－32768～32767。

UINT：16 位，2 个字节；范围是：0～65535。

BCD：16 位，2 个字节；范围是：0～9999。

LONG：32 位，4 个字节；范围是：0～2147483647。

LONGBCD：32 位，4 个字节；范围是：0～99999999。

FLOAT：32 位，4 个字节；范围是：$10e^{-38}～10e^{38}$。

20. 采集频率

用定义数据变量的采样频率。

21. 读写属性

定义数据变量的读写属性，工程人员可根据需要定义变量为"只读"属性、"只写"属性、"读写"属性。

（1）只读。对于进行采集的变量一般定义属性为只读，其采集频率不能为 0。

（2）只写。对于只需要进行输出而不需要输入的变量一般定义属性为只写。

**示例**：特殊应用模块中的看门狗功能。

当采集频率为 0 时，只要组态王上的变量值发生变化时，就会进行写操作；当采集频率不为 0 时，会不停地往下写。

（3）读写。对于需要进行输入控制又需要读回的变量一般定义属性为读写。

22. 允许 DDE 访问

组态王用 COM 组件编写的驱动程序与外围设备进行数据交换，为了使工程人员用其他程序对该变量进行访问，可通过选中"允许 DDE 访问"，即可与 DDE 服务程序进行数据交换，项目名为设备名. 寄存器名。

组态王软件从其他 Windows 程序（VB、EXCEL 等）获得的 DDE 变量值或从其他设备（如 PLC）获得的 I/O 变量值，称为原始值。当在数据词典中规定数据变量名字时，同时规定了最小原始值和最大原始值。

例如，若将最小原始值设为 100，则如果由 I/O 服务器接收的实际值为 95，则这个实际值被舍弃，数据库把变量的原始值自动置为 100。

当在数据词典中定义 I/O 实型或长整数变量时，还必须确定最小值和最大值，这是因为 TouchView 不使用原始值，而使用转换后的值（也可以称为工程单位）。最小原始值、最大原始值和最小值、最大值这四个数值就用来确定原始值与变量值之间的转换比例。原始值到变量值之间的转换方式有线性和平方根两种，线性方式把最小原始值到最大原始值之间的原始值，线性转换到最小值至最大值之间。平方根用原始值的平方根值进行插值。转换比例选择示意图如图 12-20 所示。

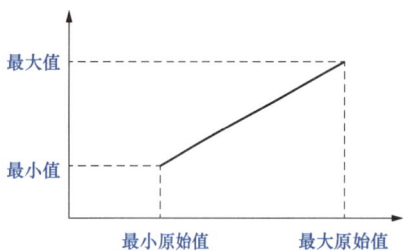

图 12-20 转换比例选择示意图

由图 12-20 可知

$$转换比例＝（最大值－最小值）÷（最大原始值－最小原始值）$$

则

$$数据库内部使用的值＝转换比例×（输入原始值－最小原始值）＋最小值$$

[**例 12-3**]　与 PLC 电阻器连接的流量传感器在空流时产生 0 值，在满流时产生 9999 值。如果输入如下的数值：

$$最小原始值＝0，最小值＝0$$
$$最大原始值＝9999，最大值＝100$$
$$其转换比例＝（100－0）/（9999－0）＝0.01$$

则

如果原始值为 5000 时，内部使用的值为 5000×0.01＝50。

[**例 12-4**]　与 PLC 电阻器连接的流量传感器在空流时产生 6400 值，在 300GPM 时产生 32000 值。应当输入下列数值：

$$最小原始值＝6400，最小值＝0$$
$$最大原始值＝32000，最大值＝300$$

其转换比例＝（300－0）/（32000－6400）＝3/256

则

如果原始值为 19200 时，内部使用的值为（19200－6400）×3/256＝150；原始值为 6400 时，内部使用的值为 0；原始值小于 6400 时，内部使用的值为 0。

至此，数据变量已经完全建立起来，而对于大批同一类型的变量，组态王还提供了可以快速成批定义变量的方法——即结构变量的定义。

## 六、结构变量

### 1. 结构变量的作用

为方便用户快速、成批定义变量，组态王支持结构变量。结构变量是指利用定义的结构模板在组态王中定义变量，该结构模板包含若干个成员，当定义的变量的类型为该模板类型时，该模板下所有的成员都成为组态王的变量。结构变量中结构模板数目最多为 64 个，而且模板允许两层嵌套，即在定义了多个结构模板后，在一个结构模板的成员数据类型中可嵌套其它结构模板数据类型。

### 2. 结构变量的定义

在组态王工程浏览器中选择数据库下的"结构变量"，双击右侧的提示，进入结构变量定义对话框，如图 12-21 所示。

图 12-21　结构变量定义

在图 12-21 中，点击"新建结构"按钮，增加新的结构。弹出结构变量名输入对话框，如图 12-22 所示，定义结构变量名称。

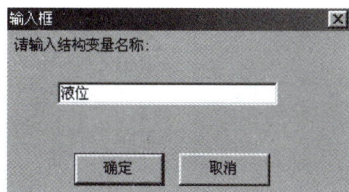

图 12-22　定义结构变量名称

输入结构变量名称，如图 12-22 所示，单击"确定"按钮，在结构变量树状目录中显示出用户定义的结构模板，如图 12-23 所示。

选中"液位"结构模板，然后单击"增加成员"按钮，弹出添加成员对话框，如图 12-24 所示。在输入成员文本框中输入成员名称，即模板下的变量的名称。然后单击成员类型列表框，选择该成员的数据类型，常用的类型为：整形、实型、离散型、字符串型，另外，如果用户定义了其他的结构模板，此时，其结构模板的名称也出现在数据类型中，用户选择结构模板作为数据类型，将其嵌入当前结构模块中。定义完毕后，单击"确定"按钮。

按照上述方法，可定义多个结构模板。

### 3. 结构变量的使用

（1）定义结构变量类型变量。

在组态王的工程浏览器中，单击数据库中的变量词典，然后单击右侧的"新建"按钮，

图 12-23 建立的结构变量

图 12-24 增加成员

弹出变量属性对话框，如图 12-25 所示。

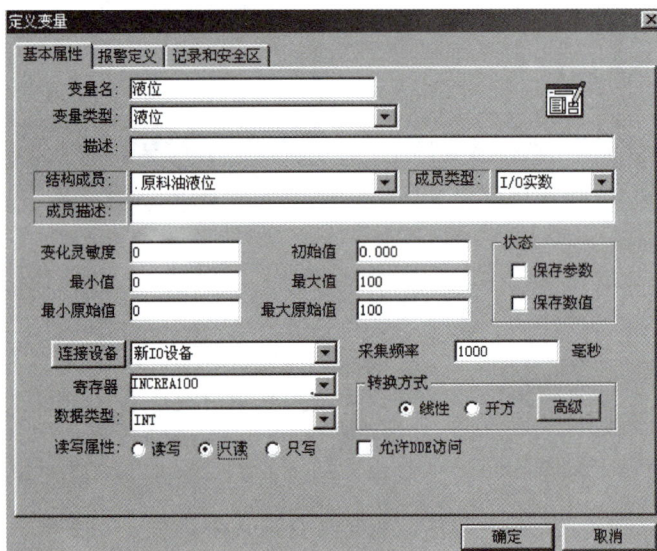

图 12-25 定义变量画面

在变量名称中添入要定义的变量名；当在数据库中定义了结构变量后，这时在变量类型列表中多了定义的结构模板，此时在变量类型列表中选择已经定义的结构模板的名称，如图 12-25 所示；描述中输入对该变量的描述文字；在结构成员中选择该模板结构中的每一个成员；在成员类型中选择该成员的变量类型（因为其数据类型在定义结构变量时已经定义过，所以在此处只是选择内存型、I/O 型）；其余各项定义与定义组态王普通变量一致。定义完毕后，单击"确定"按钮完成。这样，在数据词典里定义一个变量，利用结构变量，这一个变量代表很多个变量（因为一个结构中有着很多个成员）。数据词典中定义的结构类型变量的 ID 号为其最后一个成员的 ID 号。

（2）在画面或命令语言中使用结构变量。在画面或命令语言中使用结构变量，变量表达式的格式为：变量名.结构成员名称，如图 12-26 所示，单击"确定"按钮即可。

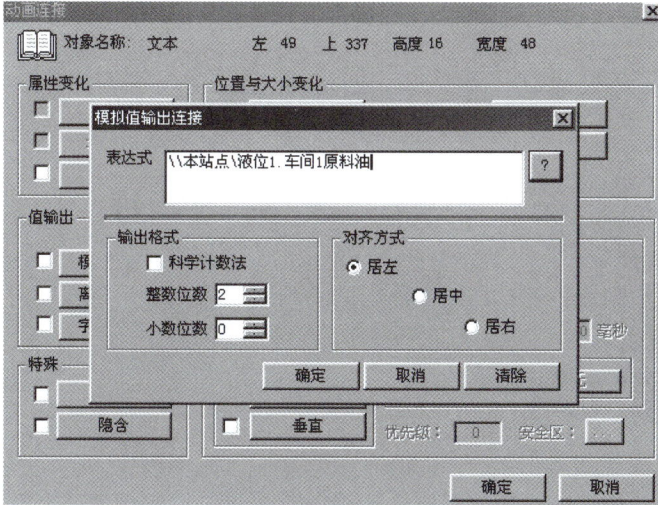

图 12-26　在画面或命令语言中使用结构变量

# 第十三章
# 动 画 组 态

## 第一节 动 画 连 接

本节主要介绍动画连接的概念，掌握定义动画连接的方法，学习如何使用命令语言组态动画。

### 一、动画连接的作用

所谓"动画连接"就是建立画面的图素与数据库变量的对应关系。对于我们已经建立的"监控中心"，如果画面上的原料油罐图素能够随着变量"原料油液位"等变量值的大小变化实时地显示液位的高低，那么对于操作者来说，他就能够看到一个真实反映工业现场的监控画面，这正是学习本节的目的。

### 二、液位动画设置

在画面上双击图形对象"原料油罐"，弹出该图库的动画连接对话框，设置如图 13-1 所示。

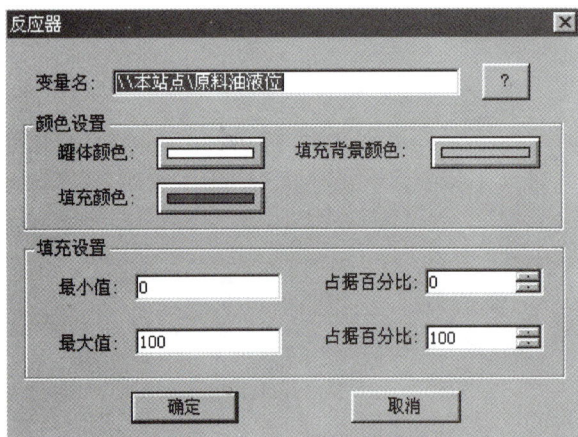

图 13-1　原料油罐动画连接对话框

单击"确定"按钮，完成原料油罐的动画连接。这样建立连接后，变量"原料油液位"的变化就通过相应颜色的填充范围表示出来，并且填充的高度随着变量值的变化而变化。

用同样的方法设置催化剂罐和成品油罐的动画连接。

作为一个实际可用的监控程序，操作者可能需要知道罐液面的准确高度，而不仅是形象的表示，这个功能由"模拟值动画连接"来实现。

在工具箱中选用文本工具，在原料油罐旁边输入字符串"＃＃＃＃"。这个字符串是任意的，例如，可以输入"原料油罐液位"。当工程运行时，实际画面上字符串的内容将被您需要输出的模拟值所取代。

用同样的方法，在催化剂罐和成品油罐旁边输入字符串。

操作完成后的画面显示如图 13-2 所示。

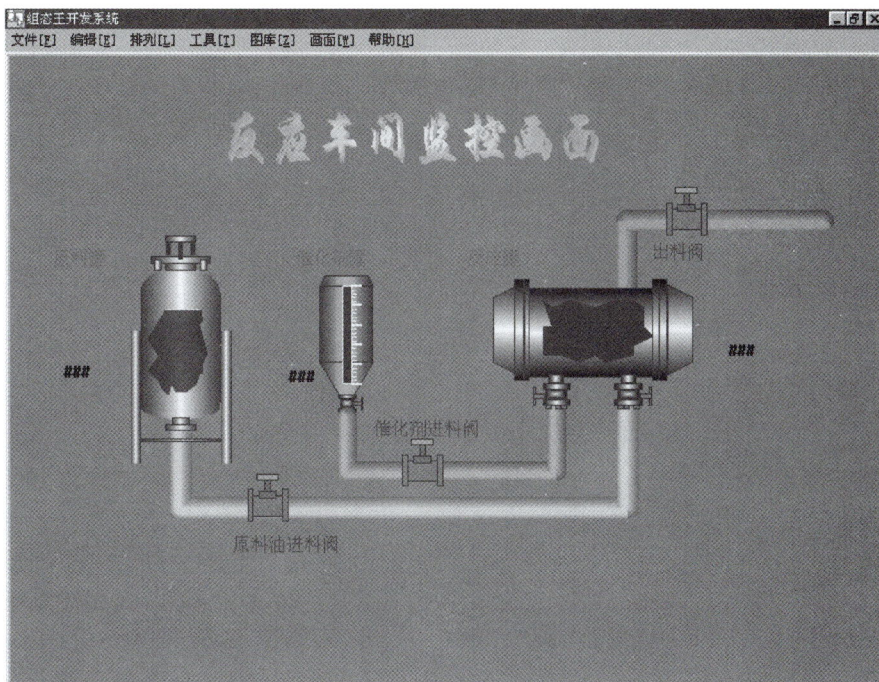

图 13-2    反应车间监控画面

用鼠标左键双击文本对象"####", 弹出"动画连接"对话框, 单击"模拟值输出连接"对话框, 对话框及其设置如图 13-3 所示。

**注意**    单击表达式右侧的"?"按钮, 可以弹出本工程已定义的变量列表。

在此处, "表达式"是要输出的变量的名称。在其他情况下, 此处可以输入复杂的表达式。包括变量名称、运算符、函数等。输出的格式可以随意更改, 它们与字符串"####"的长度无关。

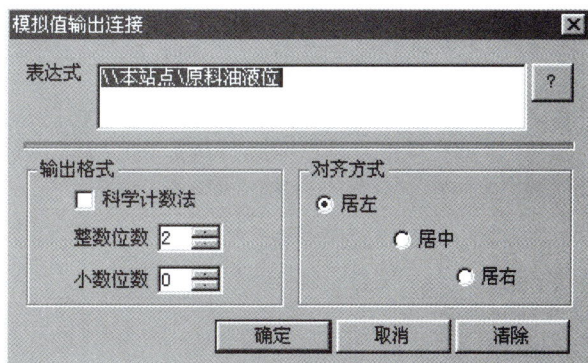

图 13-3    模拟值输出连接对话框

单击对话框的中的"确定"按钮, 完成设置。

用同样的方法, 可为另外两个字符串建立"模拟值输出"动画连接, 连接表达式分别为变量"\\本站点\催化剂液位"和\\本站点\成品油液位。

选择菜单"文件\全部存", 只有在保存画面上的改变之后, 在运行系统才能看到工作成果。

启动运行程序 Touchview。Touchview 启动后, 选择菜单"画面\打开", 在弹出的对话框中选择"监控中心"画面(如果想在 Touchview 启动后便自动进入"监控画面", 则在工程浏览器→系统配置→双击设置运行系统, 在弹出的运行系统设置对话框中选择主画面配置, 通过鼠标选择, 成蓝色的画面名称即可设置为系统启动时自动打开), 则该画面显示如

图 13-4 所示。

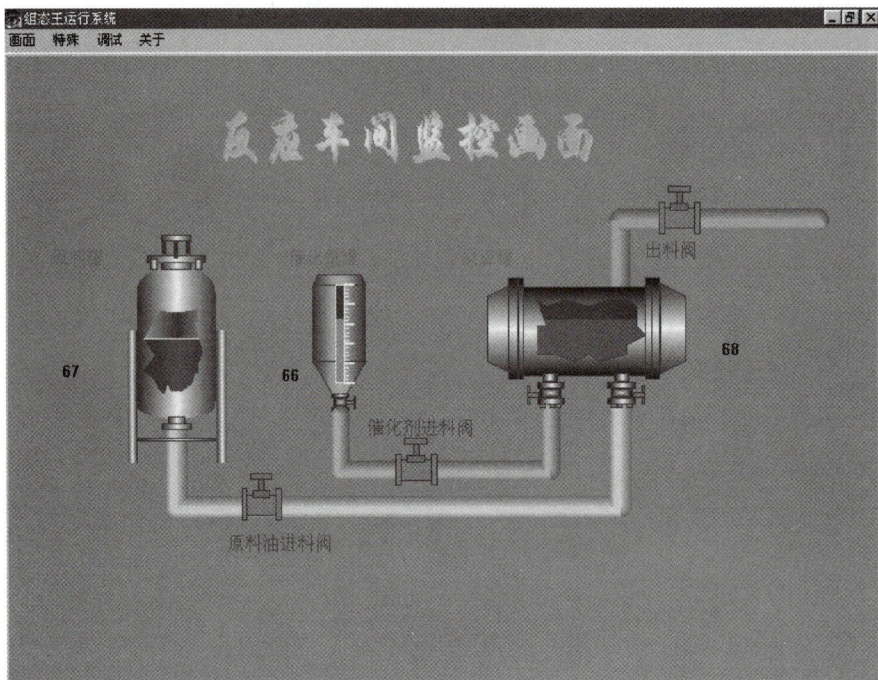

图 13-4　动行画面

## 三、阀门动画设置

在画面上双击"原料油进料阀"图形，弹出该对象的动画连接对话框，如图 13-5 所示。

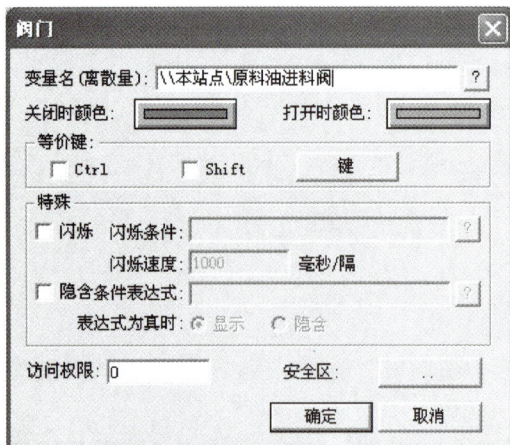

图 13-5　阀门动画对话框

对话框设置如下：

变量名：\\本站点\原料出料阀（离散量）

关闭颜色：红色

打开颜色：绿色

鼠标单击"确定"按钮，原料油进料阀动画设置完毕，当系统进入运行环境时鼠标单击此阀门后，其变成绿色，表示阀门已被打开，再次单击阀门，将关闭阀门，从而达到控制阀门的目的。

用相同的方法设置催化剂进料阀和成品油出料阀的动画连接。连接变量分别为：\\本站点 \ 催化剂进料阀、\\本站点\成品油出料阀。

## 四、液体流动动画设置

1. 定义一个变量

在数据词典中定义一个内存整形变量：

144

变量名：控制水流；

变量类型：内存整形；

初始值：0；

最小值：0；

最大值：5。

2. 组态管道对象

选择工具箱中的"矩形"工具，在原料油管道上画一个小方块，宽度和颜色要和管道相匹配（宽度要略窄于管道宽度、颜色要和管道颜色有区分），然后利用"编辑"菜单中的"复制"、"粘贴"命令复制多个小方块排列成一行作为液体，如图13-6所示。

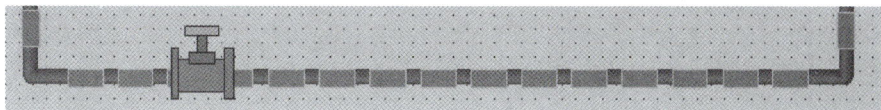

图13-6　管道对象

选择所有的小方块，单击鼠标右键，弹出的下拉菜单中执行"组合拆分\合成组合图素"命令将其组合成一个图素，双击此图素弹出连接对话框，在对话框中单击"水平移动"选项，弹出水平移动设置对话框，如图13-7所示。

**注意**　（1）设置的参数要根据具体情况来进行调节，以达到最好的动态效果。

　　　　（2）向上移动和向下移动可依据相同的方法进行设定，只不过注意移动的方向。

为了达到逼真的动画效果，同时在对话框中单击"隐含"选项，弹出隐含设置对话框，如图13-8所示。

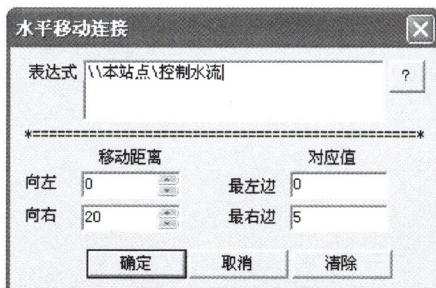

图13-7　水平移动连接

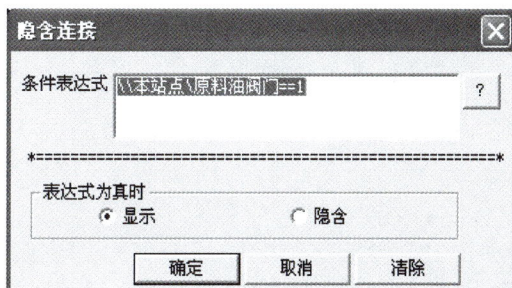

图13-8　隐含连接组态

对话框设置如下：

条件表达式：\\本站点\原料油阀门＝＝1

表达式为真时：显示

或者

条件表达式：\\本站点\原料油阀门＝＝0

表达式为真时：隐含

上述"表达式"（流水控制）中连接的\本站点\控制流水变量是一个内存变量，在运行状态下如果不改变其值的话，它的值是永远为初始值（即0），那么如何改变其值，使变量能够实现控制液体流动的效果呢？

方法 1：鼠标在工程浏览器中双击"命令语言"，然后双击"应用程序命令语言"，弹出"应用程序命令语言"对话框如图 13-9 所示。

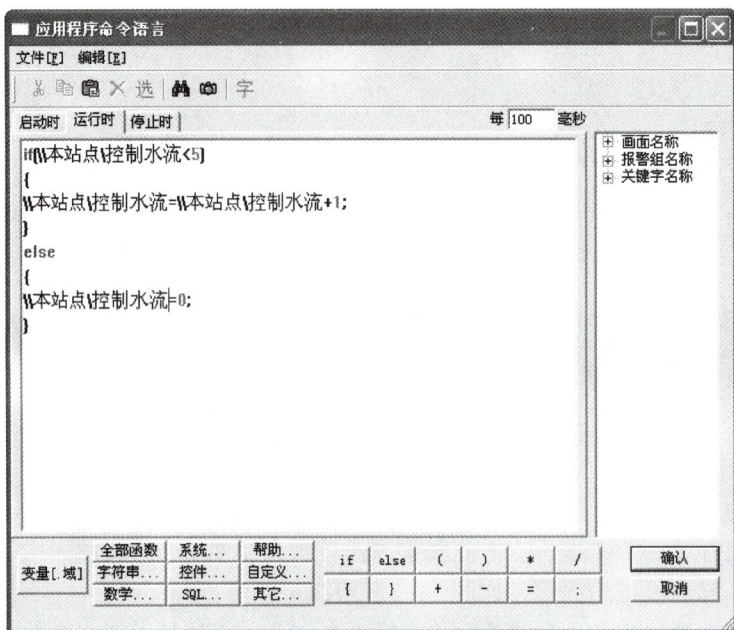

图 13-9 应用程序命令语言组态动画

方法 2：在画面上任一位置单击鼠标右键，在弹出的下拉菜单中选择"画面属性"命令在画面属性对话框中选择"命令语言"选项，弹出命令语言对话框，在对话框中写入命令语言。

在对话框中选择"运行时"输入如下命令语言：

if（\\本站点\控制水流<5）

｛

\\本站点 \ 控制水流＝\\本站点\控制水流＋1；

｝

else

｛

\\本站点\控制水流＝0；

｝

单击"确认"按钮关闭对话框。

**注意** 为了使监控画面动画逼真，采集时间尽量短一些，选择每隔 100ms 采集一次。

利用同样的方法设置催化剂和成品油管道液体流动画面。

单击文件菜单中的"全部存"命令，保存所作的设置。单击"文件"菜单中的"切换到 VIEW"命令，进入运行系统，在画面中可以看到液体保护值并控制阀门的开关从而达到监控现场的目的。

3. **液体流动动画设置方法**

对于反应车间监控画面，如何动态的显示立体管道中正在有液体流动呢？下面用命令语言来实现该动画。

（1）在数据词典中定义变量"流体状态"。

变量类型：内存整型

变量最大值：2

变量最小值：0

（2）在画面上画一段短线，通过调色板改变线条的颜色，通过菜单"工具/选中线形"可选择短线的线形；另外复制生成两段，如下所示：

定义双击第一个短线，弹出动画连接对话框，单击"隐含"按钮，在弹出的"隐含连接"对话框中设置，如图 13-10 所示。

当变量流体状态值为 0，并且原料油进料阀打开时，该短线显示，否则隐含。

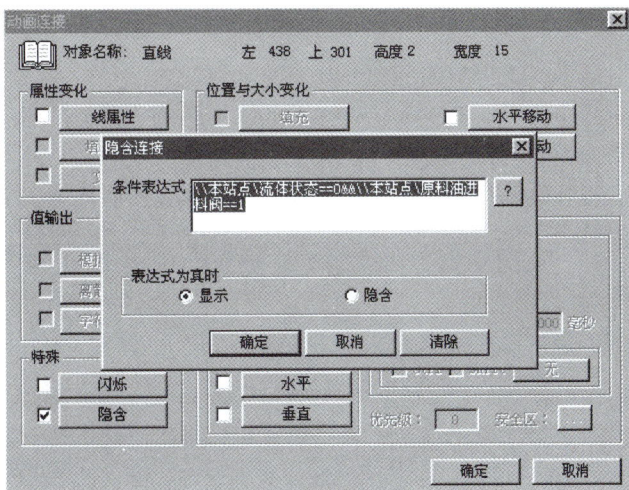

图 13-10　动画连接设置

对另外两段短线的隐含连接条件分别为：

\\本站点\流体状态==1&&\\本站点\原料油进料阀==1

\\本站点\流体状态==2&&\\本站点\原料油进料阀==1

"表达式为真时"，均选中显示。

至此，如果能够在程序中使变量"流体状态"能够在 0～2 之间循环，则三段短线就能循环显示，从而动态地表现了液体流动的形式。

使变量"流体状态"的值在 0～2 之间循环是通过命令语言来实现的。

创建图库精灵。将三段短线选中，单击工具箱的"合成单元"，单击菜单图库/创建图库精灵，在弹出对话框内输入精灵名称，存入一个图库中。

在以后使用该图库精灵时，可以根据需要替换变量名、文本和动画连接。

在工程浏览器左侧选择"应用程序命令语言"，双击右侧的请双击这儿进...，弹出"应用程序命令语言"对话框，如图 13-11 所示。

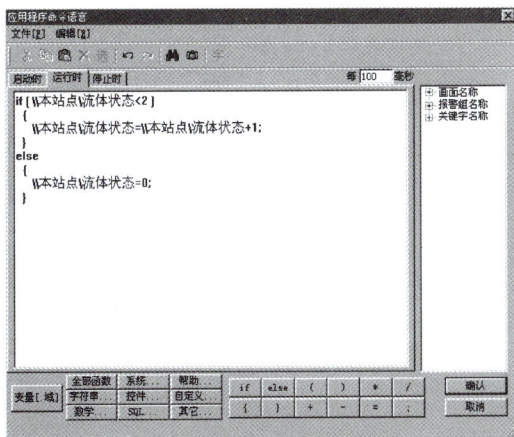

图 13-11　"应用程序命令语言"对话框

在"运行时"一栏下，输入如下语句：

if(\\本站点\流体状态<2)

　{

```
        \\本站点\流体状态＝\\本站点\流体状态＋1；
    }
else
    {
        \\本站点\流体状态＝0；
    }
```

设置命令执行的周期：100ms

这样在程序运行以后，每个 100ms 执行一次上述语句，是变量"流体状态"的值在 0～2 之间循环，从而使得三段短线能够循环显示。

将画面保存后，运行会出现如图 13-12 所示效果。

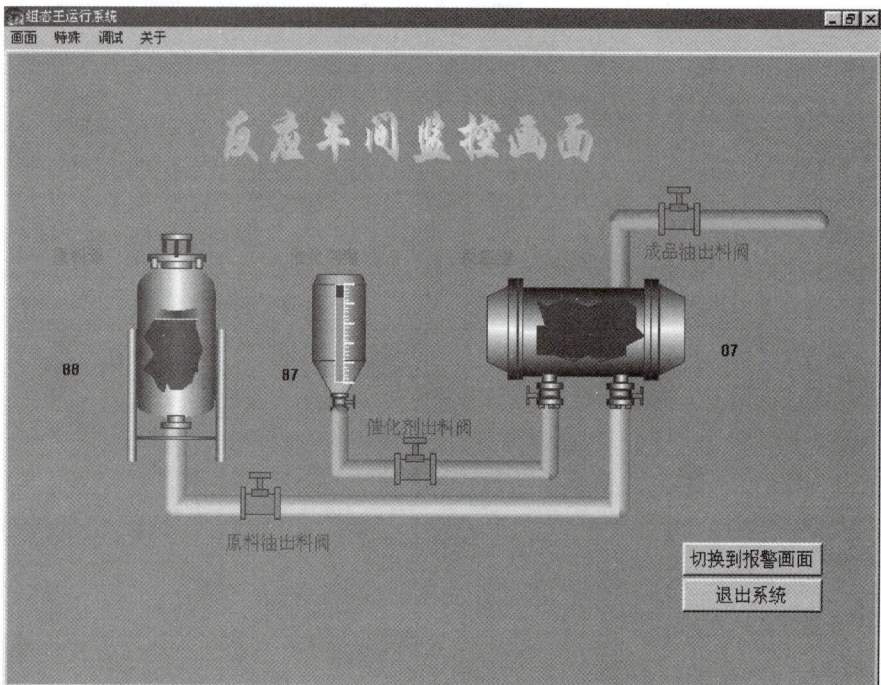

图 13-12 运行画面

切换原料油出料阀，当阀关闭时，不显示流体动画，当原料油出料阀打开时，可以在画面上动态显示流体的流动。

由于只有在反应车间监控画面显示时，才需要动态显示液体的流动，也就是说在该画面没有显示的时候没有必要使变量"流体状态"的值循环。这样就可以采用另外一种命令语言的形式—画面命令语言来实现。操作如下：选择菜单"编辑/画面属性"，或按 Ctrl＋W 组合键，在弹出的"画面属性"对话框中选择"命令语言"按钮，弹出"画面命令语言对话框"，选择"存在时"，在下面输入如下语句，并将应用程序命令语言中的相应语句删除。

```
If (\\本站点\流体状态＜2)
    {
    \\本站点\流体状态＝\\本站点\流体状态＋1；
    }
```

```
else
    {
\\本站点\流体状态＝0；
    }
```

设置命令执行的周期：100ms

则每当该画面被打开以后，上面的语句就以 100ms 的周期执行，从而使变量"流体状态"的值循环变化，同样达到了动画显示液体流动的效果。

## 第二节 命 令 语 言

本节主要介绍命令语言的特点，学习命令语言常用的函数。

### 一、命令语言

组态王除了在定义动画连接时支持连接表达式，还允许用户定义命令语言来驱动应用程序，极大地增强了应用程序的灵活性。

命令语言是一段类似 C 语言的程序，工程人员可以利用这段程序来增强应用程序的灵活性。命令语言包括应用程序命令语言、热键命令语言、事件命令语言、数据改变命令语言、自定义函数命令语言和画面命令语言等。

命令语言的语法和 C 语言非常类似，是 C 的一个子集，具有完备的词法语法查错功能和丰富的运算符、数学函数、字符串函数、控件函数、SQL 函数和系统函数。各种命令语言通过"命令语言编辑器"编辑输入，在"组态王"运行系统中被编译执行。

命令语言有六种形式，其区别在于命令语言执行的时机或条件不同。

1. 应用程序命令语言

可以在程序启动时执行、关闭时执行或者在程序运行期间定时执行。如果希望定时执行，还需要指定时间间隔。

2. 热键命令语言

被链接到设计者指定的热键上，软件运行期间，操作者随时按下热键都可以启动这段命令语言程序。

3. 事件命令语言

规定在事件发生、存在和消失时分别执行的程序。离散变量名或表达式都可以作为事件。

4. 数据改变命令语言

只链接到变量或变量的域。在变量或变量的域的值变化到超出数据字典中所定义的变化灵敏度时，它们就被执行一次。

5. 自定义函数命令语言

提供用户自定义函数功能。用户可以自己定义各种类型的函数，通过这些函数能够实现工程特殊的需要。

6. 画面命令语言

可以在画面显示时、隐含时或者在画面存在期间定时执行画面命令语言。

在定义画面的各种图索的动画连接时，可以进行命令语言的连接。

## 二、退出系统（动画连接命令语言）

如何在程序运行中退出系统，返回 Windows 呢？这就可以用命令语言的形式之一——动画连接命令语言来实现。

1. 在画面上作一个按钮

按钮文本："退出系统"

双击该按钮，弹出"动画连接"对话框，可以选择三种形式的命令语言连接进行定义：按下时、弹起时、按住时。

单击"弹起时"按钮，弹出"命令语言"对话框，如图 13-13 所示。

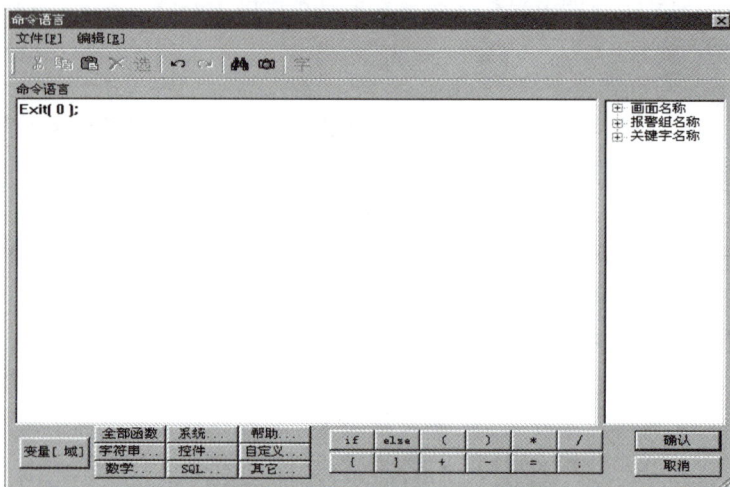

图 13-13　退出系统的命令语言

在命令语言编辑区键入：Exit（0）

按"确认"按钮，关闭对话框，完成设置。

系统运行中，单击该按钮，当按钮弹起的时候，函数 Exit（0）执行，使组态王运行系统退出到 Windows。

如果在工程中建立了一个新的画面，名称为"报警画面"（在后面的课程中将要用到）。那么在当前画面为"监控中心画面"时，如何切换到报警画面显示呢？这就用到了另一个函数：切换画面 ShowPicture（）。

2. 组态一个按钮

按钮文本：切换到报警画面

在该按钮的"弹起时"动画连接命令语言对话框中键入：ShowPicture（"报警画面"），则当系统运行时，单击该按钮，在按钮弹起的时候，该函数执行，使报警画面得以显示。

其他常用的函数有：ClosePicture（）、Bit（）、BitSet（）、FileReadFields（）、FileWriteFields（）、PrintWindow（）、ActivateApp（）、StartApp（）、PlaySound（）等。

## 三、定义热键（热键命令语言）

在实际的工业现场，为了操作的需要可能需要定义一些热键，当某键被按下时，系统执行相应的控制命令。例如，想要使 F1 键被按下时，控制原料油出料阀的状态切换。这样就可以使用命令语言——热键命令语言来实现。

鼠标在工程浏览器的左侧的工程目录显示区内选择"命令语言"下的"热键命令语言"，单击目录内容显示区的"新建"按钮，弹出"热键命令语言"编辑对话框，如图 13-14 所示。

用鼠标单击按钮 键... ，在弹出的"选择键"对话框中选择"F1"键后，关闭对话框，则热键 F1 就显示在 键... 按钮的右侧。

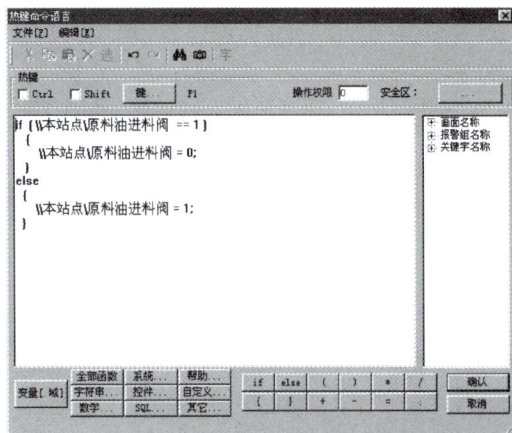

图 13-14 "热键命令语言"对话框

在命令语言编辑区输入如下语句：

```
if  ( \\本站点\原料油进料阀==1)
    {
        \\本站点\原料油进料阀=0；
    }
else
    {
        \\本站点\原料油进料阀=1；
    }
```

用鼠标单击"确认"完成设置（需要注意：命令语句中使用的英文符号应使用英文字符）。

则当工程运行中，按下 F1 键时，执行上述命令：首先判断原料油进料阀的当前状态，如果是打开的，则将其关闭；否则，就将它打开。

以同样的方法定义催化剂出料阀和成品油出料阀状态切换的热键分别定义为键 F2 和 F3。

# 第十四章
# 报 警 和 事 件

本章主要介绍报警和事件窗口的作用，帮助读者学习报警和事件窗口的设置方法，掌握运行的报警和事件窗口的操作方法。

## 一、报警和事件窗口的作用

运行报警和事件记录是监控软件必不可少的功能，"组态王"提供了强有力的支持和简单的控制运行报警和事件记录方法。

组态王中的报警和事件主要包括变量报警事件、操作事件、用户登录事件和工作站事件。通过这些报警和事件，用户可以方便地记录和查看系统的报警、操作和各个工作站的运行情况。当报警和事件发生时，在报警窗中会按照设置的过滤条件实时的显示出来。

为了分类显示报警事件，可以把变量划分到不同的报警组，同时指定报警窗口中只显示所需的报警组。（注：趋势曲线、报警窗口都是一类特殊的变量，有变量名和变量属性等。）

## 二、定义报警组

切换到工程浏览器，在左侧选择"报警组"，然后双击右侧的图标进入"报警组定义"对话框。

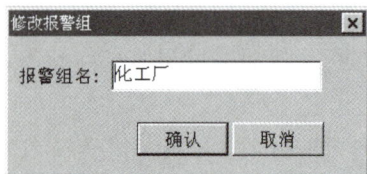

图 14-1 定义报警组

在"报警组定义"对话框中单击"修改"。在"修改报警组"对话框中将"RootNode"修改为"化工厂"，如图 14-1 所示。

单击"确认"按钮，关闭"修改报警组"对话框。

单击"增加"按钮，在"化工厂"报警组下再增加一个分组"反应车间"，如图 14-2 所示。

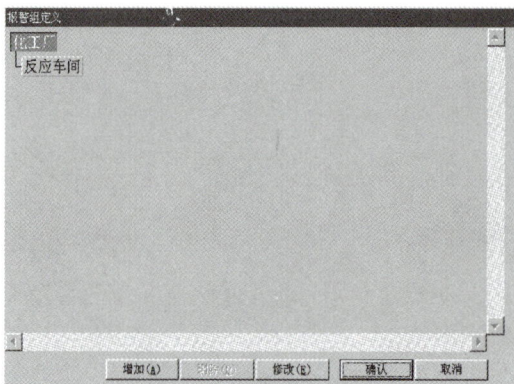

图 14-2 增加一个分组

单击"报警组定义"对话框的"确认"按钮，结束对报警组的设置。

## 三、设置变量的报警定义属性

设置变量"反应罐压力"的报警属性。

在工程浏览器的左侧选择"数据词典"，在右侧双击变量名"反应罐压力"，弹出"定义变量"对话框。

在"定义变量"对话框中单击"报警定义"配置页，弹出对话框及其设置如图 14-3 所示。

单击"确定"，关闭此对话框。采用同样的方法定义"原料油液位"，"催化剂液位""成品油液位"的报警属性。

**注** 只有在"报警定义"对话框中定义了变量所属的报警组和报警方式后，才能在报警和事件窗口中显示此变量报警信息。

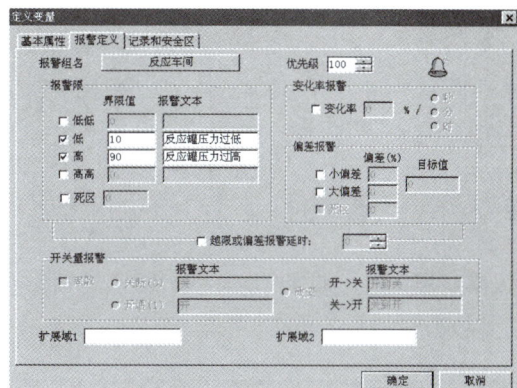

图 14-3　定义变量

## 四、建立报警和事件窗口

1. 建立新画面

对于一个实际可用的系统来说，是由多幅具有不同功能的监控画面构成的。组态王所允许的画面数量是不受限制的。本次讲解的是在一个新的画面上建立报警和事件窗口。

激活 Touchmake 程序，选择菜单"文件＼新画面"。建立一个新画面，画面名称：报警和事件窗口。

2. 绘制报警和事件窗口

在工具箱中选用报警窗口工具 🔔，绘制报警窗口，如图 14-4 所示。

双击此报警窗口对象，弹出"报警窗口配置属性页"对话框，"通用属性配置页"设置如图 14-5 所示。

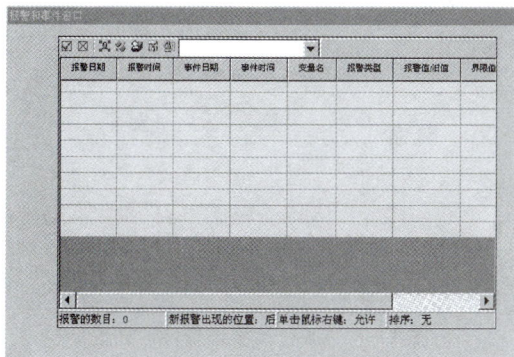

图 14-4　报警和事件窗口

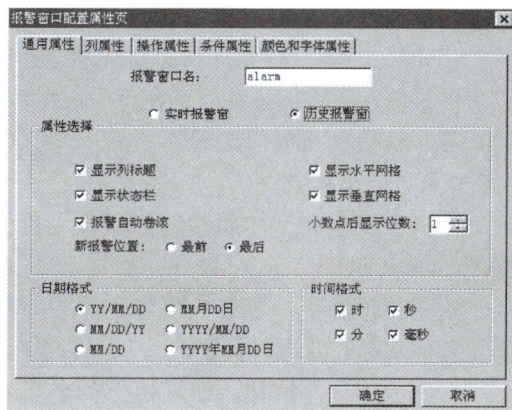

图 14-5　"通用属性配置页"对话框

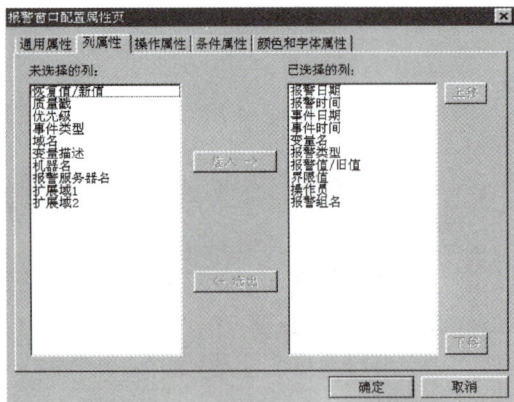

图 14-6 "报警窗口配置属性页"对话框

鼠标单击"列属性"配置页，设置如图 14-6 所示。

这一项允许用户定义在运行系统中需要显示的各项信息。在运行时，将顺序显示报警日期、报警时间、事件日期、事件时间、变量名、报警类型、报警值/旧值、界限值、操作员、报警组名各项信息。

单击"操作属性"配置页，设置如图 14-7 所示。

单击"条件属性"配置页，设置如图 14-8 所示。

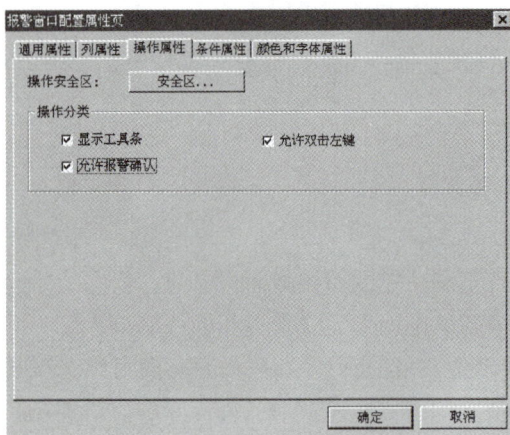

图 14-7 "操作属性"设置

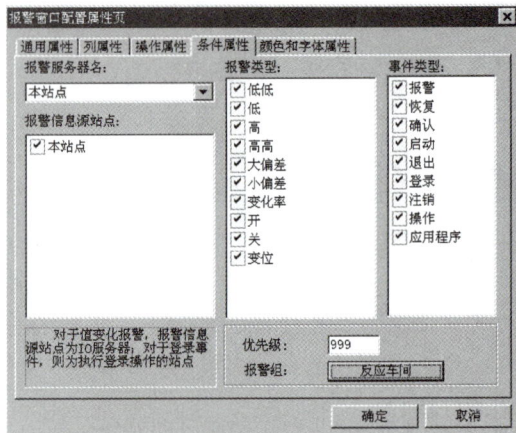

图 14-8 "条件属性"设置

此配置页是设置运行时报警窗口显示的内容所需满足的条件。

报警组：反应车间

优先级：999，即允许所有优先级在 999 以上的报警和事件信息在信息窗口中显示。

注 报警优先级的范围在 1～999 之间，999 是最低的优先级。

单击"颜色和字体属性"配置页，设置如图 14-9 所示。

对于颜色和字体等各项属性，用户可根据工程的实际需要进行设置。

单击"确认"按钮，结束以上的各项设置。选择菜单"文件 \ 全部存"，保存工作成果。运行报警和事件窗口如图 14-10 所示。

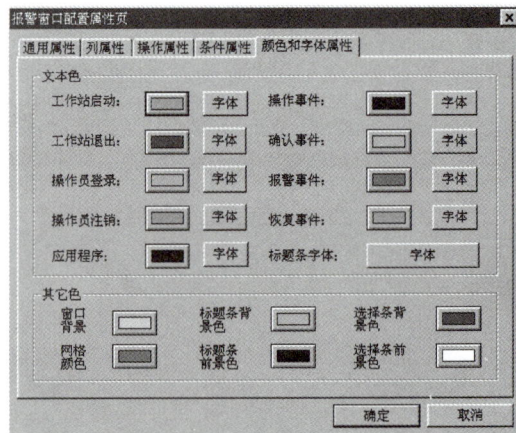

图 14-9 "颜色和字体属性"设置

### 3. 报警窗口的操作

在运行系统中，用户可以通过报警窗口上的图标快捷按钮进行操作。报警窗口上的图标如图 14-11 所示。

各图标的功能如下：

☑：报警确认，确认报警窗中当前选中的未经过确认的报警项。

☒：报警删除，删除报警窗中所有当前选中的项。

🐾：更改报警类型，单击该按钮，从弹出的列表框中选择当前报警窗要显示的报警的报警类型。单击报警窗确认选择，选择完后，从当前开始，报警窗只显示符合选中报警类型的报警，但不影响其他类型报警的产生、记录。

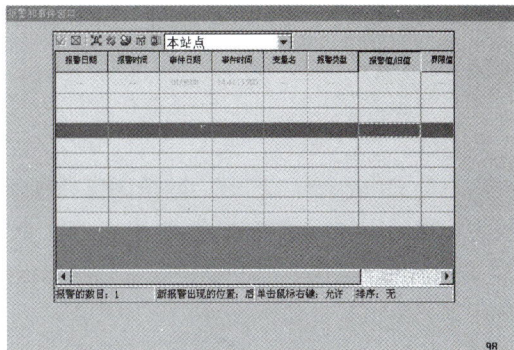

图 14-10　"报警和事件窗口"对话框

图 14-11　报警窗口图标

%：更改事件类型，选择当前报警窗要显示的事件的事件类型。

🔳：更改优先级，选择当前报警窗要显示的报警的优先级。

🏠：更改报警组，选择当前报警窗要显示的报警的报警组。

📠：更改站点名，选择当前报警窗要显示的报警事件等的工作站站点名称。

▭▼：更改报警服务器名，选择当前报警窗要显示的报警的报警服务器名。

**注**　运行系统初始运行时，报警窗按照开发中对报警窗口配置属性进行定义的结果显示。

### 4. 实时报警窗口的自动弹出

首先制作一个实时报警画面，画面属性内选择"覆盖式"。

使用事件命令语言，在事件描述内输入 \\ 本站点 \ $新报警＝＝1，在发生时输入函数如图 14-12 所示。

这样每次有新报警产生就会弹出实时报警画面。

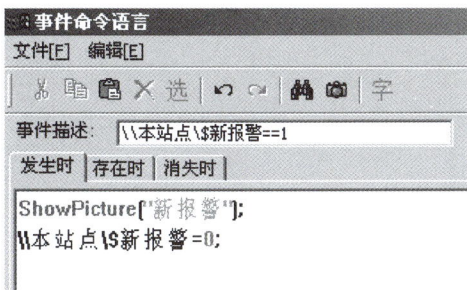

图 14-12　使用事件命令语言

### 5. 报警和事件的输出

报警和事件的输出有四种形式：运行系统报警窗口、文件、数据库和打印机。四种形式输出格式及其他配置可以在报警配置内配置。

（1）文件输出。按照用户在"报警配置"中定义的报警、事件文件记录格式及内容，系统将报警、事件信息记录到报警文件中。在文件中，对于某一条记录的所有字段内容均以空格隔开，每个字段被包含在［］内，并且字段标题与字段内容之间用冒号分割。写入文件时，两条报警、事件记录信息中间没有分隔符。

［例 14-1］　工作站事件文件记录。

［工作站日期：2001 年 4 月 28 日］［工作站时间：14 时 24 分 7 秒］［事件类型：工作站启动］［机器名：本站点］

［工作站日期：2001 年 4 月 28 日］［工作站时间：14 时 24 分 14 秒］［事件类型：工作站退出］［机器名：本站点］

（2）数据库输出。组态王报警和事件的信息可以直接记录到关系型数据库中。需先建立一个数据库，如 Access、SQL Server 等。然后通过控制面板中的 32 位 ODBC 配置—个数据源（用户 DSN 或系统 DSN），数据库支持所有的 ODBC 数据源。数据库记录的具体配置参见报警配置。首先要在数据库中建立四个数据表格，这四个表格的名称为：Alarm（报警）、Operate（操作）、Enter（登录）、Station（工作站）。各个表拥有不同的字段（详见用户手册）。

（3）打印输出。按照用户在"报警配置"中定义的报警事件的打印格式及内容，系统将报警信息送到指定的打印端口，当报警事件产生时将其实时打印出来。在打印时，某一条记录中间的各个字段以/分开，每个字段包含在＜＞内，并且字段标题与字段内容之间用冒号分割。打印时，两条报警信息之间以-----分隔。

［例 14-2］ 工作站事件打印。

〈工作站日期：2001 年 4 月 28 日〉/〈工作站时间：14 时 24 分 7 秒〉/〈事件类型：工作站启动〉/〈机器名：本站点〉

-------------------------------------------------------------------------------------------------------------
-----------------------------------------------------------------

〈工作站日期：2001 年 4 月 28 日〉/〈工作站时间：14 时 24 分 14 秒〉/〈事件类型：工作站退出〉/〈机器名：本站点〉

建议用户在使用打印时，最好使用针式打印机，因为针式打印机更适合实时打印。

# 第十五章
## 趋 势 曲 线

　　本章主要介绍实时趋势曲线和历史趋势曲线的作用，学习实时趋势曲线和历史趋势曲线的使用方法。

　　趋势曲线用来反应数据变量随时间的变化情况。趋势曲线有两种：实时趋势曲线和历史趋势曲线。这两种曲线外形都类似于坐标纸，X 轴代表时间，Y 轴代表变量的量程百分比。所不同的是，在画面程序运行时，实时趋势曲线随时间变化自动卷动，以快速反应变量的新变化，但是不能时间轴"回卷"，不能查阅变量的历史数据；历史趋势曲线可以完成历史数据的查看工作，但它不会自动卷动（如果实际需要自动卷动可以通过编程实现），而需要通过带有命令语言的功能按钮来辅助实现查阅功能。在同一个实时趋势曲线中最多可同时显示四个变量的变化情况，在同一个历史趋势曲线口中最多可同时显示十六个变量的变化情况。

### 第一节　实时趋势曲线

　　将"反应罐压力"的变量值在实时趋势曲线中显示出来。

　　激活 Touchmak 程序，选择菜单"文件 \ 新画面"，建立一个新画面，画面名称："实时趋势曲线"。

　　在工具箱中选用"实时趋势曲线"工具，然后在画面上绘制趋势曲线，如图 15-1 所示。

　　双击此实时趋势曲线对象，弹出"实时趋势曲线"对话框，对话框设置如图 15-2 所示。

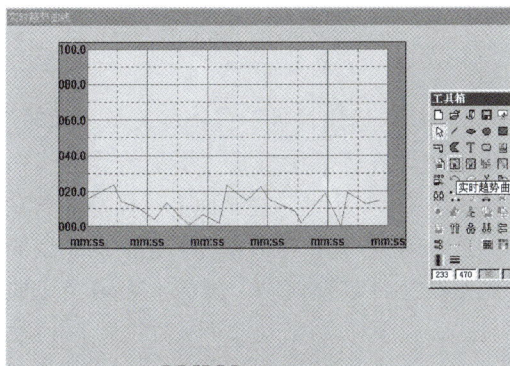

图 15-1　实时趋势曲线

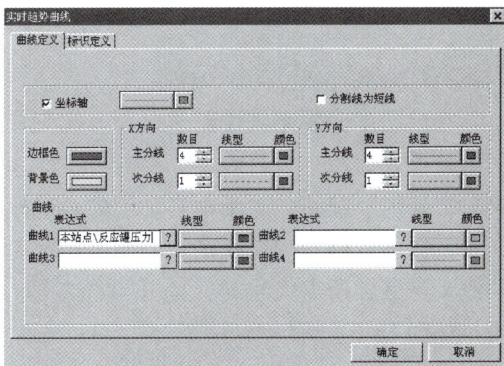

图 15-2　"实时趋势曲线"对话框

　　曲线 1：\\ 本站点 \ 反应罐压力

　　X、Y 方向的主次分割线的数目和属性可以任意设置。

　　单击"标识定义"配置页，对话框设置如图 15-3 所示。

可以对时间轴和数值轴进行任意设置。

**注** 如果需要 Y 轴标识实际工程值，可以在标识定义内不选择标识 Y 轴，然后在曲线 Y 轴用字符按比例标出。

单击"确定"按钮，关闭此对话框。保存后激活运行系统 Touchview，画面运行效果如图 15-4 所示。

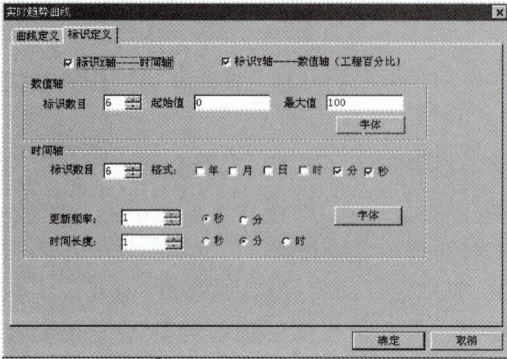

图 15-3 "标识定义"设置

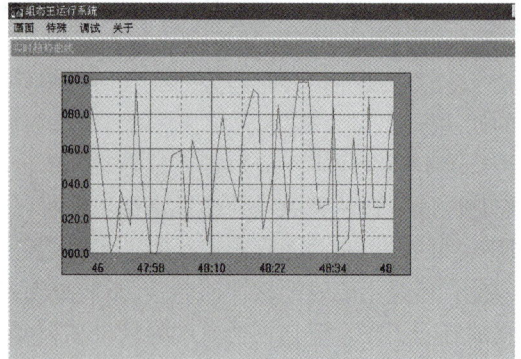

图 15-4 运行曲线

## 第二节 历史趋势曲线

组态王目前有三种历史趋势曲线，工具箱上的、图库内的以及新增的一种 KVHTrend 曲线控件。第三种控件是组态王以 Active X 控件形式提供的绘制历史曲线和 ODBC 数据库曲线的功能性工具。通过该控件，不但可以实现历史曲线的绘制，还可以实现 ODBC 数据库中数据记录的曲线绘制，而且在运行状态下，可以实现在线动态增加/删除曲线、曲线图表的无级缩放、曲线的动态比较、曲线的打印等，该曲线控件最多可以绘制 16 条曲线。

### 一、创建历史曲线控件

在组态王开发系统中新建画面，在工具箱中单击"插入通用控件"或选择菜单"编辑"下的"插入通用控件"命令，弹出"插入控件"对话框，在列表中选择"历史趋势曲线"，单击"确定"按钮，对话框自动消失，鼠标箭头变为小"十"字型，在画面上选择控件的左上角，按下鼠标左键并拖动，画面上显示出一个虚线的矩形框，该矩形框为创建后的曲线的外框。当达到所需大小时，松开鼠标左键，则历史曲线控件创建成功，画面上显示出该曲线，如图 15-5 所示。

### 二、设置控件固有属性

控件创建完成后，在控件上单击鼠标右键，在弹出的快捷菜单中选择"控件属性"命令，弹出历史曲线控件的固有属性对话框，如图 15-6 所示。

控件固有属性含有两个属性页：曲线和坐标系。下面详细介绍每个属性页中的含义。

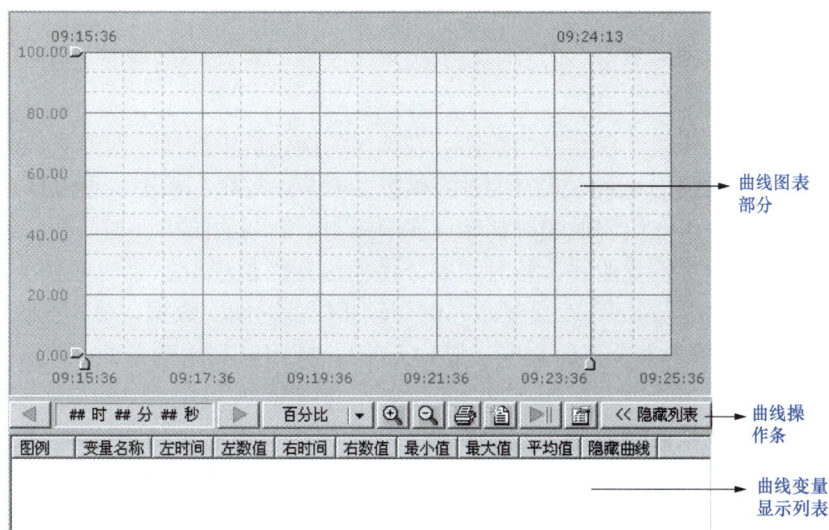

曲线图表
部分

曲线操
作条

曲线变量
显示列表

图 15-5　创建历史曲线

1. 曲线属性页

如图 15-6 所示，曲线属性页中下半部分为定义在绘制曲线时，历史数据的来源，可以选择组态王的历史数据库或其他数据库为数据源。

曲线属性页中上半部分"曲线"是定义曲线图表初始状态的曲线变量、绘制曲线的方式、是否进行曲线比较等。

（1）列表框。显示已经添加的变量的名称及绘制方式定义等。

（2）"增加"按钮。增加变量到曲线图表，并定义曲线绘制方式。

单击该按钮，弹出如图 15-7 所示的对话框。

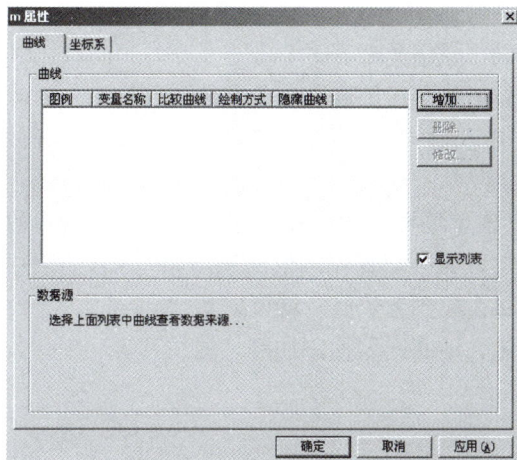

图 15-6　"属性"对话框

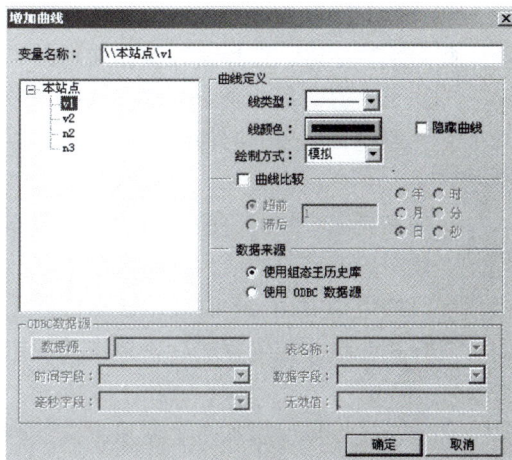

图 15-7　增加曲线

（3）变量名称。在"变量名称"文本框中输入要添加的变量的名称，或在左侧的列表框中选择，该列表框中列出了本工程中所有定义了历史记录属性的变量，单击鼠标选择，则选中的变量名称自动添加到"变量名称"文本框中。

159

（4）曲线定义。

1）线类型。单击"线类型"后的下拉列表框，选择当前选择的变量绘制曲线时的线的类型。

2）线颜色。单击"线颜色"后的按钮，在弹出的调色板中选择绘制的曲线的颜色。

3）绘制方式。曲线的绘制方式有四种：模拟、阶梯、逻辑、棒图，可以任选一种。

4）隐藏曲线。是否在绘制曲线时初始设置隐藏当前绘制的曲线。

5）曲线比较。通过设置曲线比较时间差，使曲线绘制位置有一个时间轴上的平移，这样通过关联的变量名相同，但一个是显示与时间轴相同的时间的数据，另一个作比较的曲线显示与时间轴的时间差为某个值的数据（如一天前），从而达到用两条曲线来实现了曲线比较的目的。

6）数据来源。选择曲线使用的数据来源，可同时支持组态王历史库和 ODBC 数据源。若选择 ODBC 数据源，必须先配置数据源。配置方法如下：

① 启动控制面板中的数据源 ODBC。单击"系统 DSN"项。单击"增加"，弹出"创建新数据源"对话框。

② 选择所需数据源的驱动如"Microsoft Access Driver（＊．mdb）"，单击"完成"按钮。弹出"ODBC Microsoft Access 安装"对话框。

③ 在"数据源名"中定义一个数据源名称，数据库"选择"中选择曲线数据所在的数据库，此数据库的表至少有三个字段：时间字段、数据字段、毫秒字段。单击"确定"，新创建的数据源就添加到"系统 DSN"列表中。

7）数据源。选择曲线使用的数据库，在弹出的"Select Data Source"中选择上面定义的数据源。

8）表名称。选择曲线使用的数据来自所选数据库的某一个表。

9）时间字段。选择曲线数据对应的时间记录，日期/时间类型。

10）数据字段。选择曲线对应的数据值，长整型或浮点型。

11）毫秒字段。选择曲线数据对应的毫秒记录，数字类型。

12）无效值：每一条曲线都和表中一个表示其值的字段关联，这个字段的值在某一时点可能是无效的，但表的结构决定了这个字段在一条记录中的值不能为空白，所以就有了无效值的定义。

比如：当表中数值字段的值为 NULL 时表示该点数据无效，那么配置无效值时就可以空；当表中数值字段的值为 0 时表示该点数据无效，那么配置无效值时就可以写 0；当表中数值字段的值为"abcd"时表示该点数据无效，那么配置无效值时就可以写"abcd"。

选择完变量并配置完成后，单击"确定"按钮，则曲线名称添加到"曲线列表"中。如图 15-8 所示。

如上所述，可以增加多个变量到曲线列表中。

各按钮含义如下：

"删除"按钮，删除当前列表框中选中的曲线定义。

"修改"，修改当前列表框中选中的曲线定义。

"显示列表"选项，是否显示如图 1 中的曲线变量列表。

数据源，显示曲线使用数据源的信息。

## 2. 坐标系属性页

如图 15-8 所示，单击"坐标系"标签，进入坐标系属性设置页，如图 15-9 所示。

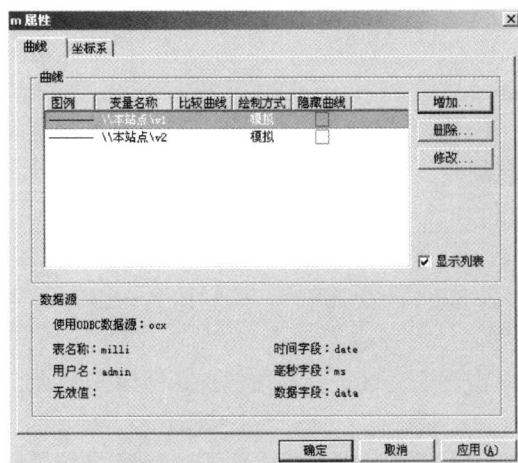

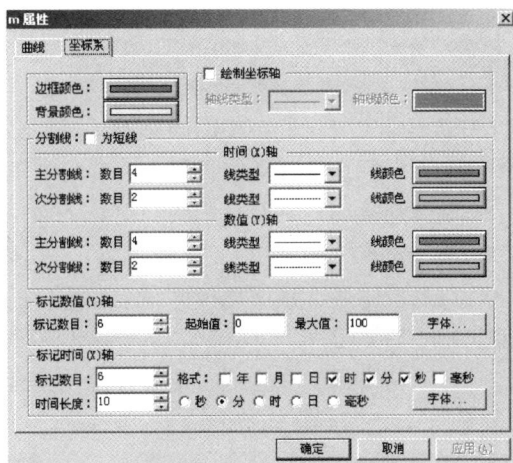

图 15-8　添加曲线名称　　　　　　图 15-9　"坐标系"设置

各按钮含义如下：

（1）边框颜色和背景颜色，设置曲线图表的边框颜色和图表背景颜色。单击相应按钮，弹出浮动调色板，选择所需颜色。

（2）绘制坐标轴选项，是否在图表上绘制坐标轴。单击"轴线类型"列表框选择坐标轴线的线型；单击"轴线颜色"按钮，选择坐标轴线的颜色。绘制出的坐标轴为带箭头的表示X、Y方向的直线。

（3）"分割线"定义，定义时间轴、数值轴主次分割线的数目、线的类型、线的颜色等。如果选择了分割线"为短线"，则定义的主分割线变为坐标轴上的短线，曲线图表不再是被分割线分割的网状结构，如图 15-10 所示。此时，次分割线不再起作用，其选项也变为灰色无效。

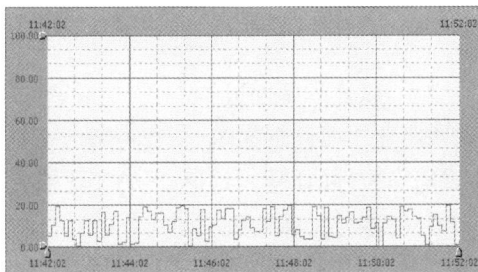

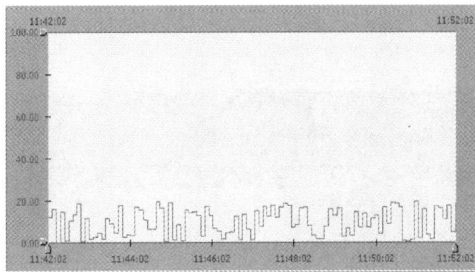

图 15-10　曲线图表
（a）有网格；（b）无网格

（4）标记数值（Y）轴，"标记数目"编辑框中定义数值轴上的标记的个数，"最小值"、"最大值"编辑框定义初始显示的值的百分比范围（0～100％）。单击"字体"按钮，弹出字体、字型、字号选择对话框，选择数值轴标记的字体及颜色等。

（5）标记时间（X）轴，"标记数目"编辑框中定义时间轴上的标记的个数。通过选择"格式"项的选项，选择时间轴显示的时间的格式及内容。"时间长度"编辑框定义初始显示

161

时图表所显示的时间段的长度。单击"字体"按钮，弹出字体、字型、字号选择对话框，选择数值轴标记的字体及颜色等。

所有项定义完成后，单击"确定"返回。

## 三、设置控件的动画连接属性

以上所述为设置控件的固有属性，要在组态王中使用该控件，还需设置控件的动画连接属性。用鼠标选中并双击该控件，弹出"动画连接属性"设置对话框，如图 15-11 所示。

动画连接属性共有 3 个属性页，下面一一介绍：

1. "常规"属性页

（1）控件名。定义该控件在组态王中的标识名，如"历史曲线"，该标识名在组态王当前工程中应该唯一。

（2）优先级、安全区。定义控件的安全性，单击"安全区选择"按钮选择所需安全区。

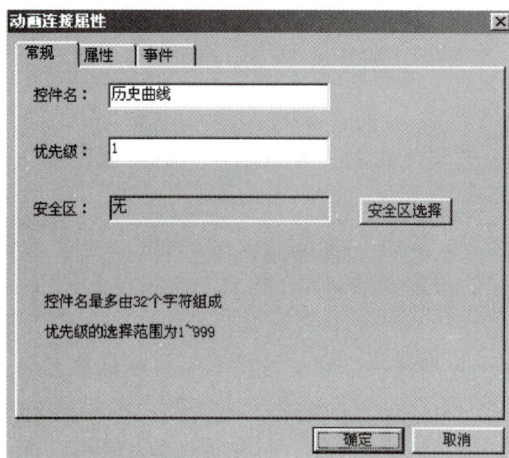

图 15-11 "动画连接属性"对话框

图 15-12 "属性"属性页

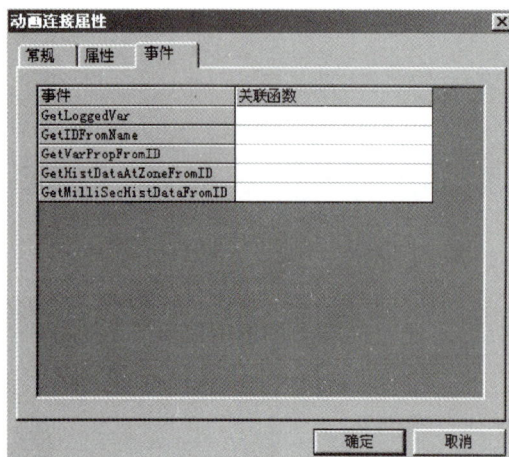

图 15-13 "事件"属性页

2. "属性"属性页

"属性"属性页如图 15-12 所示。

定义控件的属性与组态王的变量的关联。

3. "事件"属性页

"事件"属性页如图 15-13 所示，可定义控件的事件函数。

**注** 该控件的控件属性和控件方法请参考 6.01 的在线帮助。

## 四、运行时修改控件属性

控件属性定义完成后，启动组态王运行系统，运行系统的控件如图 15-14 所示。

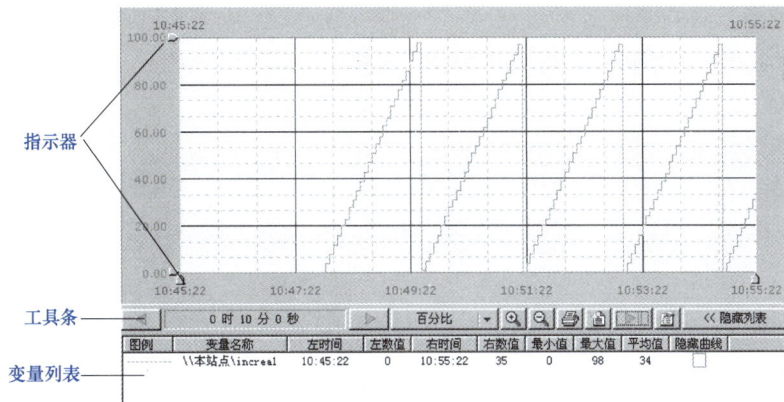

图 15-14 运行系统控件

## 1. 数值轴指示器的使用

拖动数值轴（Y 轴）指示器，可以放大或缩小曲线在 Y 轴方向的长度，一般情况下，该指示器标记为当前图表中变量量程的百分比。另外，用户可以修改该标记值为当前曲线列表中某一条曲线的量程数值。修改方法为：用鼠标单击图表下方工具条中的"百分比"按钮右侧的箭头按钮，弹出如图 15-15 所示的曲线颜色列表框。该列表框中显示的为每条曲线所对应的颜色，（曲线颜色对应的变量可以从图表的列表中看到），选择完曲线后，弹出如图 15-16 所示的对话框，该对话框为设置修改当前标记后数值轴显示数据的小数位数。选择完成后，数值轴标记显示的数据变为当前选定的变量的量程范围，标记字体颜色也相应变为当前选定的曲线的颜色，如图 15-17 所示。

图 15-15 曲线颜色列表框

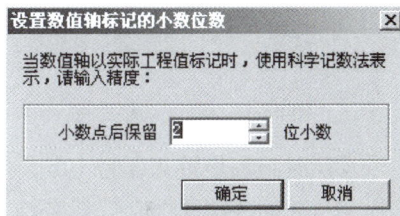

图 15-16 设置数值轴标记的小数位

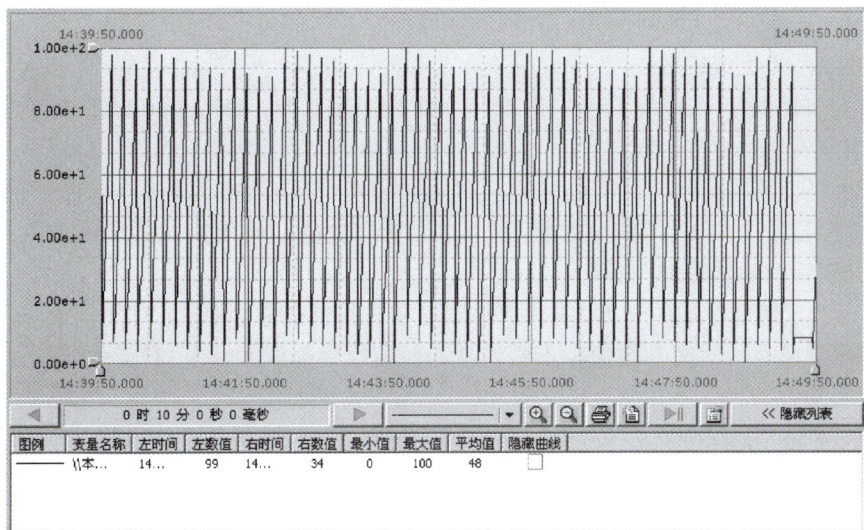

图 15-17 修改数值轴标记为变量实际量程

2. 时间轴指示器的使用

时间轴指示器所获得的时间字符串显示在曲线图表的顶部两侧，如图 15-17 所示。时间轴指示器可以配合函数等获得曲线某个时间点上的数据。

3. 工具条的使用

曲线图表的工具条是用来操作曲线图表查看变量曲线的，如图 15-18 所示。工具条的具体作用可以通过将鼠标放到按钮上时弹出的提示文本看到。下面详细介绍每个按钮的作用。

图 15-18　图表工具条

（1）调整跨度设置按钮 调整跨度设置。

单击按钮 弹出如图 15-19 所示的对话框，修改当前跨度时间设定值。

图 15-19　修改调整跨度

在"单位"列表框中选择跨度的时间单位，有：日、时、分、秒、毫秒。在跨度编辑框中输入时间跨度的数值。

（2）支持毫秒级数据的显示。

1）由于组态王历史库还不支持毫秒数据，因此真正支持到毫秒级目前还限于 ODBC 数据库，等高速历史库完成后，组态王历史库才真正支持到毫秒级。

2）时间轴最短宽度为 10ms。

3）放缩、移动都支持到毫秒。

在设置参数对话框中（运行时单击设置参数按钮弹出）中不能设置到毫秒级，要设置到毫秒级要使用命令语言。

（3）单击按钮 使曲线图表向左移动一段指定的时间段。

（4）单击按钮 使曲线图表向右移动一段指定的时间段。

（5）曲线图表无级缩放。

1）放大按钮：在曲线图表中选择一个曲线区域，单击该按钮，或直接单击该按钮，可以放大当前的曲线图表。

① 当在曲线区域选取了矩形区域时，时间轴最左/右端调整为矩形左/右边界所在的时间，数值轴标记最上/下端调整为矩形上/下边界所在数值，从而使曲线局部放大，左/右指示器位置分别置时间轴最左/右端。

② 当未选定矩形区域时，如左/右指示器不在时间轴最左/右端，时间轴最左/右端调整为左/右指示器所在的时间，数值轴不变，从而使曲线局部放大，左/右指示器位置分别置时间轴最左/右端。

③ 当未选定矩形区域，左/右指示器在时间轴最左/右端时，时间轴宽度调整为原来的一半，保持中心位置不变，数值轴不变，从而使曲线局部放大，左/右指示器位置分别置时间轴最左/右端。

2）缩小按钮：在曲线图表中选择一个曲线区域，单击该按钮，或直接单击该按钮，可以缩小当前的曲线图表。

　　① 当在曲线区域选取了矩形区域时，矩形左/右边界所在的时间调整为时间轴最左/右端所在的时间，矩形上/下边界所在数值调整为数值轴最上/下端所在数值，从而使曲线局部缩小，左/右指示器位置分别置时间轴最左/右端。

　　② 当未选定矩形区域时，如左/右指示器不在时间轴最左/右端，左/右指示器所在的时间调整为时间轴最左/右端所在的时间，数值轴不变，从而使曲线局部缩小，左/右指示器位置分别置时间轴最左/右端。

　　③ 当未选定矩形区域，左/右指示器在时间轴最左/右端时，时间轴宽度调整为原来的二倍，保持中心位置不变，数值轴不变，从而使曲线局部缩小，左/右指示器位置分别置时间轴最左/右端。

　　4. 打印曲线

　　单击按钮 ⊕ 弹出"打印属性"对话框，如图 15-20 所示。选择打印机，单击"属性"按钮，设置打印属性（纸张大小、打印方向等）。可以将当前图表中显示的曲线及坐标系打印出来。

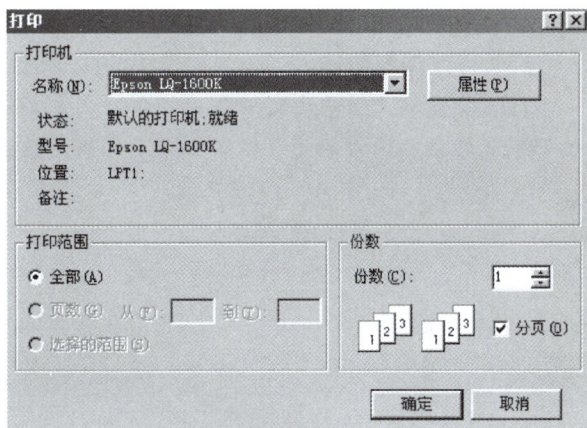

图 15-20　打印属性对话框

　　5. 定义新曲线

　　单击按钮 📈 弹出"增加曲线"对话框。选择需要增加曲线的变量名称，定义其绘制属性，单击"确定"在曲线图表中增加一条曲线。

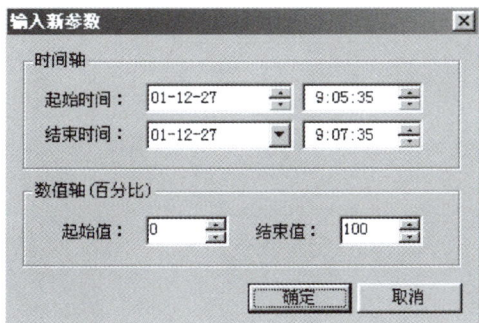

图 15-21　"输入新参数"对话框

　　6. 更新曲线图表终止时间为当前时间

　　单击按钮 ▷| 将曲线图表的终止时间更新为当前时间。

　　7. 设置图表数值轴和时间轴参数

　　单击按钮 📈 弹出"输入新参数"对话框，如图 15-21 所示。修改时间轴的起止时间范围和数值轴百分比的范围。

　　8. 隐藏/显示变量列表

　　单击按钮 《 隐藏列表 或 显示列表 》 可以隐藏/显示曲线变量列表。

## 五、曲线变量列表

　　曲线变量列表主要显示当前曲线图表中所显示的曲线所对应的变量名称，左右指示器的时间，指示器对应的曲线上的点的数据值，在当前图表范围中曲线变量的最大值、最小值和平均值，动态选择是否隐藏某条曲线。

　　在变量列表上单击右键或选中某条列表项，单击右键，弹出如图 15-22 所示的快捷菜单。

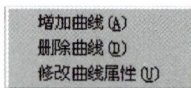

图 15-22　快捷菜单

各选项含义如下：

（1）增加曲线，增加一条曲线到当前曲线图表。

（2）删除曲线，删除当前列表中选中的曲线。

（3）修改曲线属性，修改当前选中的曲线的绘制属性。

**注**　要查看变量的历史曲线，显示的变量必须是定义记录属性的，而且其最大值和最小值都不能过大，因为缺省是以工程百分比显示的。

# 第十六章
# 配　　　方

本章主要介绍配方的相关知识，学习掌握配方的组态及使用方法。

## 一、配方简介

在制造领域，配方是用来描述生产一件产品所用的不同配料之间的比例关系。是生产过程中一些变量对应的参数设定值的集合。

又如，在钢铁厂，一个配方可能就是机器设置参数的一个集合，而对于批处理器，一个配方可能被用来描述批处理过程中的不同步骤。组态王支持对配方的管理，用户利用此功能可以在控制生产过程中得心应手，提高效率。比如当生产过程状态需要大量的控制变量参数时，如果一个接一个地设置这些变量参数就会耽误时间，而使用配方，则可以一次设置大量的控制变量参数，满足生产过程的需要。

本节将为"反应车间"的生产建立配方，以满足生产的需要。

## 二、创建配方模板文件

首先在数据词典中定义配方要用到的三个变量：原料油重量、催化剂重量、反应时间，另外还要建立一个代表配方名称的内存字符串型变量"配方名称"。

切换到工程浏览器，在左侧选择"配方"，然后双击右侧的"新建"图标进入"配方定义"对话框，如图 16-1 所示。

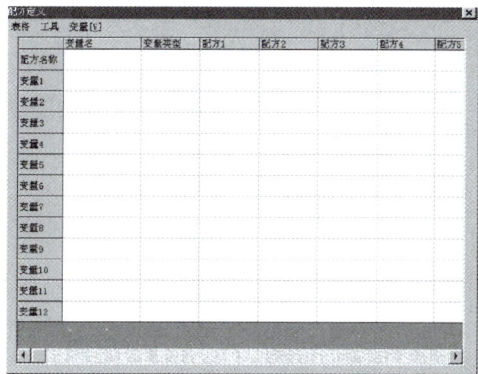

图 16-1　配方定义对话框

**注意**　配方定义对话框中的第一行中的第一列和第二列是不可操作的；从第二行开始，第一列可由菜单中的"变量"来选择在组态王数据词典中已定义过的变量。

在"配方定义"对话框中，选中第二行第一列，单击菜单命令"变量"，弹出"选择变量名"对话框，如图 16-2 所示。

选中"原料油重量"，单击"确定"按钮退出，则"原料油重量"显示在第二行第一列中。其变量类型"整型"会自动加入到后面的一列中。

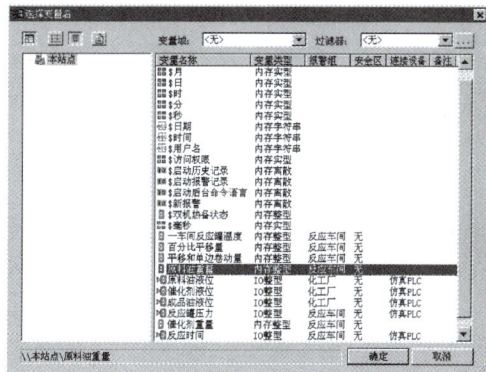

图 16-2　"选择变量名"对话框

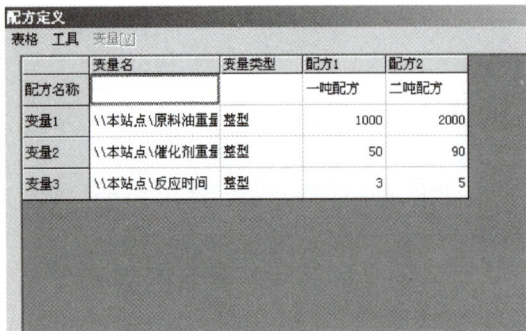

图 16-3 "配方定义"对话框

同样的方法，分别将变量"催化剂重量"，"反应时间"引入。

然后分别输入两组配方的名称和参数值，在工具菜单的配方属性内配置变量及配方的数目，如图 16-3 所示。

单击菜单"表格"下的"保存"命令，将配方模板文件保存到当前工程文件路径下，名为："\配方.csv"，即"d:\培训工程\配方.csv"，然后关闭此对话框，结束配方模板的定义。

**注意** 在定义配方时变量的数目应为实际使用变量的数目

## 三、创建配方操作按钮

对于配方的操作，组态王提供了配方管理函数，配方函数允许组态王运行时对包含在配方模板文件中的各种配方进行选择、修改、创建和删除等一系列操作。通过建立按钮，在命令语言中使用这些函数来实现对配方的操作，首先建立"配方"画面，如图 16-4 所示。

"配料名"和"配料值"为文本字符显示。

动画连接定义如下：

"配方名称"的字符串输入和输出表达式：配方名称（内存字符串变量）。

"配料值"的文本做模拟值输入输出连接为原料油重量、催化剂重量和反应时间三个内存整型变量。

几个按钮的定义如下：

（1）"选择配方"按钮。

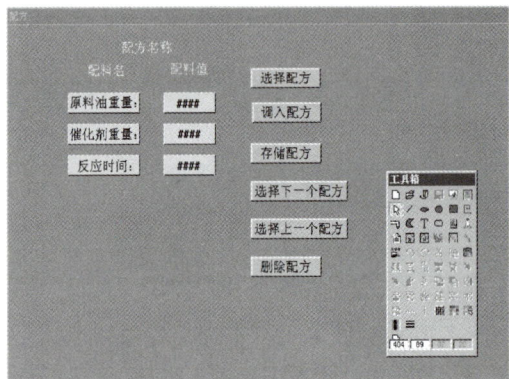

图 16-4 "配方"画面

按钮文本字符串："选择配方"，"弹起时"命令语言如下：

RecipeSelectRecipe（"D:\培训工程\配方.csv"，配方名称，"请输入配方名"）；

（2）"调入配方"按钮。

按钮文本字符串："调入配方"，"弹起时"命令语言如下：

RecipeLoad（"D:\培训工程\配方.csv"，配方名称）；

（3）"存配方"按钮。

按钮文本字符串："存配方"，"弹起时"命令语言如下：

RecipeSave（"D:\培训工程\配方.csv"，配方名称）；

（4）"选择下一个配方"按钮。

按钮文本字符串："选择下一个配方"，"弹起时"命令语言如下：

RecipeSelectNextRecipe（"D:\培训工程\配方.csv"，配方名称）；

（5）"选择上一个配方"按钮。

按钮文本字符串："选择上一个配方"，"弹起时"命令语言如下：

RecipeSelectPreviousRecipe（"D:\培训工程\配方.csv"，配方名称）；

（6）"删除配方"按钮

按钮文本字符串："删除配方"，"弹起时"命令语言如下：

RecipeDelete（"D:\培训工程\配方.csv"，配方名称）。

选择菜单"文件\全部存"，保存设置。

在画面运行时单击"选择配方按钮"，弹出"配方选择"对话框，选中"一吨配料"，则"配方名称"字符串变量被赋值为"一吨配料"；再单击"调入配方"按钮，则各个参数值被输入到相应变量，画面变化如图16-5所示。

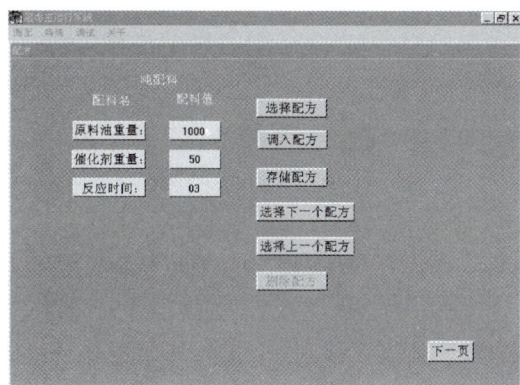

图16-5　变化画面

**注**　如果需要在线增加新的配方，可以单击"配方名称"，输入新的配方名称（如三吨配方），然后输入相应配料值，保存即可。

# 第十七章
# 报 表 系 统

本章主要介绍内嵌数据报表系统的创建和格式设置，通过学习报表函数，掌握报表系统的组态及报表模板的组态。

## 一、数据报表的用途

数据报表是反应生产过程中的数据、状态等，并对数据进行记录的一种重要形式，是生产过程必不可少的一个部分。它既能反应系统实时的生产情况，也能对长期的生产过程进行统计、分析，使管理人员能够实时掌握和分析生产情况。

组态王提供内嵌式报表系统，工程人员可以任意设置报表格式，对报表进行组态。组态王为工程人员提供了丰富的报表函数，实现各种运算、数据转换、统计分析、报表打印等。既可以制作实时报表，也可以制作历史报表。另外，工程人员还可以制作各种报表模板，实现多次使用，以免重复工作。

## 二、制作实时数据报表

在组态王工具箱内选择"报表窗口"工具 ，在报表画面上绘制报表。如图 17-1 所示。

双击报表窗口的灰色部分（表格单元格区域外没有单元格的部分），弹出"报表设计"对话框，对话框定义如图 17-2 所示。

在"报表控件名"对话框中输入报表控件名称：实时数据报表，这个控件名会在报表函数中引用。

单击对话框的"确认"按钮。则组态王报表画面如图 17-3 所示。

图 17-1　绘制报表

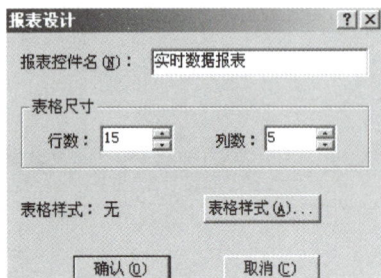

图 17-2　"报表设计"对话框

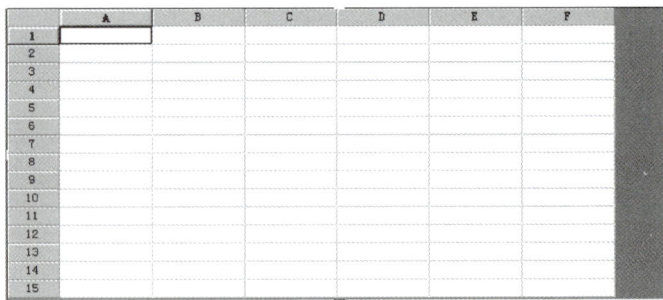

图 17-3　报表画面

**1. 设置表头格式**

选中"b1"到"e2"的单元格区域，从报表工具箱上单击"合并单元格"按钮，在报表工具箱的编辑框里输入文本"实时数据报表"，单击"输入"按钮；或双击合并的单元格，使输入光标位于该单元格中，然后输入上述文本。单击报表工具箱中的"设置单元格格式"按钮，设置单元格格式如下：数字—常规；字体—隶书、规则、一号、红色；对齐方式：水平—居中，垂直—居中；图案—设置单元格底纹颜色为灰色。如图 17-4 所示。

图 17-4　设置表头格式

**2. 设置报表时间**

在单元格"d3"中显示当前日期，双击该单元格，然后输入函数"＝Date（＄年，＄月，＄日）"。"e3"中显示当前时间，双击该单元格，然后输入"＝Time（＄时，＄分，＄秒）"。设置单元格"d3"的格式为：常规—日期（YYYY 年 MM 月 DD 日）。设置单元格"e3"的格式为：常规—时间（××时××分××秒）。设置如图 17-5 所示。

图 17-5　设置报表时间

**3. 设计报表格式——显示变量的实时值**

（1）利用数据改变命令语言和报表函数。在 a4 单元格中输入"原料油液位"文本值，再选中 b4 单元格，然后在组态王的"数据改变命令语言"对话框中输入内容，如图 17-6 所示。

**注意** "实时数据报表"是报表控件名称而不是画面名称。

催化剂液位、成品油液位的实时值按同样方法设置。则报表设计样式如图 17-7 所示。

（2）直接引用变量。在单元格直接插入变量，在该变量前加一个"＝"。如果没有等号会认为是个字符串。

**4. 保存报表**

在开发状态下，在报表工具箱中点击保存按钮：🖫，则弹出对话框如图 17-8 所示。

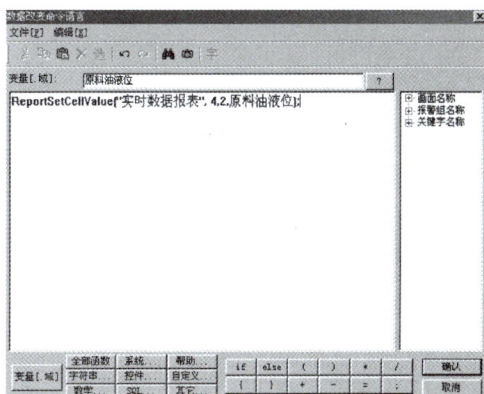

图 17-6　"数据改变命令语言"对话框

171

选择保存路径，输入要保存的文件名，如图 17-8 所示。单击"保存"按钮，则实时数据报表就保存为实时数据报表 .rtl 文件。这样保存的报表可供下次需要时调用。

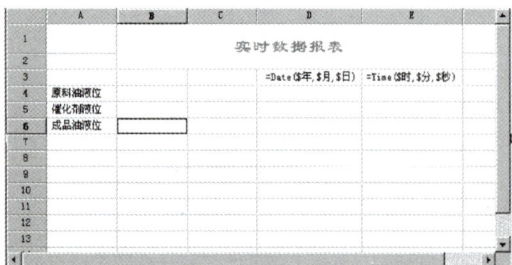

图 17-7 报表设计样式

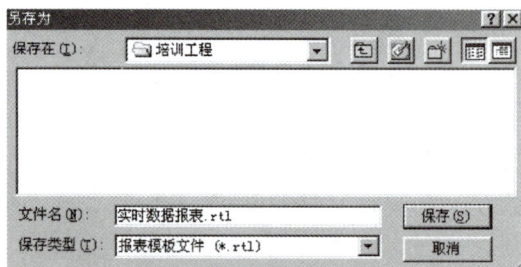

图 17-8 "另存为"对话框

图 17-9 实时数据报表

**注** 报表单元格内支持输入函数（比如数学函数和日期函数）和变量，但是前面必须有等号。

## 三、制作历史数据报表

组态王历史报表的创建和表格样式设计与实时数据报表方法是一样的，并可以通过调用历史报表查询函数加以实现。

**1. 表格设计**

根据实时数据报表的设计方法，设计的历史报表样式如图 17-11 所示。

**2. 建立查询函数**

在组态王历史报表画面中建一个"报表查询"的按钮，在<弹起时>时命令语言中输入历史查询函数如图 17-12 所示。

**3. 查询历史数据**

运行组态王，打开历史报表画面，单击"报表查询"按钮，弹出对话框如图 17-13 所示。

运行组态王，则报表画面如图 17-9 所示。这样，一个简单的实时数据报表就生成了。

**5. 报表打印**

在画面中建一个打印按钮，在弹起时命令语言中输入如图 17-10 所示。

单击"确认"即可。保存画面，运行组态王，则单击"打印报表"，数据报表即可打印出来。

图 17-10 "命令语言"对话框

图 17-11　历史报表查询

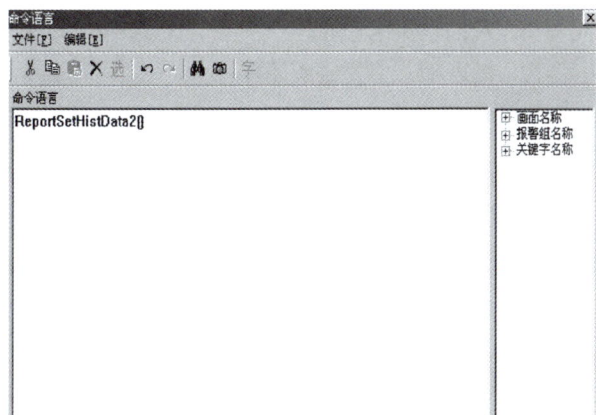

图 17-12　"命令语言"对话框

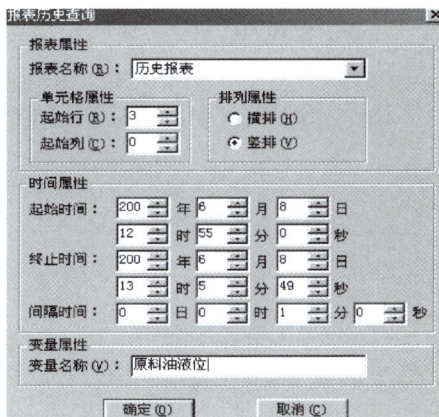

图 17-13　"报表历史数据"对话框

　　在对话框中输入合适的查询参数值，然后单击"确定"按钮；依次查询催化剂液位、成品油液位。

　　最后生成的历史数据报表如图 17-14 所示。

　　**注**　组态王提供了丰富的报表函数以实现对历史数据的多种处理方法，用户可以根据实际要求设计需要的报表。

　　除了前面所述，常用报表函数如下：

　　ReportPageSetup：此 函 数在运行系统中对指定的报表进行页面设置。

　　Reportprint：此函数用于将

图 17-14　历史数据报表

指定数据报告文件（不是报表）输出打印机配置设定的打印口上。

ReportPrint2（EV_STRING，EV_LONG｜EV_STRING｜EV_ANALOG｜EV_DISC）：第二个参数为真，函数自动打印，否则弹出打印对话框。

ReportPrintSetup：此函数对指定的报表进行打印预览并且可输出到打印配置中指定的打印机上进行打印。

ReportGetCellString：获取指定报表的指定单元格的文本。

ReportGetCellValue：获取指定报表的指定单元格的数值。

ReportGetColumns：获取指定报表的列数。

ReportGetRows：获取指定报表的行数。

ReportLoad：将指定路径下的报表读到当前报表中来。

ReportSaveAs：将指定报表按照所给的文件名存储到指定目录下。

ReportSetCellString：将指定报表的指定单元格设置为给定字符串。

ReportSetCellString2：将指定报表的指定单元格区域设置为给定字符串。

ReportSetCellValue：将指定报表的指定单元格设置为给定值。

ReportSetCellValue2：将指定报表的指定单元格区域设置为给定值。

ReportSetHistData：按照用户给定的参数查询历史数据。

# 第十八章
# 组态王与 Access 数据库连接

本章主要介绍组态王 SQL 访问管理器，学习如何与通用数据库进行连接，如何向数据库插入记录，以及如何查询数据库中的记录。

组态王 SQL 访问功能实现组态王和其他外部数据库（支持 ODBC 访问接口）之间的数据传输。它包括组态王的 SQL 访问管理器和 SQL 函数。

以 Ms Access 数据库为例，下面说明组态王与其相连的例子。

## 一、SQL 访问管理器

SQL 访问管理器用来建立数据库列和组态王变量之间的联系。包括表格模板和记录体两部分功能。通过表格模板在数据库表中建立表格；通过记录体建立数据库表格列和组态王之间的联系，允许组态王通过记录体直接操作数据库中的数据。表格模板和记录体都是在工程浏览器中建立的。

## 二、创建表格模板

在工程浏览器中左侧工程目录显示区中选择"SQL 访问管理器"下的"表格模板"项，在右侧目录内容显示区中双击"新建"，弹出"创建表格模板对话框"，如图 18-1 所示。

在表格模板中建立五个记录，字段名称，变量类型，变量长度，索引类型分别如上图

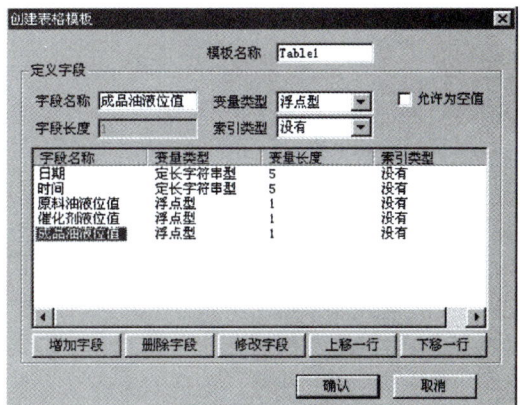

图 18-1 "创建表格模板"对话框

所示。

建立表格模板的目的在于定义一种格式，在后面用到函数 SQLCreatTable ()，以此格式在 Access 数据库中建立表格。

## 三、创建记录体

在工程浏览器左侧的工程目录显示区中选择 SQL 访问管理器下的记录体，在右侧的目录内容显示区中双击"新建"，弹出"创建表格模板对话框"，如图 18-2 所示。

记录体定义了组态王变量＄日期、＄时

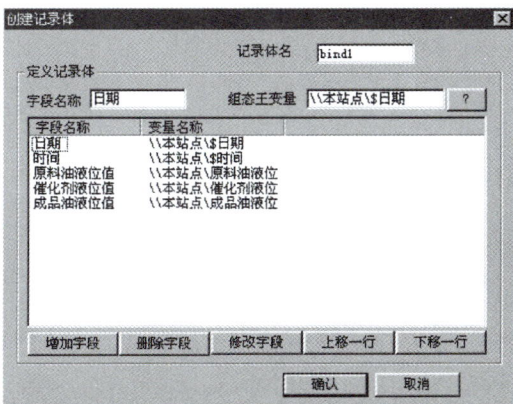

图 18-2 "创建记录体"对话框

175

间、原料油液位、催化剂液位、成品油液位和 Access 数据库表格中相应字段日期、时间、原料油液位值、催化剂液位值、成品油液位值之间的对应连接关系。

**注意** 记录体中的字段名称和顺序必须与表格模板中的字段名称和顺序必须保持一致，记录体中的字段对应的变量的数据类型必须和表格模板中相同字段对应的数据类型相同。

## 四、建立 Ms Access 数据库

（1）建立一空 Access 文件，定名为 mydb.mdb。

（2）定义数据源。双击控制面板下的"ODBC 数据源（32 位）"选项，弹出"ODBC 数据源管理器"对话框，如图 18-3 所示。

选择"用户 DSN"属性页，并单击"添加"按钮，在弹出的"创建新数据源"对话框中，选择"Microsoft Access Driver"，单击"完成"按钮，弹出"ODBC Microsoft Access 安装"对话框，如图 18-4 所示。

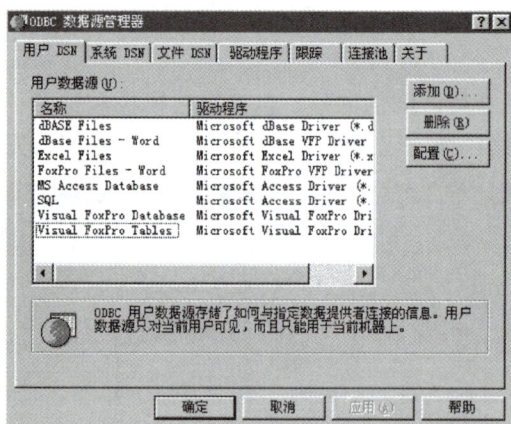

图 18-3 "数据源管理器"对话框

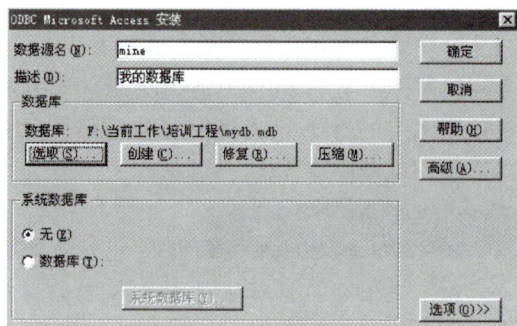

图 18-4 "ODBC Microsoft Access"安装对话框

单击"选取"按钮，从中选择相应路径下的数据库文件：mydb.mdb。

单击"确定"按钮，完成对数据源的配置。

## 五、对数据库的操作

1. 连接数据库

在数据词典里定义新变量

变量名称：DeviceID

变量类型：内存整数

新建画面"数据库连接"，在画面上做一个按钮。

按钮文本：连接数据库

"弹起时"动画连接：

SQLConnect（DeviceID，"dsn＝mine；uid＝；pwd＝"）；

该命令用于和数据源名（dsn）为 mine 的数据库建立连接，uid 表示登录数据库的用户 ID，pwd 是登录的密码。此处没有设置用户 ID 和密码。每次执行 SQLConnect（）函数，都会返回一个 DeviceID 值，这个值在后面对所连接的数据库的操作中都要用到。

**注** 此时不能在数据计算中改变变量 DeviceID 的值。

2. 创建表格

在画面上做一个按钮。

按钮文本：创建表格

"弹起时"动画连接：SQLCreateTable (DeviceID,"KingTable","Table1");

该命令用于以表格模板"Table1"的格式在数据库中建立名为"KingTable"的表格。在生成的 KingTable 表格中，将生成五个字段，字段名称分别为：日期、时间、原料油液位值、催化剂液位值、成品油液位值。每个字段的变量类型，变量长度及索引类型与表格模板"Table1"中的定义所决定。

3. 插入记录

在画面上做一个按钮

按钮文本：插入记录

"弹起时"动画连接：SQLInsert (DeviceID,"KingTable","bind1");

该命令使用记录体 bind1 中定义的连接在表格 KingTable 中插入一个新的记录。

该命令执行后，组态王运行系统会将变量 $ 日期的当前值插入到 Access 数据库表格"KingTable"中最后一条记录的"日期"字段中，同理变量 $ 时间、原料油液位、催化剂液位、成品油液位的当前值分别赋给最后一条记录的字段：时间、原料油液位值、催化剂液位值和成品油液位值。

运行过程中可随时单击该按钮，执行插入操作，在数据库中生成多条新的记录，将变量的实时值进行保存。

4. 查询记录

（1）定义变量。这些变量用于返回数据库中的记录。

记录日期：内存字符串

记录时间：内存字符串

原料油液位返回值：内存实型

催化剂液位返回值：内存实型

成品油液位返回值：内存实型

（2）定义记录体 bind2，用于定义查询时的连接。如图 18-5 所示。

（3）得到一个特定的选择集。在画面上做一个按钮

按钮文本：得到选择集

"弹起时"动画连接：

SQLSelect (DeviceID, "KingTable","bind2","","");

该命令选择表格 KingTable 中所有符合条件的记录，并以记录体 bind2 中定义的连接返回选择集中的第一条记录。此处没有设定条件，将返回该表格中所有记录。

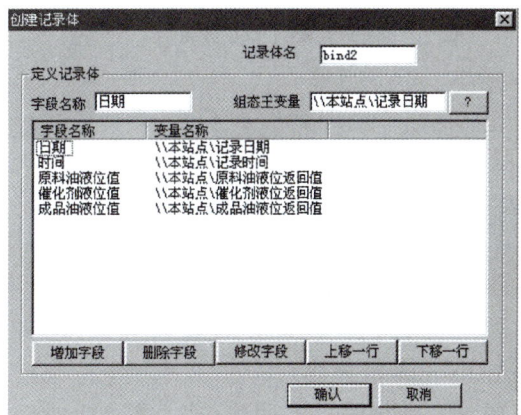

图 18-5 "创建记录体"对话框

执行该命令后，运行系统会把得到的选择集的第一条记录的"日期"字段的值赋给记录体 bind2 中定义的与其连接的组态王变量"返回日期"，同样"KingTable"表格中的时间、原料油液位值、催化剂液位值、成品油液位值字段的值分别赋给组态王变量返回时间、原料油液位返回值、催化剂液位返回值、成品油液位返回值。

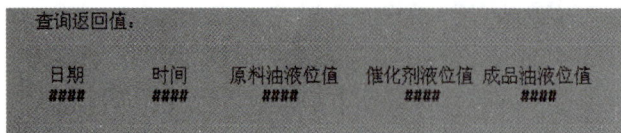

图 18-6 文本显示

（4）查询返回值显示。在画面上做文本如图 18-6 所示。

文本"＃＃＃＃"对应的"模拟值输出"动画连接分别为："返回日期"、"返回时间"、"原料油液位返回值"、"催化剂液位返回值"、"成品油液位返回值"。

在执行 SQLSelect（）函数后，首先返回选择集的第一条记录，在画面上"＃＃＃＃"将显示返回值。

（5）查询记录。在画面上做四个按钮分别为

按钮文本：第一条记录

"弹起时"动画连接：SQLFirst（DeviceID）；

按钮文本：下一条记录

"弹起时"动画连接：SQLNext（DeviceID）；

按钮文本：上一条记录

"弹起时"动画连接：SQL-Prev（DeviceID）；

按钮文本：最后一条记录

"弹起时"动画连接：SQL-Last（DeviceID）；

5. 断开连接

在画面上做一个按钮

按钮文本：断开连接

"弹起时"动画连接：

SQLDisconnect（DeviceID）；

该命令用于断开和数据库 mydb. mdb 的连接。

最后的生成画面如图 18-7 所示。

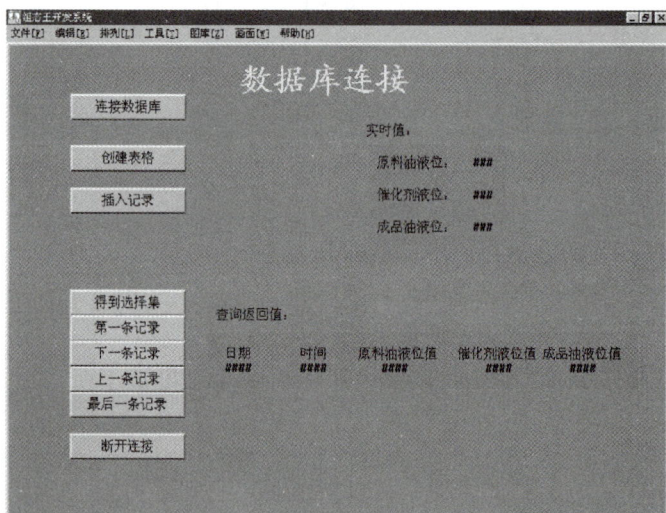

图 18-7 生成画面

## 六、本例运行过程

在系统启动后，打开数据库连接画面。

（1）单击"数据库连接"按钮，系统将建立和以"mine"为数据源名的 Access 数据库 mydb. mdb 的连接。

观察"组态王信息窗口"，连接成功后会出现一条信息："运行系统：数据库：数据库（F:\我的工程 \ mydb）连接成功"。

（2）单击"创建表格按钮"，将在数据库中以表格模板"Table1"为格式建立表格"KingTable"。观察"组态王信息窗口"，信息提示：运行系统：数据库：创建表格（King-Table）。

如果反复执行此命令则提示：运行系统：数据库错误：表（KingTable）已存在。

（3）单击"插入记录"按钮，使用记录体 bind1 中定义的连接在表格 KingTable 中插入一个新的记录。记录当前的日期、时间、及液位值。该命令可随时执行以记录变量的实时值，从而在表格不断插入记录。

（4）单击"选择数据集"按钮。该命令选择表格 KingTable 中所有符合条件的记录，并以记录体 bind2 中定义的连接返回选择集中的第一条记录。

"组态王信息窗口"，信息提示："运行系统：数据库：选择操作成功"

（5）单击"第一条记录"、"下一条记录"、"上一条记录"、"最后一条记录"从而返回选择集中的不同记录。返回的记录中的字段值将赋给 bind2 中定义的相应变量。在画面上可以直接看出来。

（6）当不需要对数据库进行操作的时候，单击"断开连接按钮"，断开与数据库的连接。

# 第十九章

# 控　　件

本章主要介绍控件的相关知识，掌握控件的组态及使用。

## 一、控件的作用

控件可以作为一个相对独立的程序单位被其他应用程序重复调用。控件的接口是标准的，凡是满足这些接口条件的控件，包括其他软件供应商开发的控件，都可以被组态王支持。组态王中提供的控件在外观上类似于组合图素，工程人员只需把它放在画面上，然后配置控件的属性，进行相应的函数连接，控件就能完成复杂的功能。

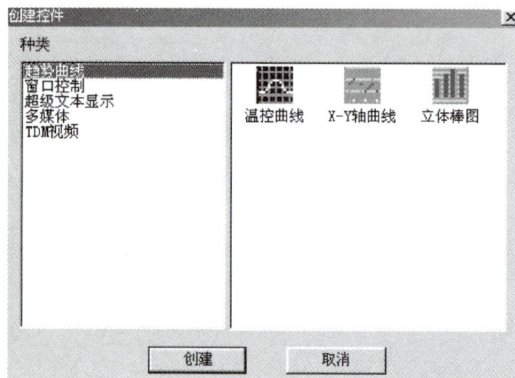

图 19-1　创建控件

## 二、使用 x-y 控件

本节将建立一个画面，利用组态王提供的 x-y 控件显示成品油液位和成品罐压力之间的关系曲线。

在工程浏览器左侧选中"画面"，在右侧双击"新建"画面，建立名称为"控件"的画面。在画面中选择菜单"编辑 \ 插入控件"，如图 19-1 所示。

在对话框右侧单击"x-y 轴曲线"，然后单击"创建"按钮，在画面上绘制 x-y 曲线。然后在画面上双击该曲线控件，弹出设置对话框，设置属性如图 19-2 所示。

为使 x-y 曲线控件实时反应变量值，需要为该控件添加命令语言。在画面空白处单击鼠标右键，在快捷菜单中选择"画面属性"，弹出"画面属性"对话框。单击其中的"命令语言"按钮。

画面语言包括"显示时"、"存在时"、"隐含时"三种。

在画面"存在时"命令语言中，输入命令语言如图 19-3 所示。

定义完毕后，单击"确认"按钮，然后保存作的设置。

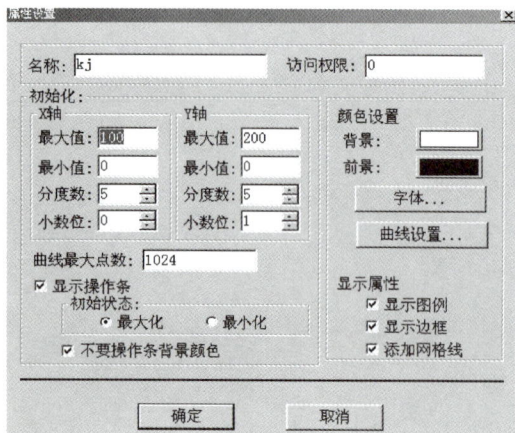

图 19-2　"属性设置"对话框

**注意** 两个变量都是可以变化的。

切换画面到运行系统，打开相应画面，控件运行情况如图 19-4 所示。

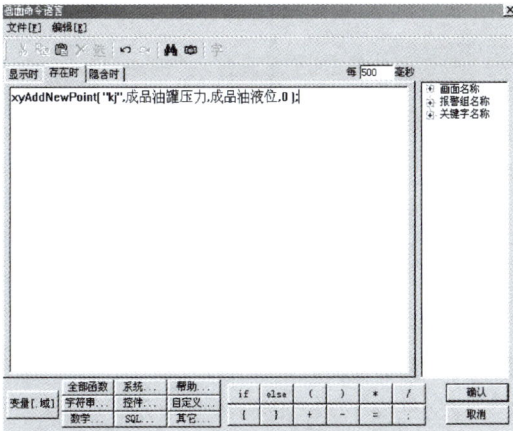

图 19-3　"画面命令语言"对话框

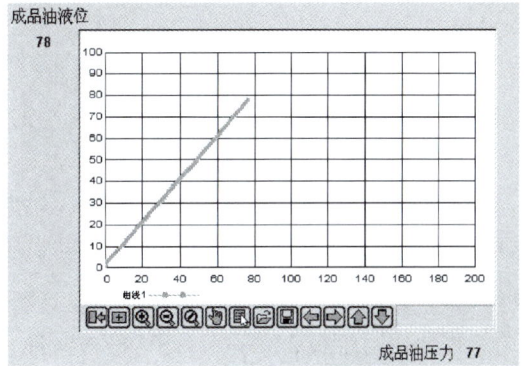

图 19-4　控件运行情况

## 三、使用窗口控件

在创建控件对话框中，选择"窗口控制"种类，如图 19-5 所示，可以看到各种窗口控制类控件。

1. 单选按钮控件

双击该控件，对控件进行属性配置，如图 19-6 所示。

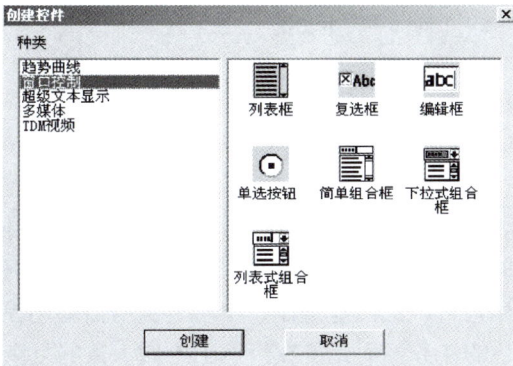

图 19-5　"创建控件"对话框

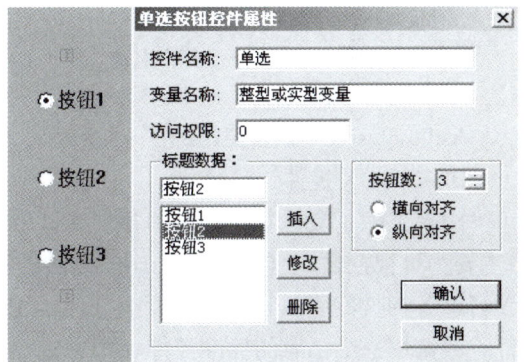

图 19-6　"单选按钮控件属性"对话框

控件名称是唯一标识该控件的一个名称。

变量名称对应一个整型（实型）变量，运行时选择任一个按钮都会使该变量对应一个整数值（0、1、2……）。

在该选项卡内可以进行以下操作：

（1）在对该控件设置访问权限。

（2）设置按钮个数，修改按钮对应文字。

（3）设置排列为横向或纵向。

2. 下拉式列表组合框控件

下拉式列表组合框控件的属性如图 19-7 所示。

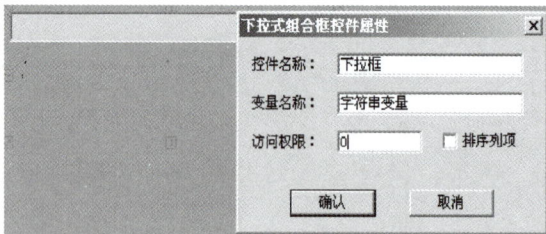

图 19-7 "下拉式组合框控件属性"对话框

该控件的变量名称为字符串变量，运行时将选中的字符串赋给该变量。

需要用写字板建立一个 CSV 格式文件（存入工程文件夹下），如图 19-8 所示。

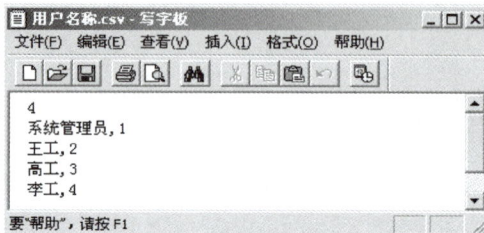

图 19-8 "写字板"对话框

在控件所在画面的"画面命令语言"的"显示时"命令语言如下：

```
string user;                        //定义一个局部字符串变量
user＝InfoAppDir（）＋"用户名称.csv";
listClear（"下拉框"）;               //清除控件内容
listLoadList（"下拉框"，user）;       //将文件内容载入控件
```

3. Active X 控件

组态王除了支持本身提供的各种控件外，组态王还支持 Windows 标准的 Active X 控件（主要为可视控件），包括 Microsoft 提供的标准 Active X 控件和用户自制的 Active X 控件。Active X 控件的引入在很大程度上方便了用户，用户可以灵活地编制一个符合自身需要的控件，或调用一个已有的标准控件，来完成一项复杂的任务，而无需在组态王中做大量的复杂的工作。一般的 Active X 控件都具有属性、方法、事件，用户通过设置控件的这些属性、事件、方法来完成工作。

## 四、数据库查询控件

在组态王选择菜单"编辑 \ 插入通用控件"命令。弹出"插入控件"对话框，选择 KVDBGrid 控件，如图 19-9 所示。

该控件为数据库查询控件，结合数据库一节使用该控件。

双击控件，可定义控件名称，如 grid。右键单击控件，选择"控件属性"进行设置，如

图 19-10 所示。

图 19-9 "插入控件"对话框　　　　　图 19-10 "gridl 属性"对话框

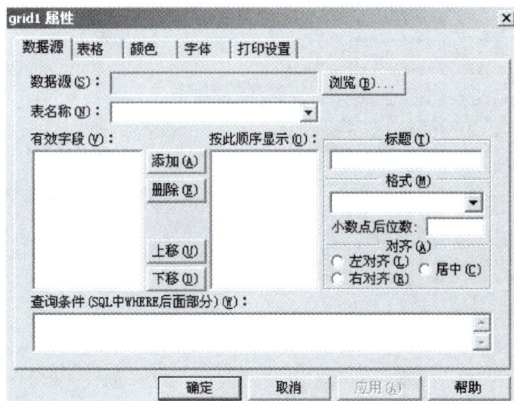

单击"浏览"按钮可选择或新建 ODBC 数据源。在这里我们选择已经建立的 mine。

（1）选择数据源后"表名称"组合框中就自动填充了可选的表名称，可弹出下拉列表选择要显示的数据所在的表名称。

（2）选择表名称后，"有效字段"中自动填充表中的所有字段，可通过"添加"、"删除"、"上移"、"下移"按钮来选择要显示的字段和显示顺序。

（3）单击显示的字段，可在右侧设置字段显示的标题、格式、对齐等属性。

使用按钮的命令语言，利用函数实现查询、打印功能：

查询所有数据：

grid. FetchData（）；

grid. FetchEnd（）；

条件查询：

grid. FetchData（）；

grid. Where＝"field1＞5"；　　//查询条件

grid. RefreshData（）；　　　　//刷新

grid. FentchEnd（）；

　　打印：　　　　　grid. Print（）；

## 五、日历控件

图 19-11 所示为选择日历控件。

双击该控件，在"常规"标签定义控件名称 ADate；在"事件"标签双击 CloseUp 事件后的空白部分，定义关联函数如图 19-12 所示。

该函数为无返回值的函数，将在控件中选择的年、月、日赋给组态王中定义的三个实型变量年、月、日。图 19-13 所示为日历控制的运行画面。

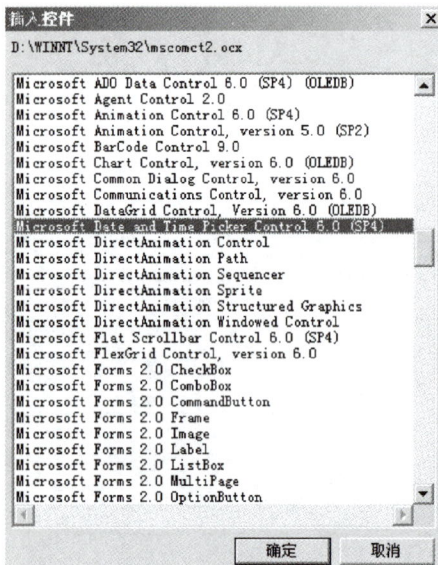

图 19-11　选择日历控件

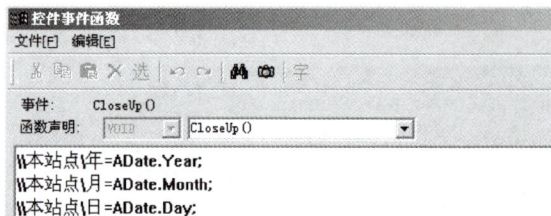

图 19-12　"控件事件函数"对话框

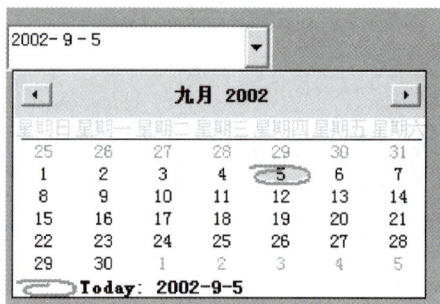

图 19-13　日历控制的运行画面

用户可以尝试使用其他函数，或者触发自定义函数。

# 第二十章
# 系统安全性与附属工具

## 第一节　系统安全性

本节主要介绍系统设置访问权限和安全区，以及设置用户的操作权限和安全区。

### 一、权限与安全区

在前面"反应车间监控画面"设置的"退出系统"按钮，其功能是退出组态王画面运行程序。而对一个实际的系统来说，可能不是每一个操作者都有权利使用此按钮，这就需要为按钮设置访问权限和安全区。同时，也要给操作者赋予不同级别的操作权限，分配不同的可操作安全区，只有当操作者的操作权限大于或等于按钮的访问权限，并且属于按钮允许的操作安全区时，此按钮的功能才是可实现的。

### 二、配置用户

首先为系统配置用户。配置用户包括设定用户名、口令、操作权限、安全区等。

双击"工程浏览器"中左边的"系统配置\用户配置"，弹出"用户和安全区配置"对话框，如图 20-1 所示。

#### 1. 编辑安全区

单击对话框的"编辑安全区"按钮，弹出"用户和安全区配置"对话框；选中安全区"A"后，单击右侧的"修改"按钮，弹出"更改安全区名"对话框，在对话框内输入内容"反应车间"；单击"确定"按钮，安全区"A"被命名为"反应车间"。单击"确认"按钮，关闭"用户和安全区配置"对话框。

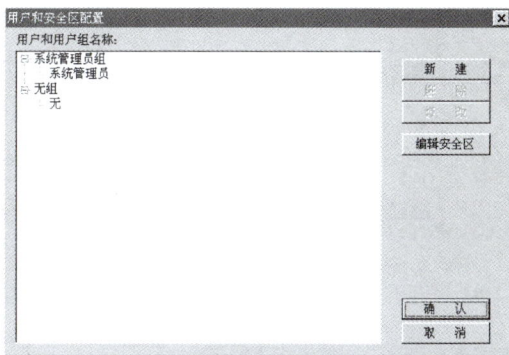

图 20-1　"用户和用户组名称"对话框

#### 2. 建立用户组和用户

单击"用户和安全区配置"对话框中的"新建"按钮，设置如图 20-2 所示。

单击"确认"，关闭对话框。

#### 3. 在用户组下加入用户

单击"用户和安全区配置"对话框的"新建"按钮，新建用户如图 20-3 所示。

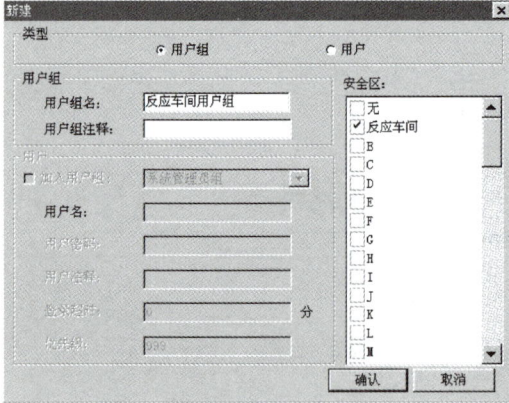

图 20-2 "新建"对话框

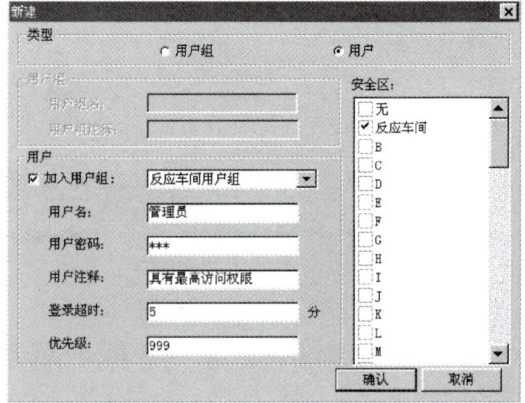

图 20-3 加入用户组

## 三、设置图形对象的访问权限

激活组态王画面制作程序 Touchmake，打开画面"反应车间监控画面"。双击"退出系统"按钮，弹出"动画连接"对话框。

在对话框中的"访问权限"编辑框内输入：900；"安全区"选择：反应车间；

单击"确定"按钮，关闭"动画连接"对话框。

选择菜单"文件\全部存"，保存所做的修改。

激活组态王画面运行程序，按钮"退出系统"此时已变灰。要操作此按钮，操作者必须登录，以待确认操作权限。

## 四、登录

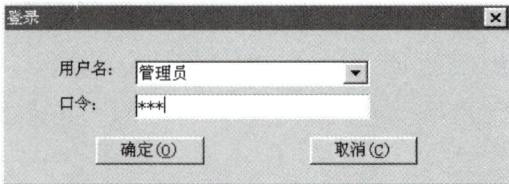

图 20-4 "登录"对话框

关闭并重新运行组态王。选择菜单"特殊\登录开"，弹出"登录"对话框，如图 20-4 所示。

在"登录"对话框中输入：

用户名：管理员；口令：999；单击"确定"按钮完成。按钮"退出"变为正常颜色，就可以实现其功能了。

## 五、禁止退出应用程序

对于退出应用程序这一功能而言，操作者也可以从 Touchview 菜单"文件\退出"或者系统菜单"退出"来实现。如果要禁止这两种方式，需要做如下设置：双击"工程浏览器"中左边的"系统配置\设置运行系统"，弹出对话框如图 20-5 所示，设置如下：

禁止退出运行系统：有效；禁止任务切换：有效；禁止 Alt 键：有效

单击"确定"按钮，完成设置。

关闭并重新启动组态王画面运行程序 Touchview 后，操作者就只能通过按钮"退出"来退出运行系统了。

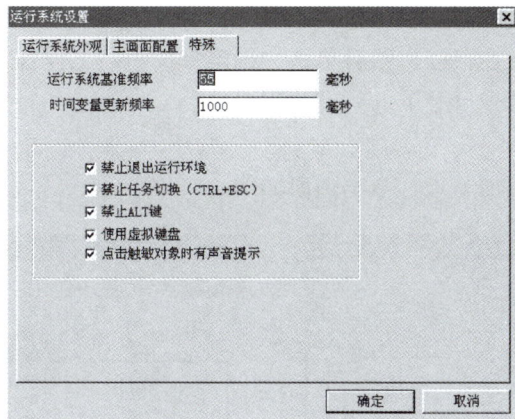

图 20-5 "运行系统设置"对话框

至此，已经建立了一个具有完整轮廓的实时监控系统。

## 六、退出程序的控制

整个应用程序设置退出功能如下：

（1）在画面"监控中心"上绘制按钮"停止监控"，"弹起时"的命令语言连接为：
Exit(0)；

（2）选择菜单"文件\全部存"。

激活画面运行程序，此时监控系统已经完全建立起来了。

## 第二节　附　属　工　具

本节主要介绍组态王工程管理器的功能，学习掌握利用工程管理器管理工程，实现工程备份、恢复、数据词典导入、导出的方法。

## 一、工程管理器的作用

对于系统集成商和用户来说，一个系统开发人员可能保存有很多个组态王工程，对于这些工程的集中管理以及新开发工程中的工程备份等都是比较烦琐的事情。组态王工程管理器的主要作用就是为用户集中管理本机上的所有组态王工程。工程管理器的主要功能包括：新建、删除工程，对工程重命名，搜索指定路径下的所有组态王工程，修改工程属性，工程的备份、恢复，数据词典的导入导出，切换到组态王开发或运行环境等。

## 二、工程管理器的使用

运行工程管理器应用程序，则进入工程管理器环境，如图 20-6 所示。

1. 文件 \ 搜索工程

单击菜单 \ 文件 \ 搜索工程，弹

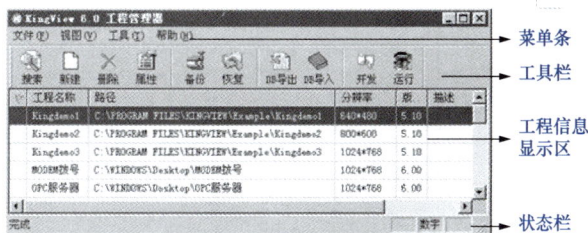

图 20-6　工程管理器环境

出画面如图 20-7 所示。

选择要搜索的工程所在路径，然后单击"确定"按钮，工程管理器开始搜索工程。搜索工程将搜索指定路径及其子目录下的所有工程。

2. 文件 \ 添加工程

单击菜单 \ 文件 \ 添加工程，弹出画面如图 20-8 所示。

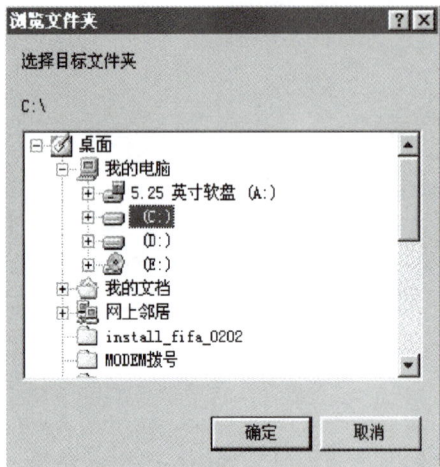

图 20-7　文件搜索　　　　　　　　　　图 20-8　文件添加

单击"确定"按钮，则选定的工程路径下的组态王工程添加到工程管理器中。

与搜索工程不同的是：搜索工程为添加搜索到的指定目录下的所有组态王工程。

3. 文件 \ 设为当前工程

该菜单命令将工程管理器中选中加亮的工程设置为组态王的当前工程，再进入组态王开发或运行时，系统将默认打开该工程。被设置为当前工程的工程在工程管理器信息框的表格的第一列中用一个图标（小红旗）来标识。如图 20-9 所示。

图 20-9　设置当前工程

4. 文件 \ 删除工程

该菜单命令将删除在工程管理器信息框中当前选中加亮的但没有被设置为当前工程的工程。删除工程将从工程管理器中删除该工程的信息；工程所在目录将被全部删除，包括子目录，删除的内容不可再恢复。

5. 文件 \ 清除工程信息

该菜单命令是将工程管理器中当前选中的高亮显示的工程信息条从工程管理器中清除，不再显示，该命令执行不会删除工程或改变工程。

6. 工具 \ 工程备份

该菜单命令是将工程管理器中当前选中加亮的工程按照组态王指定的格式进行压缩备份。单击"工具 \ 工程备份"，弹出对话框如图 20-10 所示。

单击"浏览"按钮，选择备份文件存储的路径和文件名称，如图 20-11 所示。

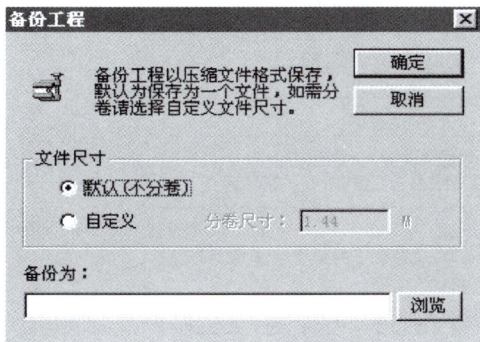

图 20-10 "备份工程"对话框　　　　图 20-11 "工程备份为"对话框

单击"保存"按钮，文件将被存储为扩展名为 .cmp 的文件，如：Filename.cmp。

7. 工具 \ 工程恢复

该菜单命令是将组态王的工程恢复到压缩备份前的状态。单击"工具 \ 工程恢复"选项，弹出"选择要恢复的工程"对话框，如图 20-12 所示。

用户选择扩展名是 *.cmp 的组态王备份文件，如图 20-12 所示。单击"打开"按钮，系统会自动提示用户是否恢复工程。

图 20-12 "选择要恢复的工程"对话框

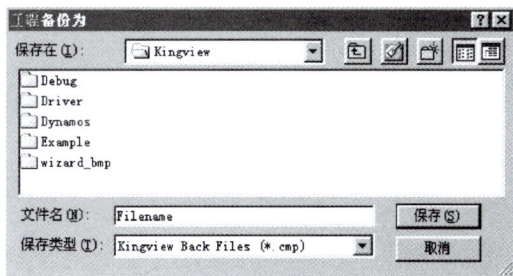

注意　恢复工程将丢失从备份到当前的所有新的工程信息。需要慎重操作。

8. 工具 \ 数据词典导出

为了使用户更方便地使用、查看、定义或打印组态王的变量，组态王提供了数据词典的导入、导出功能。组态王的变量被导出到 Excel 格式的文件中，用户可以在 Excel 文件中查看或修改变量的一些属性，或直接在该文件中新建变量并定义其属性，然后导入到工程中。单击"工具 \ 数据词典导出"，弹出文件选择对话框，如图 20-13 所示。

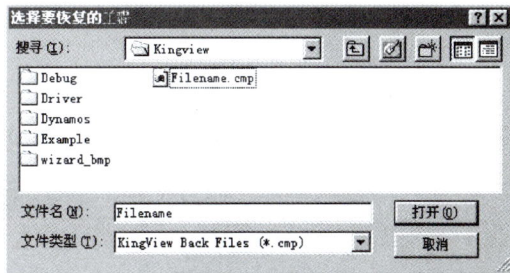

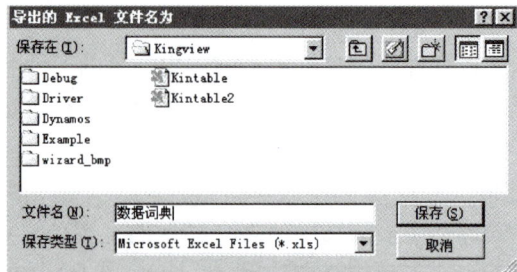

图 20-13　文件选择对话框

选择保存导出的数据词典文件的路径，并输入保存的文件名称，单击"保存"按钮，导出后的文件如图 20-14 所示。

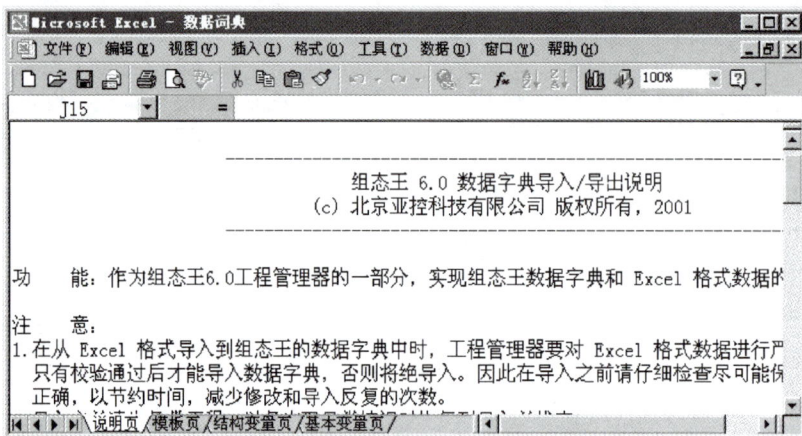

图 20-14　导出的文件

9. 工具 \ 数据词典导入

数据词典的导入是将 Excel 中定义好的数据或将由当前工程导出的数据词典导入到组态王工程中。单击"工具 \ 数据字典导入"按钮，弹出文件选择对话框，如图 20-15 所示。

图 20-15　文件选择

选择要导入的数据词典文件，单击"打开"按钮，将开始导入。

# 第二十一章
# 组态王的网络连接

本章主要介绍如何进行多台装有组态王软件的 PC 网络设置，以及多台 PC 之间的 I/O 变量的远程查询。

## 一、网络连接说明

### 1. 运行条件

客户机和服务器必须在 WindowsXP/2000 或 Windows NT/XP 上安装并同时运行"组态王"（除 Internet 版本的客户端），组态王最好是相同版本。在配置网络时绑定 TCP/IP 协议，即 PC 机必须首先是某个局域网上的站点并启动该网。网络结构示意如图 21-1 所示。

### 2. 常用站点简介

（1）I/O 服务器，负责进行数据采集的站点。如果某个站点虽然连接了设备，但没有定义其为 I/O 服务器，那这个站点采集的数据不向网络上发布。I/O 服务器可以按照需要设置为一个或多个。

（2）报警服务器，存储报警信息的站点，系统运

图 21-1  网络结构示意图

行时，I/O 服务器上产生的报警信息将会传输到指定的报警服务器上，经报警服务器验证后，产生和记录报警信息。

（3）历史记录服务器，存储历史记录的站点，系统运行时，I/O 服务器上需要记录的历史数据将会传输到指定的历史记录服务器上保存起来。

（4）登录服务器，登录服务器在整个系统网络中是唯一的，它拥有网络中唯一的用户列表，当用户在网络上建立任何一个其他站点时，必须选择该服务器。

（5）Web 服务器，保存组态王 For Internet 版本发布的 HTML 文件，传送文件所需数据，并为用户提供浏览服务的站点。

（6）客户，某个站点被指定为客户，可以访问其指定的服务器。一个站点被定义为服务器的同时，也可以被指定为其他服务器的客户。本例中登录服务器被指定为 I/O 服务器的客户。

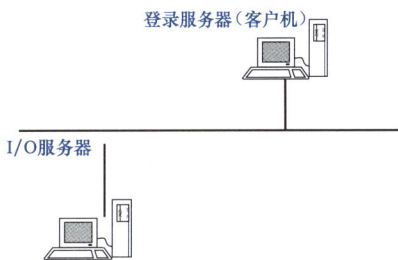

## 二、网络连接举例

现以一台登录服务器（客户机）、一台 I/O 服务器（数据采集站）为例建立网络连接。在登录服务器（客户机）查看数据采集站的"反应罐温度"信号，将数据采集站的工程文件夹设为完全共享。如需连接报警服务器和历史数据服务器请参考使用手册。

## 1. 配置网络站点

首先配置登录服务器（客户机）。在工程浏览器中，单击最左侧"站点"标签，进入站点设置，如图 21-2 所示。

在左半部分空白区单击鼠标右键（或在上方菜单选择"远程站点"），弹出菜单选择"新建远程站点"选项，弹出"远程节点"对话框，如图 21-3 所示。

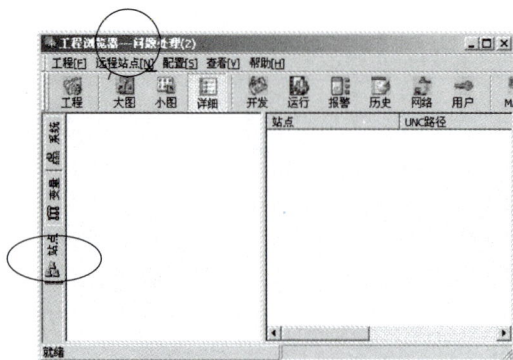

图 21-2 站点设置

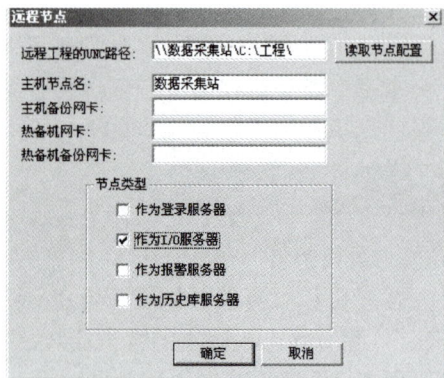

图 21-3 "远程节点"对话框

在"主机节点名"内填上要访问的机器名"数据采集站"，"远程工程的 UNC 路径"选择数据采集站的共享工程。"节点类型"为数据采集站的站点类型——I/O 服务器。

如果是拨号连接，在"主机节点名"内填上要访问机器的 IP 地址。如 100.100.10.1。在"远程工程的 UNC 路径"内直接输入数据采集站的共享工程路径。客户机配置与此相同。

## 2. 网络配置

在工程浏览器内选择"网络配置"，网络配置的网络参数设置和节点类型设置分别如图 21-4 和图 21-5 所示。

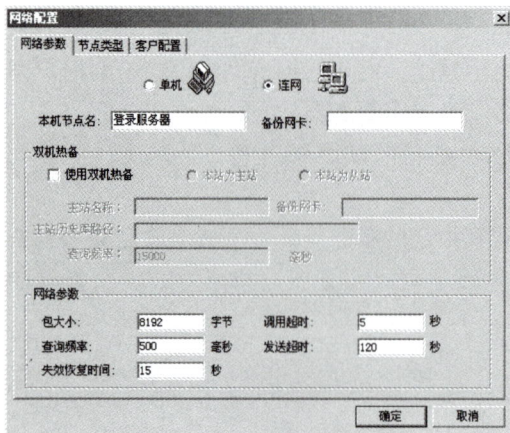

图 21-4 网络参数设置

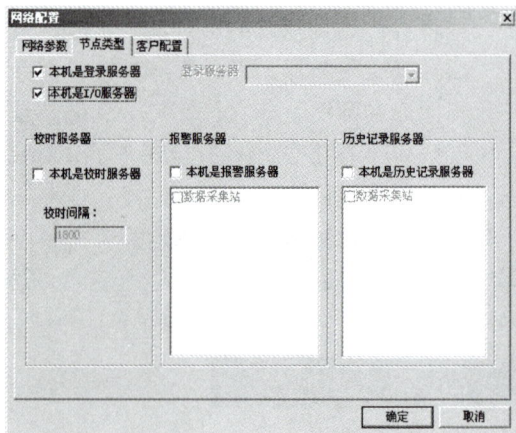

图 21-5 节点类型设置

（1）以登录服务器为例。在"网络参数"内选择"连网"，"本机节点名"为本台机器名"登录服务器"。在"节点类型"内选择"本机是登录服务器"和"本机是 I/O 服务器"。

（2）以数据采集站为例。在"网络参数"内选择"连网"，"本机节点名"为本台机器名"数据采集站"。在"节点类型"内选择"本机是 I/O 服务器"，在右侧"登录服务器"选择"登录服务器"。

（3）以登录服务器为例说明客户配置。如图 21-6 所示，当选中"客户"时，表明本地计算机（登录服务器）在网络当中充当客户的角色。在网络当中可以存在多台 I/O 服务器，负责从外部采集数据。在"I/O 服务器"下选择"数据采集站"，从选择的这台服务器端取得采集的数据。

网络连接成功后，在登录服务器的"站点"内会看到要连接的站点，单击该站点的数据辞典，在右侧可看到远程站点的变量。如图 21-7 所示。

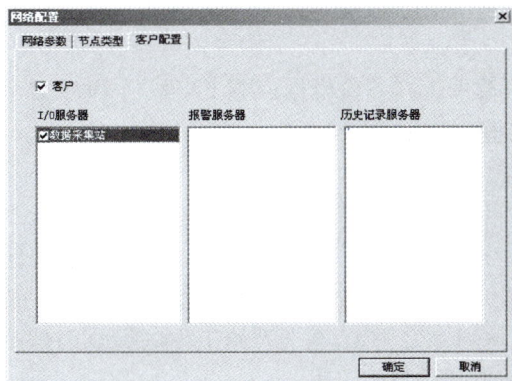

图 21-6　客户配置

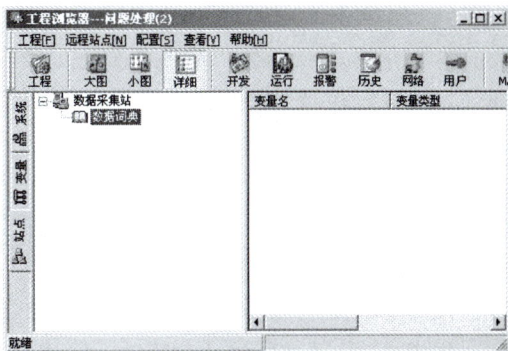

图 21-7　数据词典

### 三、I/O 变量的远程查询

组态王是一种真正的客户——服务器模式，对于网络上的变量，可以直接引用。例如，在站点"登录服务器"的组态王工程中查看"数据采集站"上定义的 I/O 变量反应罐温度。

在画面上建立变量模拟值输出时，弹出模拟值输出连接对话框，在"表达式"一项中输入远程站点的变量名程，其书写格式为 \\ 站点名 \ 变量名，如图 21-8 所示。

或者单击"?"按钮，弹出变量浏览器选择远程变量。

在命令语言中引用远程变量时，同样只需要写成 \\ 站点名 \ 变量名。

**注意**　只有当两个站点都启动（运行）

图 21-8　"模拟值输出连接"对话框

后，变量的引用关系才会发生，即客户端引用的 I/O 服务器端的数据就会与 I/O 服务器上的该数据的值一致。如果数据采集站没有运行，则登录服务器上看到的值为该变量的初始值。

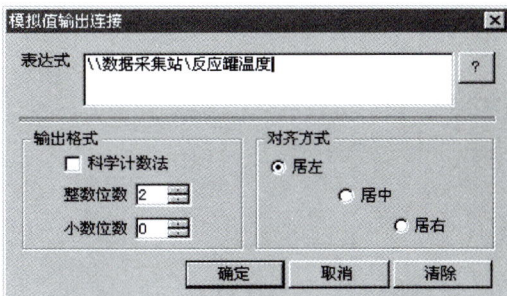

# 第二十二章
# 组态王监控举例

为了学习的方便，本章列举了组态王监控的 4 个实例。

## 第一节 基于三菱 PLC 与组态王的交通灯监控系统

本节介绍基于三菱 PLC 与组态王的交通灯监控系统，下位机用三菱 FX 系列 PLC 对交通灯系统进行控制，上位机用组态王软件对系统进行监控。

### 一、交通灯控制要求

对如图 22-1 所示十字路口交通灯进行编程控制，该系统输入信号有：一个启动按钮 SB1 和一个停止按钮 SB2，输出信号有东西向红灯、绿灯、黄灯，南北向红灯、绿灯、黄灯。控制要求如下：按下启动按钮，信号灯系统按图 22-2 所示要求开始工作（绿灯闪烁的周期为 1s），并能循环运行。按一下停止按钮，所有信号灯都熄灭。

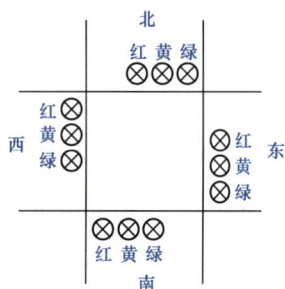

图 22-1 交通灯系统图

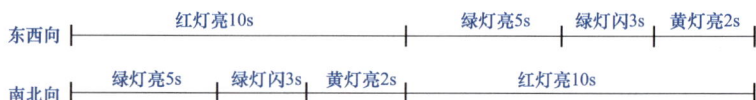

图 22-2 交通灯工作时序

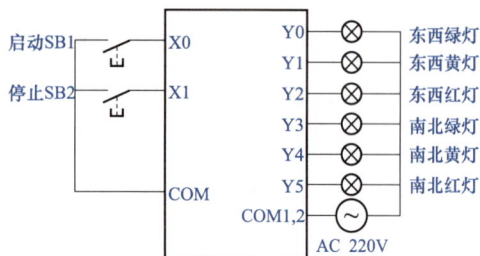

图 22-3 I/O 接线图

### 二、PLC 控制

PLC 的 I/O 接线图如图 22-3 所示，控制程序如图 22-4 所示。

### 三、组态王监控

1. 建立工程并组态

建立工程并组态三菱 PLC 设备，如图 22-5 所示。

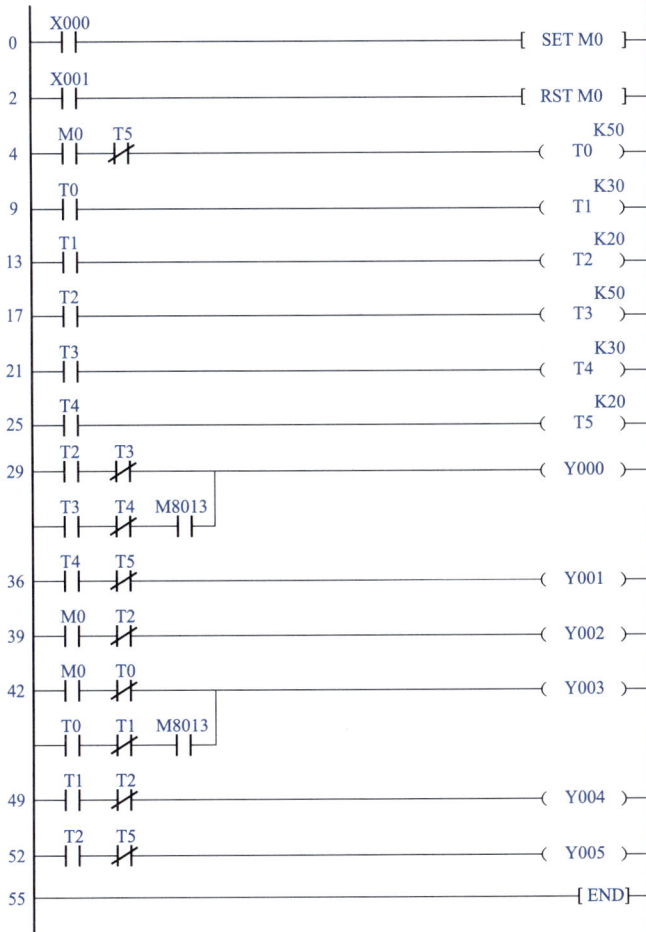

图 22-4　PLC 控制程序

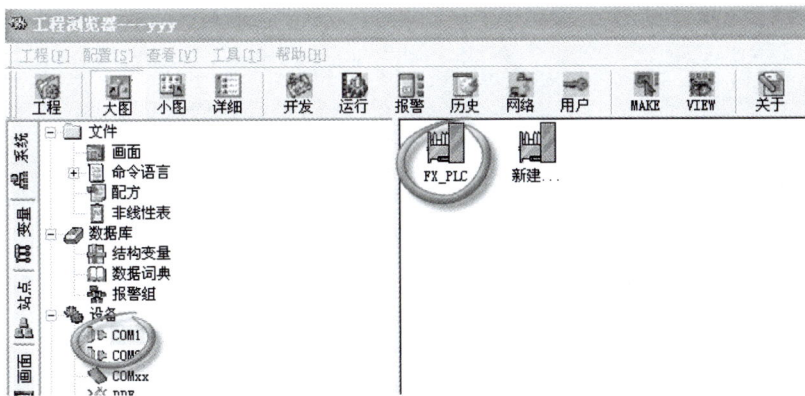

图 22-5　组态 PLC 设备

## 2. 组态变量

本项目需要组态的变量如表 22-1 所示。

表 22-1                                      组 态 王 变 量 表

| 变量名称 | 数据类型 | 对应 PLC 软元件 | 变量名称 | 数据类型 | 对应 PLC 软元件 |
|---|---|---|---|---|---|
| 启动 | I/O 离散 | M10 | 东西向红灯 | I/O 离散 | Y2 |
| 停止 | I/O 离散 | M11 | 南北向绿灯 | I/O 离散 | Y3 |
| 东西向绿灯 | I/O 离散 | Y0 | 南北向黄灯 | I/O 离散 | Y4 |
| 东西向黄灯 | I/O 离散 | Y1 | 南北向红灯 | I/O 离散 | Y5 |

### 3. 画面组态

组态如图 22-6 所示画面，并能按程序动作流程进行动画显示交通灯的工作过程。

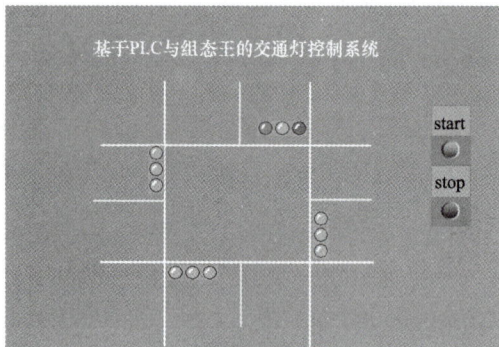

图 22-6  交通灯监控画面

## 第二节  基于三菱 PLC 与组态王的多级传送监控系统

本章介绍一个基于三菱 PLC 与组态王的多级传送监控系统，重点从控制要求、PLC 控制、组态王监控等方面进行介绍。

### 一、控制要求

如图 22-7 所示，是一个四级传送带系统图，总共有一个落料开关和四台电动机需要被控制。控制要求如下：

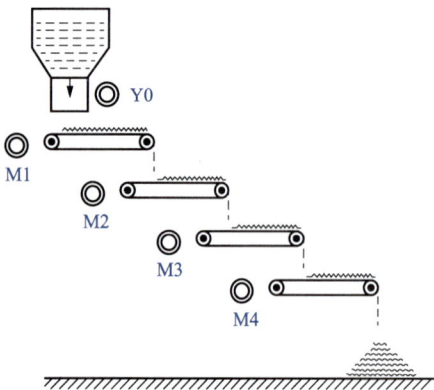

图 22-7  四级传送带系统示意图

（1）落料漏斗 Y0 启动后，传送带 M1 应马上启动，经 6s 后须启动传送带 M2；

（2）传送带 M2 启动 5s 后应启动传送带 M3；

（3）传送带 M3 启动 4s 后应启动传送带 M4；

（4）落料停止后，为了不让各级皮带上有物料堆积，应根据所需传送时间的差别，分别将四台电机停车。即落料漏斗 Y0 断开后过 6s 再断 M1，M1断开后再过 5s 断 M2，M2 断开 4s 后再断 M3，M3断开 3s 后再断开 M4。

（5）用组态王对本系统进行监控。

### 二、PLC 控制程序

此程序为典型的时间顺序控制。I/O 分配如下：

启动，X0、M10；

停止，X1、M11；

落料 Y0：Y0；

传送带 M1，Y1；

传送带 M2，Y2；

传送带 M3，Y3；

传送带 M4，Y4。

控制程序如图 22-8 所示。

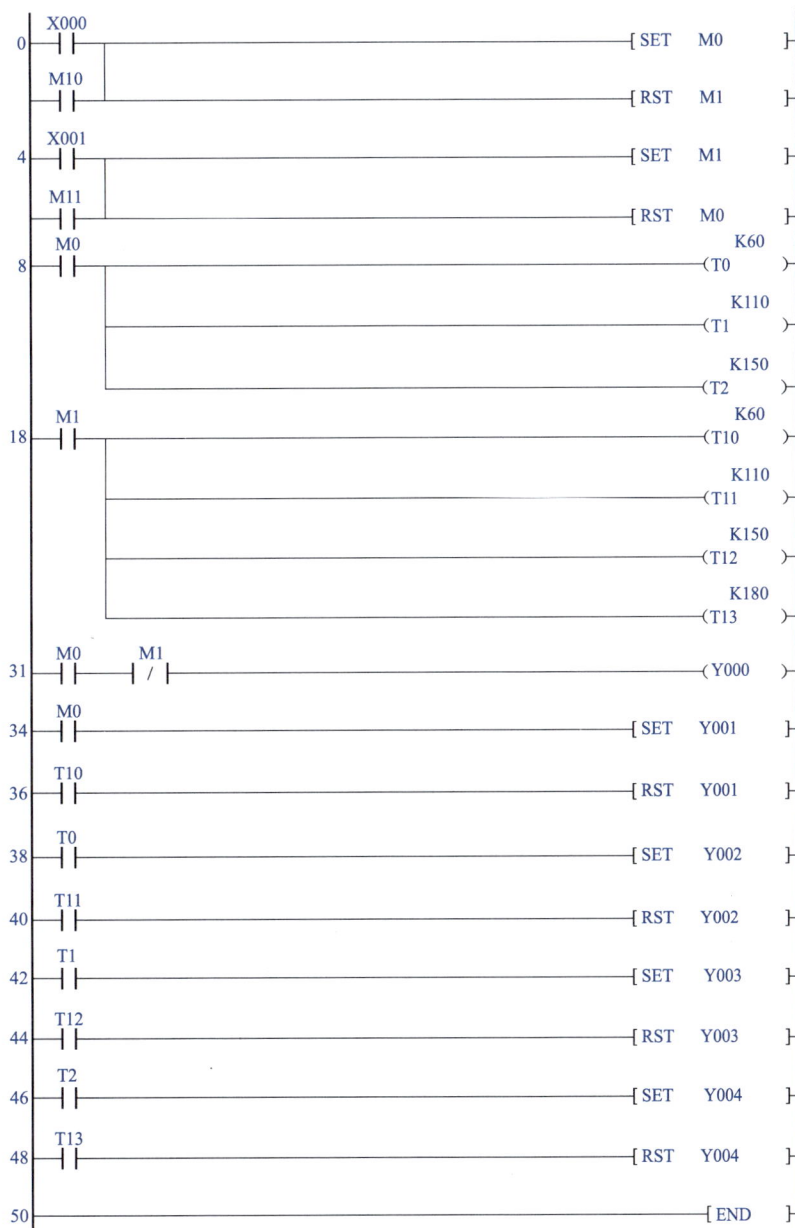

图 22-8　控制程序

### 三、组态王监控

#### 1. 建立组态

建立工程并组态三菱 PLC 设备，如图 22-9 所示。

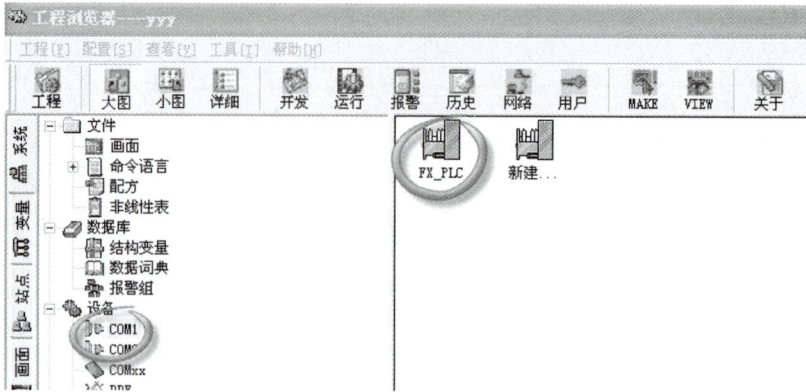

图 22-9  组态 PLC 设备

#### 2. 组态变量

本项目需要组态的变量如表 22-2 所示。

表 22-2　　　　　　　　　　　　　　组 态 王 变 量 表

| 变量名称 | 数据类型 | 对应 PLC 软元件 | 变量名称 | 数据类型 | 对应 PLC 软元件 |
|---|---|---|---|---|---|
| 启动 | I/O 离散 | M10 | 传送带 M2 | I/O 离散 | Y2 |
| 停止 | I/O 离散 | M11 | 传送带 M3 | I/O 离散 | Y3 |
| 落料开关 | I/O 离散 | Y0 | 传送带 M4 | I/O 离散 | Y4 |
| 传送带 M1 | I/O 离散 | Y1 | | | |

#### 3. 画面组态

组态如图 22-10 所示的监控画面，并对系统运行进行动画显示。

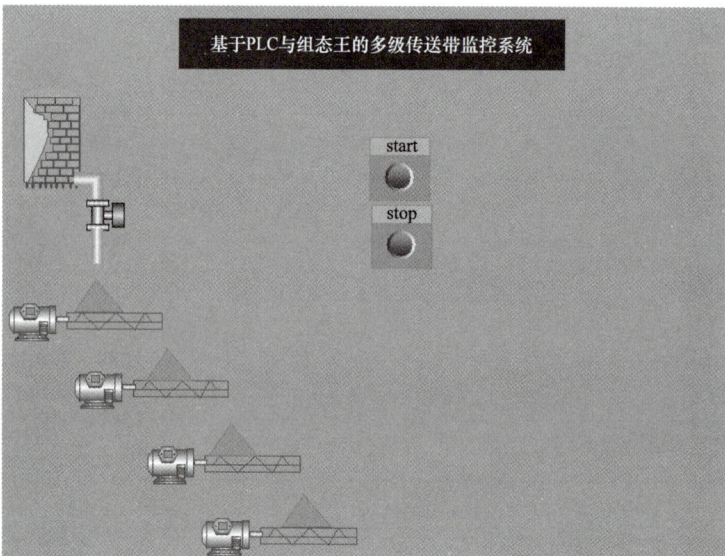

图 22-10  监控画面

## 第三节　基于 S7-200 PLC 与组态王的交通灯监控系统

本节介绍一个基于 S7-200 PLC 与组态王的交通灯监控系统，重点从控制要求、PLC 控制、组态王监控等方面进行介绍。

### 一、控制要求

对如图 22-11 所示十字路口交通灯进行编程控制，该系统输入信号有：一个启动按钮和一个停止按钮，输出信号有东西向红灯、绿灯、黄灯，南北向红灯、绿灯、黄灯。控制要求：按下启动按钮，信号灯系统按图 22-12 的时序开始工作（绿灯闪烁的周期为 1s），并能循环运行；按一下停止按钮，所有信号灯都熄灭。

要求用组态王对该系统进行监控。

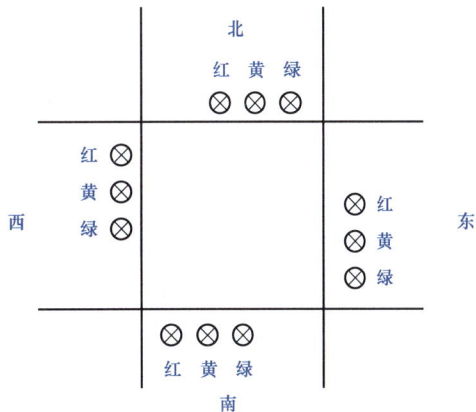

图 22-11　交通灯示意图

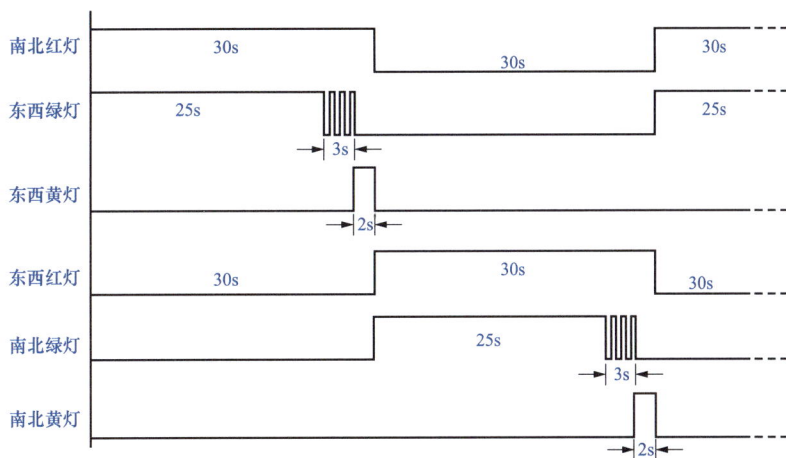

图 22-12　交通灯工作时序图

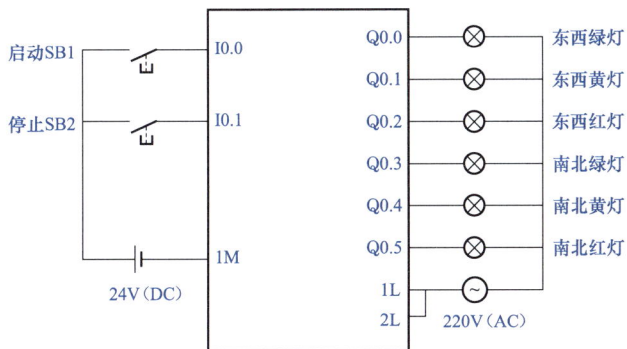

图 22-13　I/O 接线图

### 二、PLC 控制

PLC 的 I/O 分配，I/O 接线图如图 22-13 所示。该程序是一个循环类程序，交通灯执行一周的时间为 60s，可把周期 60s 分成 0～25s、25～28s、28～30s、30～55s、55～58s、58～60s 共 6 段时间，在 25～28s、55～58s 段编一个周期为 1s 的脉冲程序串入其中。控制程序如图 22-14 所示。

199

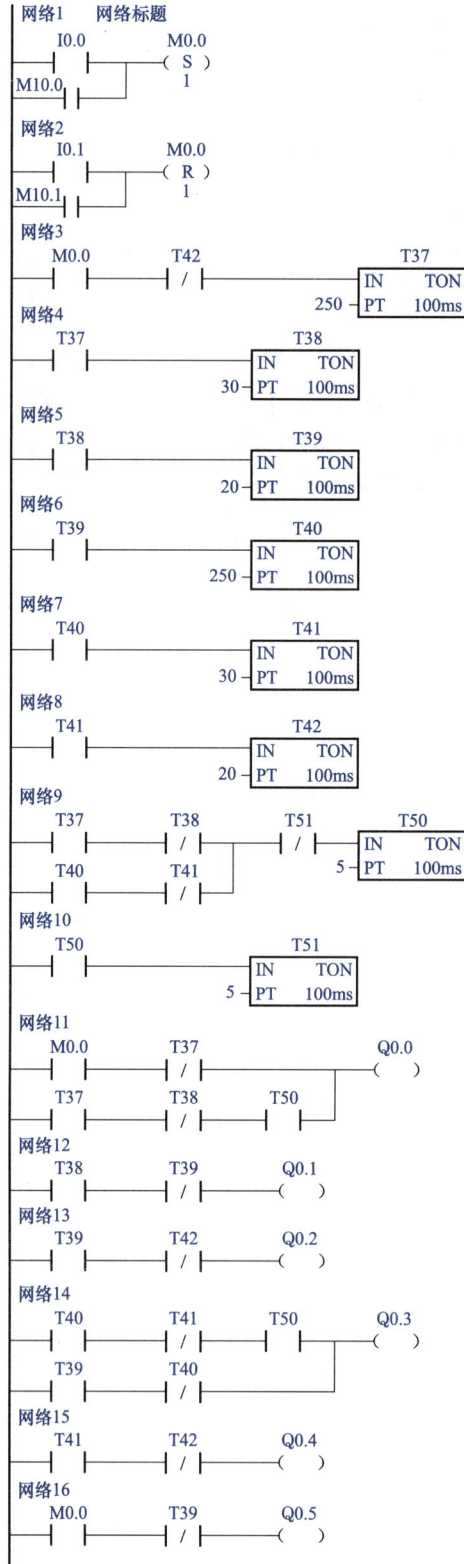

图 22-14　PLC 控制程序

### 三、组态王监控

#### 1. 建立组态

建立工程并组态 S7-200 的 PLC 设备，如图 22-15 所示。

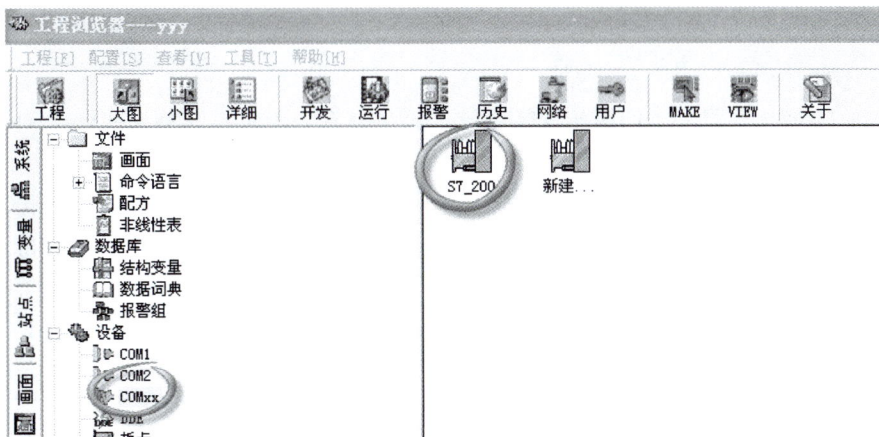

图 22-15　组态 PLC 设备

#### 2. 组态变量

本项目需要组态的变量如表 22-3 所示。

**表 22-3**　　　　　　　　　　　　**组 态 王 变 量 表**

| 变量名称 | 数据类型 | 对应 PLC 软元件 | 变量名称 | 数据类型 | 对应 PLC 软元件 |
|---|---|---|---|---|---|
| 启动 | I/O 离散 | M10.0 | 东西向红灯 | I/O 离散 | Q0.2 |
| 停止 | I/O 离散 | M10.1 | 南北向绿灯 | I/O 离散 | Q0.3 |
| 东西向绿灯 | I/O 离散 | Q0.0 | 南北向黄灯 | I/O 离散 | Q0.4 |
| 东西向黄灯 | I/O 离散 | Q0.1 | 南北向红灯 | I/O 离散 | Q0.5 |

#### 3. 画面组态

组态如图 22-16 所示画面，并能按程序动作流程进行动画显示交通灯的工作过程。

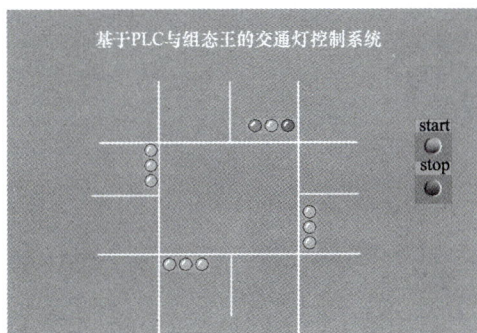

图 22-16　交通灯监控画面

## 第四节 基于 S7-200 PLC 与组态王的多级传送监控系统

本节介绍一个基于 S7-200 PLC 与组态王的多级传送监控系统，重点从控制要求、PLC控制程序、组态王监控等方面进行介绍。

### 一、控制要求

如图 22-17 所示，是一个四级传送带系统图，总共有一个落料开关和四台电动机需要被控制。控制要求如下：

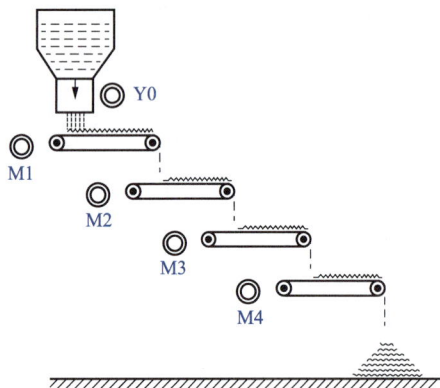

图 22-17 四级传送带系统示意图

（1）落料漏斗 Y0 启动后，传送带 M1 应马上启动，经 6s 后须启动传送带 M2；

（2）传送带 M2 启动 5s 后应启动传送带 M3；

（3）传送带 M3 启动 4s 后应启动传送带 M4；

（4）落料停止后，为了不让各级皮带上有物料堆积，应根据所需传送时间的差别，分别将四台电机停车。即落料漏斗 Y0 断开后过 6s 再断 M1，M1 断开后再过 5s 断 M2，M2 断开 4s 后再断 M3，M3 断开 3s 后再断开 M4。

### 二、PLC 控制程序

此程序为典型的时间顺序控制。I/O 分配如下：

启动，I0.0、M10.0；
停止，I0.1、M10.1；
落料 Y0：Q0.0；
传送带 M1，Q0.1；
传送带 M2，Q0.2；
传送带 M3，Q0.3；
传送带 M4，Q0.4。
控制程序如图 22-18 所示。

### 三、组态王监控

1. 建立组态
建立工程并组态 S7-200 的 PLC 设备，如图 22-19 所示。
2. 组态变量
本项目需要组态的变量如表 22-4 所示。

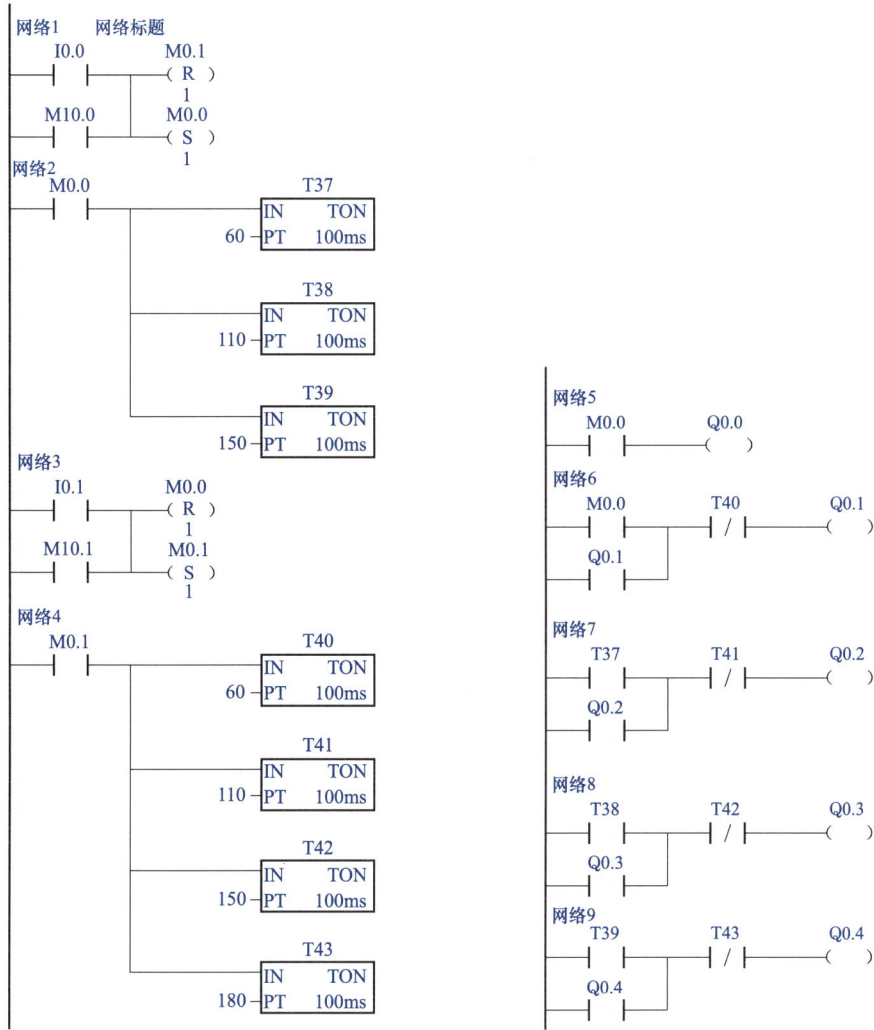

图 22-18　控制程序

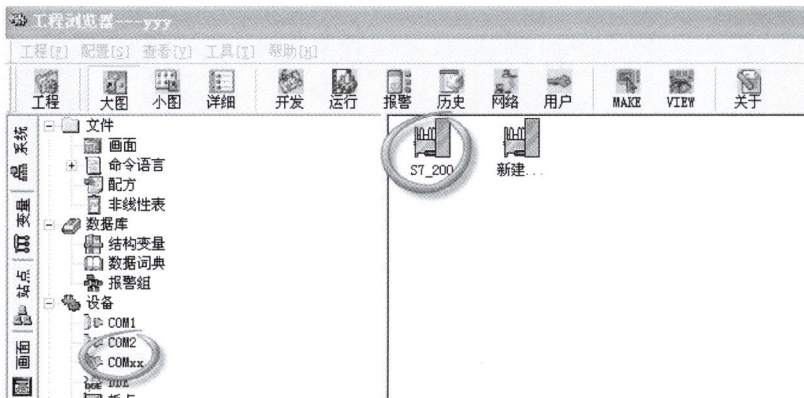

图 22-19　组态 PLC 设备

表 22-4 组 态 王 变 量 表

| 变量名称 | 数据类型 | 对应 PLC 软元件 | 变量名称 | 数据类型 | 对应 PLC 软元件 |
|---|---|---|---|---|---|
| 启动 | I/O 离散 | M10.0 | 传送带 M2 | I/O 离散 | Q0.2 |
| 停止 | I/O 离散 | M10.1 | 传送带 M3 | I/O 离散 | Q0.3 |
| 落料开关 | I/O 离散 | Q0.0 | 传送带 M4 | I/O 离散 | Q0.4 |
| 传送带 M1 | I/O 离散 | Q0.1 | | | |

3. 画面组态

组态如图 22-20 所示的监控画面，并对系统运行进行动画显示。

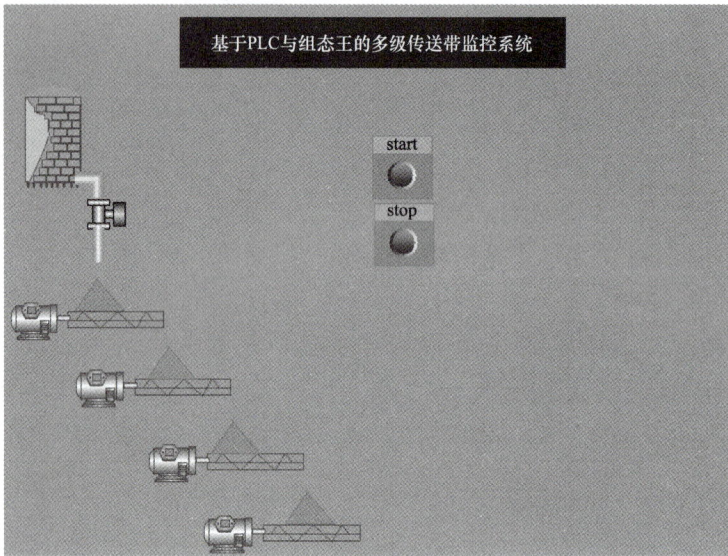

图 22-20　监控画面